高等职业学校烹调工艺与营养专业教材

湖南味道

HUNAN FLAVOR

盛金朋　彭军炜 / 主编

中国轻工业出版社

图书在版编目（CIP）数据

湖南味道 / 盛金朋，彭军炜主编. —北京：中国轻工业出版社，2022.6

高等职业学校烹调工艺与营养专业教材

ISBN 978-7-5184-2617-1

Ⅰ. ① 湖… Ⅱ. ①盛… ②彭… Ⅲ. ①湘菜－烹饪－高等职业教育－教材 Ⅳ. ① TS972.117

中国版本图书馆CIP数据核字（2019）第183175号

责任编辑：史祖福　贺晓琴　　责任终审：劳国强　　整体设计：锋尚设计
策划编辑：史祖福　　　　　　责任校对：吴大朋　　责任监印：张　可

出版发行：中国轻工业出版社（北京东长安街6号，邮编：100740）
印　　刷：三河市国英印务有限公司
经　　销：各地新华书店
版　　次：2022年6月第1版第2次印刷
开　　本：787 × 1092　1/16　印张：15.75
字　　数：352千字
书　　号：ISBN 978-7-5184-2617-1　定价：49.00元
邮购电话：010-65241695
发行电话：010-85119835　传真：85113293
网　　址：http://www.chlip.com.cn
Email：club@chlip.com.cn

如发现图书残缺请与我社邮购联系调换

220651J2C102ZBW

本书编委会

主　编　盛金朋　彭军炜

副主编　方八另　何　彬　刘同亚

编　委　周　彪　张　拓　刘　畅

赵玉根　欧阳虎　黄　政

序言

历史与自然眷顾湖湘大地，因此给湖湘饮食留下了太多的历史人文与自然物产。

在湖南永州道县玉蟾岩遗址中发现了距今已有1.2万～1.4万年历史的稻谷，在湖南澧县彭头山等地发现了距今8000年的人工栽培稻，这些考古充分证明了湖南地区是我国稻作文明最早的发源地。

在战国时期，爱国诗人屈原被贬逐于湖南境内的湘江流域，正是在此地，屈原完成了《楚辞·招魂》和《楚辞·大招》两篇不朽之作，这些作品不仅在中国文学史上获得了极高的赞誉，然而，也留下了湘人最初的饮食记忆，文中大量描绘了湘人如何祈天地、礼鬼神、祭先祖、宴宾客的民风民俗，并详细列举了当时湘人上流社会的饮宴情况，罗列出的各种肴馔组合正是我国历史上最早的筵席菜单。

在《吕氏春秋·本味篇》中就已经有“云梦之芹”“洞庭之鲋”“醴水之鳖”等湖湘食材的记载，这说明在当时，这些湘菜中常见的食材就已经具有一定的社会影响力与知名度。

在西汉时期，长沙成为了封建王朝政治、经济和文化较集中的一个主要城市，该地域物产丰富，经济发达，烹饪技术已发展到一定的水平，严格来讲，从西汉开始，湘菜就已经从“楚国”的饮食区域中真正的脱离出来，并开始逐步形成了具有鲜明特征的湖湘饮食。

在湘菜文化界，最具震撼力与影响力的当属1972年至1974年间出土的长沙马王堆汉墓。在马王堆三号汉墓中出土的一批帛书、简书当中，有一半的文字是关于食物、养生与医学的记载。在马王堆一号汉墓中出土了312枚遣策，其中记载了近150种食物，10余种烹调方法及橘皮、花椒、姜、豆豉、葱等湘菜中常用的调味料，在这些记载中，关于菜肴品种就多达77款。1999年5月出土的沅陵县虎溪山一号汉墓（墓主人为长沙王吴臣之子、汉初所封沅陵侯吴阳）中，又发掘出千余支竹简，共计3万余字，其中的文字内容有三分之一是记载湖湘饮食的，共收录了148份饭菜谱、有近百种美馔佳肴，仅羹品就有30余种。因此，这些竹简被后人命名为《美食方》。

唐代，湖湘大地成为了文人墨客“不到潇湘岂有诗”的精神圣地，在宋代、元代、明代时期，随着湘菜饮食行业的兴起，湘菜行业发展迈入了黄金时代。清代、民国时期，湘菜随着湘军的兴起，使湖湘饮食迎来了全盛时期。现如今，人们更愿意将湖南菜称为“湘菜”，因为湘菜成为当今国内，最受欢迎的地方风味菜之一，甚至有人讲，在中国只要有餐饮的地方，就有湘菜馆。

回顾湘菜的发展历史，我们发现，在岁月长河中，湘菜一路前行，历经了平淡、起伏，变革与沉淀，至今，湘菜依然熠熠生辉，光耀照人。探其原因，可能是湘菜的这种热烈、刺激的味觉特点早已与湘人骨头里的不畏艰难、勇往直前、敢为人先、豪放不羁的精神性格相融合，这说明了湘菜不仅停留在湘人的舌尖，也烙在了湘人的心里，不论湘人到何地，湘菜始终是湘人心中无法忘却的乡愁。湘菜到底有什么魅力，能让消费者如此青睐？我想，无外乎是湘菜味道具有的强大的味蕾征服力，湘菜讲究入味，尤重酸辣、咸香、清香、浓鲜，让人吃前，垂涎三尺，食欲大开，食后，回味悠长，流连忘返。

湘菜相对于其他地方菜，其最大特色是什么？仍为“辣”“腊”二字。饮食界泰斗聂凤乔先生曾精辟地讲出，湖南的厨师擅长驾驭酸辣，根据市肆、筵宴服务对象、地域、季节、菜式等诸多因素，能使酸辣分清浓层次，使它们恰到好处，湖南厨师善于掌握辣椒“盖味而不抢味”的特性，在辣味的掩盖下品尝百味。开放的辣与收敛的酸相互制约、相互协调，成为湖湘人民获取养生保健的一种方式，这就是酸辣风味的科学解释，也就是湖湘饮食文化的内涵之一。

弘扬湖湘饮食文化，传承湘菜传统技艺，离不开湘菜职业教育。1974年，湖南省株洲市在省内率先开办了湘菜职业教育，创办了株洲市商业技工学校（湖南省商业技师学院前身），这里成为了我省湘菜职业教育的发源地，湖南省商业技师学院历经45年的积累沉淀，通过几代教职工数年如一日的严谨治学、辛勤耕耘，学校在湘菜职业教育领域中取得了丰硕的成果，培育了数以万计的湘菜高技能人才，被行业誉为“湘菜教育的黄埔军校”“烹饪大师的摇篮”。

湘菜文化源远流长，但是很多优秀的湘菜文化还一直缺乏系统的挖掘与整理，喜闻湖南省商业技师学院从2017年开始组织人员，精心编写一整套“湘菜”系列教材，历经两年多时间，众多教师的辛勤付出，《湖湘饮食文化概论》《湖湘特色食材》《湘菜非物质文化遗产概论》《湖南味道》《湘菜烹调一体化教程》《湘菜宴席设计与实务》《湖湘食疗药膳》《湘点一体化教程》等多部书籍问世，这些“湘字”号的饮食文化书籍，不仅填补了湘菜文化领域的空白，而且对系统挖掘、整理、传承、弘扬湖湘饮食文化具有里程碑式的意义，作为老一辈湘菜人，我对此深感欣慰。希望这些研究成果，能成为新一代湘菜人，去深入了解、学习湘菜文化的宝贵资料，也期盼湖南省商业技师学院能不忘初心，一如既往的担负起弘扬湘菜文化、传承湘菜传统技艺的使命，为湘菜产业培养更多更优秀的人才。

是为序。

全国五一劳动奖章获得者

中国烹饪协会副会长

中国湘菜大师

许菊云

2019.6.18.

前言

每一座城市，都有自己独特的美食记忆，每一道美食，都蕴含着深厚的文化内涵；每一种味道，都是一份沉甸甸的乡愁。浏阳蒸菜、火宫殿小吃、永州血鸭、湘西腊肉、苗家酸鱼、剁椒鱼头、辣椒炒肉、东安鸡……便是湖湘人民生活智慧中沉淀的舌尖味道。

一方水土养一方人，一个地方因为长期受着当地的自然环境、传统文化与饮食习俗等因素影响，以至于，一个有着浓郁风味特色的地方菜系若想在其他地方站稳脚根，得以生存与发展，并产生一定的影响力，可以想象是何等的难事，然而，近些年来，湘菜产业的发展势头迅猛，湘菜馆遍布全国各个角落，湘菜获得越来越多消费者的青睐与追捧，对于这种现象，可以说在全国众多地方菜系中都是少见的。湘菜一个从名不见经传的地方风味，到形成独特的风味特色的地方菜，再到成为国内影响力较大的菜系之一，其原因究竟是什么？显然，湘菜的红火势头不是靠湘菜经济实惠的价格，更深层次的思考，应该是受湖南人敢为人先的创新精神所影响，正是由于这种敢为人先的创新精神，才使得湘菜在食材选料、湘菜的烹饪技艺、湘菜的调味手段等方面历经了一次又一次的变革与蜕变，使得湖南味道更接地气，更具有舌尖上的征服力。

湖南味道极其丰富，不仅仅是“辣”的味道，这里既有老一辈湖湘人的传统记忆味道，又有现代城市流行的市肆味道，既有民间乡村的家菜味道，又有少数民族质朴的味道，《湖南味道》一书将分散在湖南十四个市州中的特色美食与特色原材料进行了一次深入的挖掘与梳理，使关注湖湘饮食文化的读者有了更加全面的了解湖南味道的机会。本书由湖南省商业技师学院高级讲师盛金朋、讲师彭军炜担任主编，并负责主持校内研讨会议，协调内容，编写提纲，最后审稿。湖南省商业技师学院盛金朋、彭军炜、何彬、刘同亚、周彪、张拓、赵玉根、黄政、刘畅、欧阳虎、方八另老师分别参与了各市州饮食文化的编写任务，本书在编写过程中，得到了烹饪学院湘菜非物质文化传承与研究中心团队的全力配合，得到了湖南省商业技师学院各位领导和中国轻工业出版社有关领导、编辑的大力支持。在此一并致以衷心的感谢！

但由于我们团队编写水平有限，书中难免有疏漏之处，恳请各位读者予以批评指正！

编者

2019年6月

目录

绪　论

湖南，简称“湘”，也称潇湘、湖湘，省会长沙市。湖南位于长江中游，省境大部分在洞庭湖以南，所以称为湖南，而湘江贯穿省境南北，简称“湘”。

1．地理位置

湖南地处云贵高原向江南丘陵和南岭山脉向江汉平原过渡的地带，东南西三面环山，中部丘岗起伏，北部湖盆平原展开，形成朝东北开口的不对称马蹄形。地貌类型多样，大体分为湘东侵蚀构造山丘区、湘南侵蚀溶蚀构造山丘区、湘西侵蚀构造山地区、湘西北侵蚀构造山区、湘北冲积平原区、湘中侵蚀剥蚀丘陵区6个地貌区。

湖南东有幕阜山脉、罗霄山脉绵亘；南有五岭山脉屏障；西有武陵山脉、雪峰山脉逶迤。湘北紧邻洞庭湖，地势低平，水面广阔；湘中多丘陵、盆地，地势向北倾斜，西高于东，中南部突兀着衡山。“三湘四水”中的三湘指湘江上游与漓水合流后称漓湘，中游到零陵与潇水汇合后称潇湘，下游至衡阳与蒸水汇合后称蒸湘；四水指湘江、资江、沅江、澧水四条河流，概称三湘四水。

2．湖南行政区划

湖南历史悠久，旧石器时代已有人类活动，古为三苗、百濮、扬越（百越）人的生活区域。夏、商、西周时为荆州南境。春秋、战国时属楚国。秦始皇设黔中、长沙两郡。三国时属吴国荆州，为荆南五郡。唐代宗广德二年（764年）在衡州首置湖南观察使，行政区划上开始出现湖南之名。北宋时湖南分属荆湖南路、荆湖北路，大规模开发洞庭湖区。元代属湖广等处行中书省，设湖南宣慰司于衡州，后迁潭州。明代属湖广右布政使司。清世宗雍正元年（1723年）改为湖南布政使司，迁长沙，湖南正式作为省级行政区划单位出现。民国时湖南废除府、厅、州，保留道、县两级。新中国成立以后，几经变化，截至2018年底，湖南省下辖13个省辖市，1个自治州，17个县级市，62个县，7个自治县，36个市辖区，全省总人口6898.8万。

3．湖南的民族分布

湖南是多民族省份，有汉族、土家族、苗族、瑶族、侗族、白族、回族等55个民族。其中世居的有汉族、苗族、土家族、侗族、瑶族、回族、壮族、白族等9个民族，世居少数民族大多数居住在湘西、湘南和湘东山区。少数民族人口共680万人，占湖南省总人口的10%左右，大多聚居在湘西和湘南山区，少数杂居在湖南省各地。在少数民族中，苗族和土家族人口最多，主要分布于湘西北，建有湘西土家族苗族自治州。

4. 湖南物产资源

湖南畜牧养殖业发达，著名的传统畜牧养殖畜禽有武陵马头羊、武雪山羊、浏阳黑山羊、涟源黑山羊、湘潭沙子岭猪、宜章猪、桃源黑猪、浦源坪猪、黔邵花猪、长沙大围子猪、宁乡流沙河花猪、溆浦龙潭猪、东安猪、新晃凉伞猪、绥宁东山猪、泸溪浦市猪、罗代黑猪、湘西黄牛、滨湖水牛、湘南黄牛、雪峰乌骨鸡、湘黄鸡、桃源鸡、新邵小塘驼鸭、攸县麻鸭、临武鸭、鼎城湖鸭、宁乡灰汤鸭、道州灰鹅、武冈铜鹅、溆浦鹅、酃县白鹅等，历史悠久，品质优良。

5. 湖南饮食发展概述

湖南风味以湖南菜为代表，湖南菜即湘菜，具有悠久的历史文化和浓郁的地方特征，其制作精细，用料广泛，品种繁多，实惠美观，尤擅长炒、蒸、煨等烹调方法，以辣重腊香闻名，菜肴讲究入味，口感酸辣，鲜美软嫩，百吃不厌。

春秋、战国时代湖湘以“其畜宜鸟兽，其谷宜稻”著称于世，楚人和越人生息的地方，民族杂居，饮食风俗各异，祭祀之风盛行。秦统一后，郡县行政区划确立，西汉开始，湖南历史上出现了第一个诸侯封国，从荆楚菜系中逐渐独立出来，从选料、烹调方法、调味等都开始形成体统，湘菜的发展经晋及六朝之南朝的宋、齐、梁、陈等，在隋、唐、五代、宋、元各代的漫长岁月里，湘菜的烹调技术不断创新，菜式品种更加丰富。

湘菜发展的全盛时期是明、清两代，逐步形成全国八大菜系中一支具有鲜明特色的湘菜系。明中叶湖南郴州人何孟春所攥《余冬序录》中，便于“湖广熟、天下足”的民谚记载，可以看出，作为全国的粮市中心，粮市的充裕为当地人们的饮食生活提供了重要物质基础。

长沙作为湖南的首府，餐饮行业的发展状况尤其具有代表性。清代中叶，长沙城内陆续出现了对外营业的菜馆，分为轩帮和堂帮，轩帮有长盛轩、紫云轩及聚南珍等数家，专营菜担；堂帮有旨阶堂、式燕堂、先垣堂、菜香堂、嘉宾乐、铋香居、庆星园、同春园、六香园、菜根香十家，人称十柱，以经营堂菜为主。随着社会政治、经济、文化、交通的不断发展，南来北往的官宦商贾、文人墨客日益增多，堂帮菜馆的生意日益兴隆，更多的湘菜堂馆应运而生，又陆续开设了天居乐、天然台、玉楼东（玉楼春）、挹爽楼、曲园、燕琼园、登瀛台、裕湘阁等菜馆酒家。

清朝末期，堂帮的经营范围越来越广，从业人员越来越多，一些商贾和官衙的厨师相继开设菜馆，各自以拿手的招牌菜招揽生意、招徕食客。这些人员便组织同业人员筹集资金，在长沙城内的永庆街兴建厨业祖师的庙宇——詹王宫，作为结帮聚会的场所。在聚会中他们不断相互切磋烹饪技艺，收徒传艺，研制出一些特色名菜，初步形成湘菜烹饪技术理论。

晚清时期，湘菜走出湖南。太平天国起义后，从广西打到湖南，曾国藩的湘军出现，他们南征北战，大批湘籍官宦遍布全国，他们无法改变自己的生活习惯，随行的厨师将湘菜带到所到之处，湘菜盛名远播；同时，湘菜厨师吸收其他地区菜肴的烹制技艺，进一步丰富了湘菜的内涵和品位，这些厨师有些留在当地开设湘菜菜馆、酒家，有些回到湖南，将其他菜系的美味佳肴、烹饪技巧及其优秀的文化内涵反馈到家乡，促进湘菜进一步发展。

1914年6月9日，上海《时报》登载通讯云："近日上海有闽菜馆、川菜馆、湘菜馆，几于各省都有某处菜馆……"由此看来，民国初年，湘菜馆已经率先在上海滩亮相了，1938年，长沙"文夕之火"事件，使长沙餐饮从业人员大部分迁往重庆、贵阳、云南等地，开设曲园、潇湘、盟华园等湘菜馆，既服务了迁徙他乡的湘籍人士，又使当地的食客品尝到了正宗湖湘风味的菜肴，弘扬了湖湘的饮食文化，致使湘菜闻名遐迩。抗战胜利后，湘菜名馆的厨师纷纷返乡，重振家业，迅速将湖南的餐饮行业恢复起来。为了开拓湘菜市场，应湘籍在外人士和非湘籍人士对湘菜的品尝需求，有些从业人员到南京、上海、北京等大城市开设曲园、新曲园、奇珍阁、潇湘等酒家、菜馆。湘菜风味独特，食客趋之若鹜，以致门庭若市，湘菜声誉大振，驰名全国。

湘菜烹饪技术的迅速发展，促使湘菜界大师、名师辈出，各种流派的菜式争奇斗艳，异彩纷呈，民国早年著名的流派有戴（明扬）派、盛（善斋）派、萧（麓松）派和湖南军阀谭延闿（字祖庵）的家厨曹敬臣创立的"祖庵派"等，流派各擅其长，戴派博采众长，稳健充实，集湘菜之大成；盛派改革宴席餐具，率先采用长筷、大盘，使桌面的气势更为舒朗美观；萧派不拘于泥古，着意创新；祖庵派以雄厚的经济实力和宽裕的时间精力为后盾，广纳天下奇珍，别出心裁地推陈出新，研制出一道又一道品味全新的名菜佳肴来。

20世纪80年代初，年逾七旬的舒桂卿、周子云、袁国卿等湘菜大师，云集实验餐厅（玉楼东的前身）带徒传艺，在这蓬勃向上的学习氛围中，长、株、潭等地方餐饮界掀起学技术热潮。石荫祥、许菊云、王墨泉等湘菜大师成为复兴湘菜的领军人物。传统湘菜在他们身上得到了继承、发展和传播，他们不墨守成规，既对历史文化有考究，又对现代社会有观察，在继承传统优秀湘菜文化的基础上加入现代元素，在继承中创新，保留传统风味，同时也采取外部移植、内部创新的办法，推出海味、汽锅、火锅、罐焖、铁板等系列菜品。

随着历史的发展及湘菜烹饪技术的不断进步，湘菜逐步形成以湘江流域、洞庭湖区、湘西山区、大湘南地区和大梅山地区五大地方风味流派。

湘江流域以长沙、湘潭、株洲为中心，长沙为代表。因为湘江流域的政治、经济、文化相对发达，交通便畅，物产富饶，饮食业较为发达，厨师中大师辈出，湘菜中的特色酒宴大菜都出自于这一地域派系。特点是用料广泛，制作精细，注重刀工火候，烹制的菜肴浓淡分明，色彩清晰；烹饪常用煨、炖、腊、蒸、炒、熘、烤、爆等方法；品味多以酸辣、软嫩、香鲜、清淡、浓香为主。代表性菜肴有火方银鱼、松鼠鳜鱼、瑶柱蒜球、麻辣仔鸡、鸭掌汤泡肚、砂锅炖狗肉、炒细牛百叶、红煨鲍鱼、清炖牛肉、酱汁肘子等。

洞庭湖区以常德、益阳、岳阳为中心，靠近洞庭湖，素称鱼米之乡，水产品资源丰富。洞庭湖区鱼馔源远流长，民间以鱼待客蔚为风俗，烹制家（水）禽、河（湖）鲜最拿手，素有“无鱼不成席”的俗语，湖湘鱼馔的发展，丰富了其深厚的内涵。滨湖菜肴的烹制惯用炖、烧、腊、煨、蒸、汆（烫）的方法；菜品往往色重、芡大、油厚，口感以咸辣香软为主。代表性菜肴有潇湘五圆龟、武陵水鱼、莲蓬虾蓉、青龙戏珠、蝴蝶飘海等。最能反映湖区水乡特色的菜肴是全鱼席，全鱼席系采用洞庭湖出产的各种鱼类湖鲜精心搭配烹制而成，备选的菜式有90余种，一般精选10道至20道菜肴组成，烹饪技艺在形、色、香、味上别出心裁，注重形态、色彩、味型、技法各不相同而能趋于和谐统一，有些菜品做到食鱼而不见鱼，品其味而不见其形。造型千姿百态，栩栩如生，色彩斑斓，赏心悦目，浓醇厚美，鲜嫩适口，回味绵绵，充分展现滨湖菜肴的风味特色。

湘西山区以湘西州、怀化、张家界等地为中心，喜好各种烟熏腊味和腌制肉品，擅长蒸、炖、煨、煮、炒、炸等烹调技法。腊味合蒸、重阳寒菌炖肉、焦炸鳅鱼、酸鱼酸肉等口味咸香酸辣，佐以山区米酒，回味无穷。最能反映山区风味特色的是大型地方风味宴席湖南熏烤腊全席，包括湖南山区的主要风味菜肴美点，以熏、烤、腊特色著称。

大湘南地区，主要包括郴州、永州、衡阳，大湘南地区位于湖南省的南端，气候宜人，光照充足，主要以山地地形为主，得天独厚的气候地理环境造就了该区域物产丰盈，形成了质朴独特的饮食习惯。大湘南地区的饮食具有鲜明的就地取材的特点，其中，永州历史悠久，文化底蕴深厚，盛产湖湘名菜，如永州东安仔鸡，曾作为国宴名肴宴请外宾，同时东安县还有著名的“东安八大碗”，除了东安仔鸡外，还包括潇湘猪手、东安血鸭、水岭羊肉、紫云腊肉、魔芋豆腐、猪血丸子、东安米粉等。郴州物产特别丰盈，饮食的原料来源于丰富的物产。数以千计的湘菜品种就是建立在郴州丰富的物产基础上的。“四黄仔鸡”“酒酿豆腐”“红曲鱼肉”“臭豆豉絮辣子”“汝城板鸭”“临武麻鸭”“栖凤渡鱼粉”“桂阳米饺”“桂阳坛子肉”“桂东红烧黄菌”等一大批湖湘肴馔珍品，都是以郴州名优特产作原料制作而成的。衡阳也称雁城，以辣为主，酸味为辅。衡东土菜是衡东县的地方传统名肴，以本地所产土、畜产品为主、副料，采用民间传统的烹饪技法制作而成。有石湾脆肚、杨桥麸子肉、地皮子炒瘦肉、紫苏田螺、新塘削骨肉、黄鳝炒蛋、子姜炒仔鸡、泥鳅炖丝瓜等名菜。香色俱佳，美味可口，具有鲜、辣、美、方便的特点。

大梅山地区主要包括娄底、邵阳及益阳少数地区。梅山区域内崇山峻岭，江河纵横，田陌交错，光照充分，雨水充沛，四季分明，适宜多种禽畜水产、瓜果蔬菜栽培生长，为梅山菜提供了源源不断、丰富多样、具有季候特征的原材料。如禽兽类有鸡鸭鹅鸽、猪羊牛兔；水产类有鱼鳖虾蟹；蔬果类有萝卜白菜、辣椒茄子、南瓜冬瓜、黄花菜、豆角丝瓜、蘑菇青菜、南粉豆腐等；野菜类有地木耳、香椿、蕨菜、小笋子、野芹菜、野蘑菇等；调味品类有姜葱蒜，辣椒胡椒、老酒陈醋和甜酒等。梅山菜注重一个“鲜”字，对鸡、鸭、鱼等原料，都要求现宰现做，民间也有“猪吃叫，鱼吃跳”的说法，并且要大火大灶烹制。如新化三合汤、大片牛肉、铁板牛肉、红烧牛尾巴、珠梅土鸡、水煮活鱼等，这样，菜肴才能入味出味，鲜嫩爽口。梅山菜种类繁多，技艺多样，长于调味，酸辣味重。同时能做到土菜精做，粗菜细做，色香味形俱全。炒菜类有珠梅土鸡、农家小炒肉、辣椒炒牛肉丝、红烧鲤鱼、爆炒田鸡、豆豉辣椒、白辣椒炒田鱼、红烧冬瓜、小炒羊肉等，色相齐全，酸辣爽口。梅山饮食经历上千年的代代传承和不断创新发展，形成了自己独有的、个性鲜明的菜肴特性和饮食文化特色，“食在新化”不胫而走，代代相传。于是，就有了大批新化厨师别刀背勺、背井离乡传播梅山饮食文化，深受广大食客青睐。

湘菜鲜明的特点是嗜辣、嗜酸，民间以多食辣椒祛除风湿寒热。辣椒在明代才从海外传入，故名海椒、番椒，最早在湖南怀化、邵阳等地种植。湘西南山区流传“三天不吃酸，走路打倒窜”。湖南人嗜酸与自然环境相关，一是由于气候原因，潮湿闷热，酸味可以大开食欲，与辣味结合，减轻辣味的直接刺激，更加适口，有助于散发体内的风寒湿热；二是由于物产季节性与经济原因，腌制酸菜替代盐，物产旺季加工到淡季使用。湘菜的酸与辣构成一个有机整体，往往是酸中带辣，辣中透酸，酸辣兼具，相辅相成，酸辣爽口。

湘菜不仅讲究色、香、味，还注重菜式的造型美观、器皿精致，相得益彰，切配讲究刀工，无论条、块、片、丝、丁、粒都必须整齐划一，利落清爽，成品样式，心中有底，湘菜刀工法有直刀法、平刀法（片刀法）、斜刀法、混合刀法四种。直刀法有直切、推切、拉切、锯切、滚刀切等，平刀法有平刀片、拉刀片、推刀片等。常见的烹调方法有炸、熘、烹、爆、煎、炒、蒸、煮、煨、焖、烧、烩、炖、贴、氽、烤等20余种；炸有干炸、软炸、酥炸、卷炸、脆炸、松炸等诸多不同，熘有软熘、滑熘、脆熘等之别，炒有小炒、爆炒、煸炒、滑炒、熟炒、软炒、生炒等区分，技巧繁多，各有讲究；在烹制同一道菜肴的过程中，根据不同主料、辅料的质地特点，还需要掌握好先后不同的火候。湘菜十分注重对调味品的运用，常用的调味品除盐外，有辣椒、胡椒、酱油、醋、白糖、麻油、黄酒、味精、辣酱、大蒜、香葱、生姜、八角、桂皮、香叶、花椒、五香粉、豆豉等，经过厨师的精心调配运用，使得湘菜的品位风格层出不穷、各具特色。

湘菜品种繁多、门类齐全，既有乡土风味的民间菜式，经济方便的大众菜式；也有讲究实惠的筵席菜式，格调高雅的宴会菜式；还有味道随意的家常菜式和疗疾健身的药膳菜式。据统计，湖南现有不同品味的地方菜和风味名菜达800多个。

第一章　源远流长　湘味长沙

长沙古称潭州，是著名的楚汉名城、山水洲城，长江中游城市群副中心城市之一。长沙为我国首批历史文化名城，有三千多年灿烂的古城文明史，是楚汉文明和湖湘文化的始源地，湖南的政治、经济、文化、交通、科教中心，环长株潭城市群龙头城市，我国南方地区重要的中心城市，与武汉、南昌、合肥联手共建长江中游城市群，呼应长江三角洲和珠江三角洲。长沙（长株潭）作为国家级两型社会（资源节约型和环境友好型）综合配套改革试验区，肩负着引领全国城市走可持续发展道路的历史使命，致力于打造内陆最开放、具有重大国际影响力的文化名城和世界级旅游目的地。

长沙位于我国中南部的长江以南地区，湖南省东部偏北，地处洞庭湖平原南端向湘中丘陵盆地过渡地带，与岳阳、益阳、娄底、株洲、湘潭和江西萍乡、宜春接壤，是湖南省省会，辖六区（芙蓉区、天心区、岳麓区、开福区、雨花区、望城区）、一县（长沙县）、两县级市（浏阳市、宁乡市）。地域呈东西向长条形状，地貌北、西、南缘为山地，东南丘陵为主，东北以岗地为主；山地、丘陵、岗地、平原大体各占四分之一。湘江为最重要的河流，由南向北贯穿全境。长沙属亚热带季风气候，四季分明。春末夏初多雨，夏末秋季多旱；春湿多变，夏秋多晴，严冬期短多雨，暑热期长。

长沙曾有临湘、潭州等古称；唐宋和明清时期，长沙经济、文化在其历史上最为繁荣。长沙之名最早见于《逸周书·王会》关于贡品长沙鳖之说，距今三千多年。楚成王设黔中郡，长沙为其辖域。秦始皇统一中国，长沙郡为秦三十六郡之一。两汉时期，长沙为长沙国的都城。三国和西晋时期，长沙为郡治，属古荆州。西晋后期和南北朝，长沙为郡治和湘州制所。隋朝前期撤郡，长沙为潭州总管府；后期改州为郡，长沙为长沙郡郡治。唐朝设潭州治所，属江南道、江南西道。五代十国时期为楚国国都。宋朝时长沙为潭州治所。元朝改为潭州路，湖广行省治所。元文宗天历二年改天临路，元末改潭州府治所。明初改长沙府治所，隶属湖广布政使司。清朝康熙三年建湖南省，长沙为长沙府府治和湖南省治。明清时，长沙有四大米市和四大茶市之称，为中国最重要的米市之一。1933年长沙县、市分治，设长沙市，为湖南省辖市，长沙一直作为湖南省会至今。

长沙现存最早的地方志云：“吴越家饮食多粥少饭。而长沙饔飧独厚，至宴宾客则穷其极品，不则便以陋啬笑之。”两宋始，长沙夜市繁荣，街头巷尾，家家小吃皆是美食。

长沙人自古以米饭为主食，有糙米饭、熟米饭、红米饭、白米饭等。民国以前，一般人家多用铁炉罐煮饭，挂在通钩上，四季咸宜。民国以后，用铁锅焖饭渐多，大场合、大户人家用木甑蒸饭，很多人家的饭中常拌有红薯、红薯丝、包粟、高粱、豌豆、蚕豆等杂粮，农闲时一日只吃两顿，或早晚吃稀饭，青黄不接时，饭中多拌有蚕豆叶、小竹笋、夏枯草等，或做南瓜粑粑、荞麦粑粑、麦子粑粑、艾蒿粑粑等食用，所谓瓜菜半年粮。

长沙称鸡鸭鱼肉为大荤，禽蛋鳅虾为小荤，豆腐蔬菜为素，俗称小菜，三餐有荤腥的仅官绅富豪人家而已，一般市民只有初一、十五才吃红烧肉，叫打牙祭，平素能捡豆腐、火焙鱼、淡干鱼、炒鸡蛋就算不错。乡间只有匠师上门或生日喜庆才称肉打豆腐，民间摆酒宴用腊肉、咸鱼、鳅、鳝、干笋、豆腐等。《清稗类钞》载："嘉庆时，长沙人宴客，用四冰盘两碗，已称极腆，惟婚嫁则用十碗蛏干席。道光甲申、乙酉间改海参席。戊子、己丑间，加四小碗，果菜十二盘，后更改用鱼翅席。咸丰朝，更有用燕窝席者。"海参席、燕窝席只有达官贵人方可问津，广大农村摆簇席以十碗蛏干席为常，狗肉、蛙肉被视为厌物。

长沙人四时均能尝到新鲜蔬菜，即使冬天也能吃到茼蒿、冬苋、菠菜、油菜薹、红菜薹等青菜。烹调菜肴讲究色和味，用佐料多，最常用的有豆豉和辣椒，几乎无菜不辣，特别是吃鱼，不放辣椒顿觉味道全无。长沙辣椒有光皮椒、牛角椒、灯笼椒、朝天椒等传统品种，压扁爆炒的灯笼椒、牛角椒最令人垂涎，称送饭菜，青椒盐渍成酱辣椒、朴辣椒，可四季享用，红辣椒晒成干椒碾成粉，使用方便。或就鲜剁成辣椒酱，拌入蒜头、刀豆、豆豉等，再倒入适量的酒和麻油，可长期保鲜，四时咸宜。芫荽、葱、蒜、姜、胡椒、八角、桂皮等也是长沙人喜欢的佐料，不但能助其味，而且有提神发表、祛湿抗寒之功能。

长沙人善于加工贮藏菜肴，普通家庭都会熏腊肉、腊鱼、卤蛋、做霉豆腐等。腊肉放在茶油或谷仓内可留至伏天，不霉不走味。小菜腌制方法五花八门，家家户户有酸坛，可以泡藠头、豆角、黄瓜、萝卜等，经淘米水泡过的刀豆、芋头梗风味独特，青菜、白菜、排菜经不同方法腌制，可变成风味各异的擦菜和酸菜，生姜、茄子、苦瓜、萝卜等晾晒腌制，既是美味食品，又是馈赠佳品。

长沙妇女善做家庭副食品，仅红薯做出的品种就不下数十种，花样翻新，有薯糕、薯糖、薯粉、粉皮等，大米、糯米加工成年糕、糍粑、汤圆、冻米糕、油粑粑、粽子、八宝果饭、米粉、夏至坨等。每逢喜庆节日，主妇要炒花生、豆子、瓜子等摆盘招待客人，称旱茶。

长沙酒水丰富，农家都自己蒸酒，富裕人家自制甜酒，客人来了用锡壶盛酒在火中加热，慢慢品尝。夏天，长沙人喜欢饮用凉茶，用金银花、淡竹叶、夏枯草、车前草、薄荷加石膏煎水代茶，香甜可口，清热解暑，利尿解毒。

第一节　长沙市区饮食文化

一、长沙市区风味小吃

长沙风味小吃有几大特定区域：南门口——最著名的四娭毑口味虾和五娭毑臭豆腐；火宫殿——传统小吃种类最全；先锋厅——品尝坛子煲汤的妙地；文和友——老长沙口味虾馆；黑白电视——记忆中的湖南小吃集成店，湘菜有浏阳蒸菜、乡里腊肉、剁椒鱼头、酱椒鱼头、辣椒炒肉、黄鸭叫、红烧肉、四方坪土鸡、潭州瓦罐、竹香鱼、浏阳火焙鱼、红烧猪蹄等。小吃有长沙臭豆腐、糖油粑粑、姊妹团子、黄金糕、德园肉包子、口味虾、口味蟹、口味田螺、口味鸡、口味田鸡、鸭舌、鸭脖、荷兰粉、猪血、白粒丸、文记四合一、向群锅饺、炖猪脚、兰花干子、油豆腐、刮凉粉、杨裕兴的面、长沙肉丝米粉、嗦螺、麻辣捆鸡、香菜凉拌腰花等。

1．口味虾

长沙被誉为“星城”，这与长沙人特爱吃夜宵有关，长沙人爱热闹，热辣辣的湘菜小炒，红艳艳的口味虾，还有一群群撸起袖管剥虾壳吮吸虾肉的长沙人。长沙人爱吃口味虾，可以用“疯狂”这两个字来形容。甚至引得八方游客、各路明星都闻风而来，一饱口福。据说，早在20世纪80年代，长沙街头就已经出现了小龙虾；进入21世纪，长沙口味虾也彻底得到长沙人的认可，特别是夏季，口味虾馆遍布于长沙市区各个大街小巷。长沙口味虾的食材选用的是小龙虾，配料用肉汤、八角、桂皮、茴香、葱姜蒜、盐、耗油、料酒、鸡精等调味料，还有最不能少的辣椒和干湿紫苏。口味虾最大保留了虾的整体，随便抓起一只小龙虾，肉紧嫩充实、虾身干净，大小均匀红亮，口味虾偏重辣味，这种辣不同于普通菜肴的那种辛辣或者麻辣，而是一种极其纯粹的辣，辣的舌头直伸、口水直流，但是却沉醉于这种辣味中，欲罢不能！

2．冬瓜山香肠

冬瓜山香肠起源于长沙裕南街东瓜山一条巷，一种是长沙东瓜山当地特产的陈氏冬瓜山肉肠，偏腊肠方向；另一种是市面上流行的传播较广的冬瓜山香肠，偏鲜肉肠方向。冬瓜山香肠使用的是纯肉制作，通过7：3的肥瘦比例并加入天然香料灌制而成，将香肠放置在油锅中炸熟，或放置烧烤架上烤熟，蘸取辣椒粉后油光华亮、鲜香麻辣、口感扎实有嚼劲、香味醇厚、鲜味可口、皮薄肉嫩爽口，独具特色。冬瓜山香肠已成为了冬瓜山一条街的文化符号。

3．臭豆腐

从清朝同治年间，一位做腌制豆干的生意人，人称姜二嗲，在偶然的情况下创制了臭豆腐，至今已经有一百多年的历史了。臭豆腐是以黄豆为原料的水豆腐，经过专用卤水浸泡半月，再以茶油经文火炸焦，佐以麻油、辣酱。它具有“黑如墨，香如醇，嫩如酥，软如绒”的特点，臭豆腐奇在以臭命名，这是因为卤水中放有鲜冬笋、浏阳豆豉、香菇和上等白酒等多种上乘原料，故味道特别鲜香。油炸“臭豆腐”闻着臭吃着奇香，是中国小吃一绝。“臭豆腐”各地皆有，而湖南长沙“火宫殿”的油炸“臭豆腐”却更有名气。闻起来臭，吃起来香，外焦微脆，内软味鲜。

4．糖油粑粑

糖油粑粑是老长沙的著名小吃，软糯的糯米圆子外裹了一层糖汁，晶莹发亮，过去，糖油粑粑和臭豆腐、葱油饼并称为“油货三绝”。糖油粑粑绝妙处在于四点，即一滚烫，二滑溜，三糯，四甜。糖油粑粑主要原料是糯米粉和糖，但其制造工艺精细讲究，有特殊的制造过程，但价格不贵，受到民众的厚爱，成为民间长吃不厌的小吃。在冬季，吃糖油粑粑最为惬意。

5．德园包点

德园始建于清光绪年间，取《左传》中“有德则乐，乐则能久”之意，名之“德园”。在长沙流行一句俗语：“杨裕兴的面徐长兴的鸭，德园的包子真好呷”，百年老店德园位于长沙的繁华地带，每天早上，买包子的人排成长龙，在店门前延伸折曲，也算是长沙街头一景。德园包点选料精细，糖馅香甜爽口，肉馅则选用猪前夹缝肉或好瘦肉，拌以香菇、笋干、葱姜、冻油等调料，油而不腻，采用老面发酵，绝不添加使用“泡打粉”，所制包点皮薄馅大、面香浓郁、颜色白净、质地松软、面呈海绵状富有回弹性，口感特有嚼劲。德园八大名包有玫瑰白糖包、冬菇鲜肉包、白糖盐菜包、水晶白糖包、麻蓉包、金钩鲜肉包、瑶柱鲜肉包、叉烧包。

6．长沙米粉

大多数长沙人的一天从一碗早餐米粉开始，当地称“嗦粉”，不管早晚、宵夜都适合来上一碗米粉，热气腾腾，汤底鲜香，入口滚热，为满口腹之欲。在长沙默认的粉就是扁的，嗦粉的码子比较讲究，码子分为两种，现炒的和小火慢炖的，有三鲜的、小炒肉、牛腩、牛肉、杂酱的、香干、肉丸的等等，配料丰富，有花生米、蒜蓉、榨菜、酸菜、酸萝卜、酸豆角等，长沙人嗦粉之前惯例先喝一口汤，浓浓的猪油香气，暖胃舒服。

7．茶叶蛋

茶叶蛋是煮制过程中加茶叶的一种加味水煮蛋，是长沙的风味小吃，做法简单，携带方便，多在车站、街头巷尾。游客行人较多之处置小锅现煮现卖，茶香特别入味，可以作餐点，闲暇时可当零食，食用和情趣兼有。

8．当归蛋

当归蛋是长沙的一种早餐，常在路边摊点出现，是一款食补汤品，对于女性贫血的效果最为理想，主要食材是鸡蛋和当归，红枣为辅，还可以加川芎、黑豆、花生、龙眼等，通过煮制而成，具有补气、补血的作用，非常适合身体虚弱的人进行口服，鸡蛋煮熟剥去蛋壳，当归、黑豆煎煮至豆烂，加入剥壳鸡蛋浸煮，文火温着，随时食用。

9. 皱纱馄饨

双燕楼馄饨深受长沙人所推崇，号称长沙第一馄饨店，创建于清朝末年。采用富强粉为原料，精工擀成的皮，薄如纸，软如缎，吃有韧劲。馅心选用新鲜猪腿瘦肉，配以适量肥肉，绞成肉泥，再加一定比例的清水、食盐、胡椒粉等，使劲搅拌肉至泥，吃透水分。这样制作的馅心酥而不烂，嫩而泡松。馄饨皮擀得薄如轻纱，形如燕尾，下锅煮熟的馄饨肉馅丰满，尾部纹状道道皱起，味道清香鲜嫩，荤素相宜，落口消融，故称“皱纱馄饨”，放入筒子骨熬好的高汤，配以排冬菜，味道极为鲜美。

10. 柳德芳汤圆

柳德芳汤圆是长沙市的名特小吃，为柳德芳汤圆店独家经营。始创于清道光年间，用姓名为店号，故名柳德芳汤圆。柳德芳别号柳三，人称长桥柳，小时家境贫寒，以卖汤圆为生。由于汤圆选料上乘、制作精细、风味独特，因而颇有名气。因汤圆个大、糕糯、馅多，肉素兼备，咸甜双全，不黏唇，不腻心，回味悠长，博得广大食客赞赏。

11. 杨裕兴面条

“杨裕兴的面，徐长兴的鸭，德园包子真好呷。”这是在长沙广为流传的歌谣，讲的是长沙著名的三种风味特色小吃。其中，杨裕兴的面列在第一位的，清朝光绪二十年（1893年），外乡人杨心田在繁华的司门口开设面馆，取富裕兴盛之意，冠名“杨裕兴”，至今已有一百多年历史。杨裕兴面条口感柔韧，煮面条时讲究宽汤、清水、滚开，汤料用猪筒子骨加老母鸡炖成，从大众化的肉丝面、酸辣面到高档的蟹黄面、瑶柱面，一应俱全，在杨裕兴面馆里吃面的客人从早到晚都很多。

12. 糯米粽子

糯米粽子是民间的风味小吃，是五月端午节的节日食品，用来纪念伟大爱国诗人屈原。先将糯米淘洗干净，浸泡半小时，取出拌碱。然后将鲜蓼叶用开水煮十分钟，剪去蒂，将大小叶搭配好叠成十字架，用绳捆成把，放在清水中泡四、五小时，去除涩味。然后将蓼叶摺成三角形斗状，灌入糯米，包成菱角形，用细麻绳扎紧，入锅煮两小时左右，熟透后拌白糖食用，其味清香软糯。

13. 湘粉

湘粉又名南粉，因产地在湖南得名，望城在湘江西岸，为主要产区，人们又称西粉。湘粉有400多年历史，与山东龙口粉、北京清河粉同享盛名。以蚕豆、川豆、绿豆、饭豆、赤豆、四季豆等作原料，又以蚕豆为主。不论采用哪种豆类，都必须以少量的绿豆作芡粉，才能做出优质的粉丝。湘粉营养丰富，烹调简便，味道鲜美，既柔软，又爽口，佳节喜庆，常有湘粉上席。

14. 靖港米粉

靖港米粉有数百年历史，靖港是稻米囤积和集散的米埠。旧时靖港最有名的米粉馆玉春楼便始创于清朝乾隆年间，长沙的北正街、西长街、太平街的数十家米粉店为靖港人所开。长沙、宁乡、湘阴及对河铜官的许多招牌米粉店，皆通过船运购买靖港加工的米粉。靖港作为重要的水运口岸，南来北往的各色人等势必登岸入镇，饱尝靖港的美味佳肴，也把外地的各类吃食以及米粉的加工制作方法传播到靖港。

15．靖港火焙鱼

靖港火焙鱼是清代从湘潭传播过来的。靖港人发明了专用于焙制火焙鱼的铁丝网罩，其罩是一个大圆盆，通体皆网。揭开罩盖，把剖好的嫩子鱼一条条摆在里边，盖上罩盖。网罩安放在一口砖砌的圆灶上，灶内是慢燃的木屑和米糠，浓烟往网罩里熏，鱼被熏干，呈金黄色，色泽极好。

16．靖港豆腐

靖港豆腐也称靖港香干，按颜色分黄香干、白香干、青香干3种，其实材料一样，只是做法不同，味道有别。靖港香干工序繁复，制作程序有选豆、磨豆、打浆、包、压、卤六道工序。黄香干、青香干比白香干多一道卤制程序。因为卤料不同，卤出的豆腐干分黄、青两种。按包、压程序不同，靖港香干分打包豆腐干、菊花豆腐干两种。先压后包为打包豆腐干，先包后压为菊花豆腐干。最先靖港香干不打包，打包技术从湘潭传入，在实际操作中表现出干水快，后来得到广泛运用，最后确定为靖港香干的一道基础工序。

17．长沙奶糕

清宣统二年由江恒寿所创，奶糕采用优质米粉、白砂糖配合成，清香味甜，易于消化，兼有肥儿驱虫功效。长沙主要食品作坊竞相仿制生产，成为糕点行业的一种主要食品。糕呈正方形，色泽洁白，质地细腻，气味芳香、营养丰富，便于携带。

18．长沙牛奶法饼

“九如斋”创建于1915年，创始人是民国时期位于长沙八角亭的日新昌绸布店老板饶菊生先生。九如斋的法饼是长沙中式糕点中唯一的发酵产品，至今已有近百年历史。初称“发饼”，主要原料为精面粉、饴糖、奶粉、甜酒、纯碱、苏打等，经面团调制、甜酒发醇、腌糖、切块、成形、烘烤等工序精制而成。饼呈扁圆形，表面乳白色，底面棕黄色，入口松软，奶香浓郁，酒香醇绵，甘甜味美。

19．老长沙大香肠

长沙著名的小吃，老长沙大香肠源自长沙街头巷尾，老长沙香肠属于五香香肠种类，香肠全用纯猪肉（肥肉取猪背脊膘，瘦肉必须是腿肉）做成，切上斜一字花刀后置油锅中炸至“开花”且呈金黄色后捞起，在地道的湘味辣椒粉上滚上一滚，火红的花蕊，金黄的花瓣，诱人食欲，因为油温和时间控制得很好，外皮很筋道，咬开后肉质肥瘦均衡，非常香嫩可口，里面点的肉质紧实鲜嫩，肥而不腻，香辣味浓，且还能吃出嫩嫩的肉粒，回味悠长。

20．捆鸡

捆鸡是长沙街头的一种小吃，其造型奇特，远看它就像是一根短短的木棍，长沙捆鸡分荤、素两种，但不论荤素均灌入鸡肠之中，以鸡肠作为肠衣，荤捆鸡又称肉捆鸡，就是将处理干净的鸭肠、鸡肠、猪小肠捆成火腿状，然后在卤汁中慢慢熬煮，吃起来真的肉香十足。而素捆鸡则是用豆制品制作而成的，也就是人们常见的“素鸡”，卤熟后，再切成片或与大蒜炒，或者就直接以香菜凉拌，滴几滴香喷喷的麻油、辣椒油，长沙人则更喜欢吃肉捆鸡，吃起来肉香十足，而且口感非常好。

21．小钵子甜酒

小钵子甜酒是长沙望城的特色美食，小钵子甜酒入口醇香，甜蜜醉人，其制作方法是将精选好的糯米淘洗至出清水，浸泡四小时后捞起放在竹篾的器具中沥水，然后倒入蒸笼后蒸至熟透，迅速将热气腾腾的糯米饭用冷开水过凉，洗去米汤，等糯米饭干湿相宜散热至室温时，将碾成粉末状的甜酒曲翻拌后装进小钵子中，再在抹平的糯米饭上撒一层甜酒曲粉，在糯米饭中间圈出一个酒窝发酵即可。

22．糖饺子

在老长沙关于“油货”的记忆里，“糖饺子”无疑是儿时的味道和甜蜜的象征。糖饺子的制作方法是先将糯米制成水磨粉，取部分水磨粉加沸水拌匀成热水面团，然后再将余下的水磨粉与热水面团、面粉、冷水反复揉透成冷水面团，搓条下剂后用用手掌压扁，左右手拿住两头扭一下，放入四五成热的油锅中炸至浮起，表面微黄，体积膨胀后捞出沥油。稍冷后，滚粘糖粉，使饺子外表呈白霜状，糖饺外脆里糯，香甜不腻。

23．和记米粉

和记米粉创始于20世纪20年代初。李氏吴有珍因生计所迫带着两个儿子李益和、李福生在长沙北门外（外湘春街）摆米粉摊为生。粉皮由手工制成，洁白柔软，粗细均匀，盖码选料严格，慢火煨熟后，肉质鲜美，汤汁浓郁，尤以牛肉米粉，滋味最佳。由于汤粉货真价实，生意兴隆，摊主便于次年购得一间三十平方米的铺面，开设米粉店，为了祈求和气生财，遂取名和记，渐渐名声远播。

24．荷兰粉

荷兰粉是湖南的名小吃之一，尤以火宫殿的最为著名。相传在清朝乾隆年间，火宫殿的刘氏用蚕豆磨成粉制作成通体剔透、白色如玉的粉坨，再切成薄片加入上等汤料煮沸，因其色香味美大受欢迎而流传至今。荷兰粉是寒冷冬季里的极佳美食。白白嫩嫩、晶莹剔透的粉片，淋上一勺滚烫的骨头鲜汤，加入香油、盐、味精、酱油、香醋、腐乳、芝麻酱等调料，最后再放入油萝卜米、干辣椒粉、花生米这三种缺一不可的配料，又香又辣又烫，一角钱小小的一碗，在饮食上还是追求温饱的年代，就足以驱散冬季的严寒，极大地满足味蕾的需求了。

25．嗦螺

嗦螺是湖南长沙的一道风味小吃，长沙人之所以称之为嗦螺，与吃食时的动作以及声音有关。吃嗦螺时，老手一般用手指或者筷子夹着嗦螺，嘴凑上轻轻一“嗦”，螺肉就出来了，再用牙齿咬断，连着汤汁一起吃下。作为一种独特美食，嗦螺近年来有向全国流传趋势，特别是夏天，长沙市民成群结队到街边吃嗦螺，喝啤酒，嗦螺味香辣，香味浓郁，不含泥腥味，嗦之肉出，欲罢不能。

二、长沙市区特色菜点

1．青椒炒油渣

青椒炒油渣是特有的美食，承载了太多人的记忆，其中的情感很难准确地解释清楚。油渣，可选用猪五花肉、肥膘、板油、网油熬制而成，肥肉带一点瘦肉为熬制油渣的上选，肥的部分有种浑然天成的香脆，瘦的部分有点涩涩的韧劲，两种不同的口感丰富了油渣的层次，别有滋味。青椒，最好是刚摘下的，鲜绿光泽，不老不嫩，肉厚而脆，嚼有清新之气。好的青椒炒油渣，色泽艳丽，香气充盈，吃这道菜，宜置一小匙舀着吃，入口混着咀嚼，油渣酥脆，青椒鲜辣，满嘴油香，其味无穷。那种嚼起来嚓嚓响、喷喷香、脆脆酥的感觉，简直就是一种享受。吃油渣的美味度，全在于趁热的片刻，这种感觉，过时不候。青椒炒油渣是最常见的，其实油渣可以和很多食材搭配，豆豉炒油渣、大蒜炒油渣、雪里蕻炒油渣、腊八豆炒油渣，萝卜干炒油渣都别有一番风味，炒包菜时放几个油渣，糯米烧卖中放点切碎的油渣，都可起到点睛之笔。

2．酸辣墨鱼片

酸辣墨鱼片是过去长沙餐桌上最主流的待客菜品之一，声威显赫，一切皆因当时长沙地处内陆，远离大海，吃不到活海鲜，干货海味之干墨鱼、干海参、干鱼皮遂成餐桌上的最爱。当大多数长沙人都能吃得起平价海鲜时，滋味更甘美的干海味名肴——酸辣墨鱼片，以“怀旧”风格，成为吸引懂品味的美食小圈子内的“食尚”舌尖之爱。酸辣墨鱼片，关键要掌握两个环节：墨鱼的涨发（受墨鱼的老嫩、涨发方法、气候、涨发时间的长短、碱溶液的浓度等因素的影响，具体采用哪种方法，可依据原料的情况和烹调需要来决定）和酸辣配料（选用泡菜坛长时间泡出来的酸辣椒、酸豆角）。黄黄的豆角、蒜苗、酸辣椒，蒜子切米粒大小煸香，与涨发好的去碱、去腥的墨鱼一起烧或烩，即成酸辣墨鱼片，亮油抱汁，酸辣开胃，墨鱼松软而有口劲，酸豆角、酸辣椒酸得清爽，是脆脆的酸、咸咸的酸，辣辣的酸，令人心爽，酸感分明，津津有味。一份酸辣墨鱼片就这样把湘菜的酸辣特色展现得淋漓尽致。

3．剁椒鱼头

剁椒鱼头是湘菜的代表菜之一，选料以淡水雄鱼（又称鳙鱼、花鲢、大头鱼、胖头鱼）的头和手工老坛剁辣椒为佳。活鱼需现宰现蒸，鱼头一劈两半，平铺在盘中，剁椒或薄或厚的码上，旺火蒸15分钟出锅，淋豉油撒葱花即可。刚出锅的剁椒鱼头，火辣辣的红剁椒，覆盖着白嫩嫩的鱼头肉，冒着热腾腾清香四溢的香气。湘菜香辣的诱惑，在剁椒鱼头上得到了完美体现。在蒸汽的作用下将时间赋予的完美口感恰到好处地渗透到鱼头当中，白嫩嫩的鱼头肉肥而不腻，口感软糯，鲜辣可口，细细回味中依稀能尝到辣椒原始的清香，鱼头鲜香，剁椒热辣，汤汁清甜回甘，咬一口就能尝到的是满满的鲜味，微微辣的舌头有点酥酥的麻，很快过后是剁椒和鱼肉的回甘。浓情辣意让舌尖如桑拿一般痛快舒服，欲罢不能，在鱼头快吃完的时候，除了回味悠长的鱼头，更可以搭配筋道爽滑的面条来吃——在鱼汤里一浸，味道鲜美得超出想象。

4．麻仁香酥鸭

麻仁香酥鸭是长沙经典菜，制作方法是先将净鸭用料酒、盐、花椒、葱、姜腌约2小时，上笼蒸至八成烂，取出晾凉，先切下头、翅、掌，再将鸭身剔净骨，从腿、脯肉厚的部位剔下肉切成丝。配料火腿切成末，肥膘肉切成细丝，同时调制好全蛋糊和蛋泡糊。将鸭皮表面抹一层全蛋糊，摊放在抹过油的平盘中，把肥膘肉丝和鸭肉丝放在余下的全蛋糊内拌匀，然后平铺在鸭皮内面，入六成热油中炸至金黄后捞出，将蛋泡糊均匀铺抹在鸭肉面上，撒上芝麻和火腿末，入四成热油中炸至松泡后捞出，改切成5厘米长、2厘米宽的条，整齐地摆放盘内，配上头、翅、掌，周围用香菜加以点缀。成菜造型美观，吃一口下去，集松软、酥脆、软嫩、鲜香于一体，丝毫不会让人失望。

5．五圆蒸鸡

五圆蒸鸡是长沙人过年时少不了的一道传统吉祥菜。五圆，即干荔枝、干桂圆、莲子、红枣、枸杞，也有加鹌鹑蛋的。将生长不到一年的嫩母鸡宰杀去毛，去爪尖，腹开去内脏后冲洗干净，砸断大腿根，塞入体内。干桂圆、干荔枝去壳，莲子去心，红枣、枸杞洗净。将净鸡焯去血水后用冷水冲洗干净。将五圆与整鸡同时放入盆内，加油、盐、冰糖、适量清水，入笼蒸两小时左右即成。鸡肉嫩滑香甜，汤色如琥珀，浓鲜而味美，味道甜而不腻，是补虚养身的绝佳选择。

6．八宝饭

八宝饭是以前长沙人办酒席和春节这样重大的节日必上的一道美味，“八”与“发”同音，喜庆吉祥。八宝饭最为关键的是糯米蒸制，要先泡发后入笼蒸熟，倒入盆中，加入切碎的红枣、冬瓜糖、橘饼、莲子、葡萄干、枸杞、红绿丝和白糖、猪肉拌匀（也可将八宝料放置在蒸熟的糯米的顶部），再扣入钵中入笼蒸熟即成。糯米味甘性温，补中益气，健脾养胃。红枣枸杞白莲等补肾化湿。八宝饭可口滋补，实为冬季佳肴。

7．黑麋峰烤全羊

黑麋峰上的山羊，全高山生态放养，运动充足，肉质鲜美，口感嫩滑，成为当地最有名的舌尖美味。烤全羊气息弥漫着整个黑麋峰，诱惑着来往客人的味蕾。架羊、调整火堆、刷油修整……烤全羊的制作要求严格，羊的背脊和腿部肉厚脂肥，火堆聚温中心摆在一前一后，待到油水滴尽，外皮金黄，把羊取下、撒料刷油之后把羊回炉，火温调高，高温烤干外层的水汽，料油保护内里的肉汁，再经过一段时间的烧烤，烤羊就焦香酥脆了。端上桌的烤全羊，外部金黄油亮、肉焦黄发脆，内部肉绵软鲜嫩，羊肉味清香扑鼻，别具一格。

8．发丝牛百叶

发丝牛百叶为传统湘菜名菜，牛属于反刍动物，具有四个胃，全国各地方菜对原料做法不一，湘菜的发丝牛百叶可谓独树一帜，将瓣胃揉去黑膜，迅速焯水，经切丝，搭配冬笋丝，红椒丝，急火爆炒而成，此菜刀工精细，形如发丝，质地脆嫩、香辣透酸。民国时期，湖南长沙李合盛牛肉馆中的招牌菜，即红烧牛蹄筋、烩牛脑髓和发丝牛百叶，被誉为湘菜中的“牛中三杰”。

9．麻辣仔鸡

麻辣仔鸡为湘菜名菜，据《长沙市志·饮食服务》载：麻辣仔鸡为传统名菜，始创于清朝同治年间。先将嫩仔鸡肉切成方丁，走油两遍，再与红椒片、花椒粉、蒜段等煸炒，此菜颜色金黄，芡汁油亮，质感外焦里嫩，味道麻、辣、香、咸、鲜，为下酒美味。在19世纪50年代后期，长沙餐饮名店辈出，麻辣仔鸡就是当时的流行菜品，长沙玉楼东酒家因烹“麻辣仔鸡”名气较大，曾广钧，曾国藩长孙，清末任翰林编修，闻此名而登楼用膳，并有“麻辣仔鸡汤泡肚，令人常忆玉楼东”的赞语流传至今。

10．腊味合蒸

“腊味”是湖湘最具浓郁特色的风味食材，腊味合蒸是其中“腊味”经典的做法之一，腊鸡、腊鱼、腊肉合为一体，加上浏阳豆豉、辣椒粉合蒸一小时，翻扣盘内，腊香浓郁，唇齿间回味悠长，腊味是餐桌上的下饭佳肴，在湖湘地区，民间家家户户都懂得熏腊技术，冬至以后，乡下过年要杀年猪、备年货，肉、鱼、家禽、豆腐、香干等食材均可进行熏腊处理，对于任何湘人来说，腊味就是故乡的味道，解乡愁的最好方式无疑是饱餐一顿腊味。

11．糖醋脆皮鱼

糖醋脆皮鱼是长沙酒楼中的名菜，选用1.5千克左右的鳜鱼为原料，将鱼肉去头，去脊骨保持尾部不断，将两边肉打十字花刀，用盐、料酒腌制入味，然后挂糊放入油锅中炸制金黄色，炸制要注意手法，使鱼身弯曲定型，炸好定型后，浇上糖醋汁即可，菜构思精巧，造型奇特，味鲜色美，酸辣甜脆，常为接待贵宾的压席菜。湘菜大师许菊云对此菜的特点概括为“头仰尾巴翘，浇汁喳喳叫，形状像松鼠，酸甜好味道”。

12．煨牛鞭

此菜讲究火候功夫，牛鞭初加工必须刮洗干净，焯水两次才能去除异味，剖开刮去中间白色膜，冲洗干净切成段再入锅煮，取出切成菊花状，放入砂锅中，稍微煸炒后，加姜、精盐、料酒、葱、骨头汤，盖盖后煨制酥烂即可，菜品汤色金黄，质地酥烂，汤汁略稠，口味香浓。为长沙酒楼筵席中的大菜。

13．小炒香辣蚌肉

长沙酒楼中的流行菜品，蚌肉用湘菜小炒技法制作，热辣香鲜，别具一格，做法是将清洗干净的蚌肉，放入沸水中焯水捞出，净锅置旺火上，油烧热后，少许豆豉香辣酱爆香，投入姜丝、辣椒圈、大蒜白爆炒出香味，再加入蚌肉、蒜青，同时迅速调入酱油、生抽、蚝油、盐、鸡精，翻炒数下即可出锅。肉干香，无汤汁，味鲜美，较辣，有劲，鲜香，是下酒好菜。

14．青椒炒海参

长沙酒楼中的流行菜品，如今交通便捷，在长沙很多菜市场就能买到新鲜的海参，青椒炒海参便是在湖南名菜辣椒炒肉中发展而来，海参从中间剖开，洗净泥沙，斜切1厘米厚的片，先将猪五花肉煸炒出香，下入青椒、大蒜片煸炒至青椒皮有微微起皱状态，再下入瘦肉与海参片，用盐、味精、生抽、蚝油调味翻炒，此菜猪肉相当入味，既融入了海参的香又结合了辣椒的辣爽，海参弹牙，入口绵软但又很有嚼劲，与辣椒融合得非常完美，完全没有想象中的海腥味，深受长沙人追捧。

15．油淋辣椒

油淋辣椒这道菜，最能体现旧时湘菜的重油、重辣特点，应用了浏阳豆豉，是长沙人餐桌上的下饭菜，此菜做法简单，在锅中将油烧沸，辣椒直接丢进锅中，炸出皱巴巴的皮来，放入豆豉和精盐，再淋上一匙蒸鱼豉油，就可以出锅了。因为油淋辣椒的皮子皱，也有人文雅地称之为“虎皮辣椒”。但不少地方虎皮辣椒的做法是将青椒放在火上烤，去皮撕成条，拌上酱油、香油、蒜蓉、陈醋作为凉菜食用，是长沙人最喜爱的凉菜之一。

16．酸汤黄鸭叫

现在，长沙所有做鱼的酒楼，几乎都能吃到酸汤黄鸭叫。黄鸭叫是湘江中的一种野生鱼，个头不大但带着锋利的刺。黄鸭叫在浅水里游走时，看上去金黄色，非常有光泽，渔民就此给它取名“黄骨鱼”“黄鸭子叫”，长沙人吃黄鸭叫，除干锅煨、干炸两种方法之外，通常先用油煎，再加水焖，这就是著名的水煮黄鸭叫。酸汤黄鸭叫却是近年新出的产品，一上桌便可以抓住你的胃，大锅的酸汤端上桌，那股酸爽味便填满了鼻腔。标配750克约十只的新鲜黄鸭叫，下到锅里现煮五分钟，便可夹鱼出锅了。其妙处在于鱼肉特别白嫩，高手吃完以后，整条鱼骨还完好无损。因其鳍刺呈锯齿状，稍不留心，嘴唇可要受损了。因此，吃黄鸭叫须慢品。

17．开屏柴把鳜鱼

此菜是由传统湘菜柴把鸡、柴把鸭演化而来。看上去似孔雀开屏冷盘，实际上是热菜，制作精细，难度较大，考究厨师基本功，制法是将鳜鱼肉切成长丝，冬笋丝、火腿丝、葱丝在开水中焯水，鱼丝上浆，将火腿丝2根、鱼丝2根、冬笋丝2根，捆好，类似柴把，入油锅滑熟即可，此菜有鱼肉的鲜嫩、火腿的咸香、香菇的清香和冬笋的脆嫩交融一体，味感丰富，鲜嫩适口，为传统宴席中的大菜。

18．凤尾腰花

此菜为长沙传统名菜，凤尾腰花以猪腰、冬笋、水发香菇、酸辣椒为原料，猪腰撕去皮膜，片成两半，再片去腰臊，用盐、生粉拌匀。用斜刀法将猪腰划成一字花刀，再用直刀法切，每切三刀断成约1厘米宽的带花条形，冬笋、香菇、鲜红椒均切成小条，葱切成段。将酱油、汤、味精、湿淀粉倒入碗内，调成汁备用。烧热锅，下油至滚，放入腰花过油倒漏勺滤油。锅内留适量油，放入酸辣椒、冬笋、香菇、葱段煸炒几下，随即倒入调好的汁，待汁稠时倒入腰花，淋入香油、翻炒装碟即可。腰花脆嫩爽口，酸辣鲜香，是一道抢火候的菜。

19．子龙脱袍

子龙脱袍是经典湘菜，长沙人称之为“熘炒鳝鱼丝”，子龙即小龙，因鳝鱼形似蛇，俗称“小龙”，将鳝鱼去皮称“脱袍”，子龙脱袍选用拇指粗细的鳝鱼，将之去皮去骨切丝，上浆、滑油后，配冬笋丝、红椒丝滑炒而成，菜肴成品以白色为主，清秀素雅、油汁光亮，鲜香滑嫩。其刀工十分讲究，堪称“湘菜一绝”，子龙脱袍曾是谭延闿在南京创办的曲园酒家里的招牌菜，李宗仁先生曾在曲园酒家设宴款待宾客，宴会上亲点此菜，嘉宾们无不对此菜大加称赞。

20．冬笋炒腊肉

冬笋炒腊肉是湖南人最美味的时令菜，腊肉香味四溢，冬笋脆嫩化渣，再配上新鲜大蒜叶、干辣椒粉合炒而成，湖南人冬月掘大竹根下未出土者为冬笋，因尚未出土，笋质幼嫩，冬笋是笋中质量最好的，口感鲜嫩脆爽化渣，在煸炒过程在中，冬笋的清香与腊肉的腊香慢慢交融，闻着便食欲大开，妙不可言，堪称绝配。著名作家梁实秋先生在台湾谈吃时，曾写下“湖南腊肉、天下第一”的赞美。

21．辣椒炒肉

外地人只要到长沙吃饭时也必点此菜。湖南的辣椒炒肉做法有多种，无论青辣椒、红辣椒、剁辣椒、白辣椒、酸辣椒等，均可以用来炒肉，而且风味各异，最有名气的要数“扯树辣椒”与“宁乡花猪肉”的搭配，“扯树辣椒”是指秋末霜降之前，最后留在树上长不大的辣椒，此辣椒皮薄肉厚汁多，辣味变淡，是烹制辣椒炒肉的佳品，炒出来的辣椒柔软多汁，不是很辣，宁乡花猪肉的肌肉有弹性、肉质细嫩、肉味香浓、没有异味腥味，是湖南辣椒炒肉的上好食材，辣椒柔软多汁，猪肉脂香肉鲜嫩，辣椒的清香味与猪肉的肉香味融为一体，成为百吃不厌，名副其实的湖南名菜。

22．雷公鸭

雷公鸭在长沙流行了十几年，是长沙市的特色菜品，烹饪技法非常独特，采用中小火长时间煸炒，使鸭肉外出酥香，香料的香味充分进入鸭肉里面，鸭肉外酥软，香味浓郁，回味无穷。制作方法是将老水鸭洗净，斩成4厘米见方的块，锅内放油，烧至五成热时，放入八角、桂皮、姜片炒香，下入鸭块，中火炒制15分钟至外皮金黄。再放入整干椒、陈皮炒香，加入湖之酒、盐，小火煨30分钟。放入蚝油，继续小火炖10分钟，淋陈醋，撒胡椒粉，味精适量盛入盆内，浸泡10小时取鸭子放入容器内，倒入原油，用保鲜膜封好，上锅大火蒸30分钟取出装盘，汤汁淋在菜肴上。

23．抱盐鱼

抱盐鱼是长沙家常风味，饭店里少见，多在街头小店或排档。将草鱼去掉鱼鳞，用刀剖开鱼肚取出内脏及鱼鳃，不用水洗。鱼分成几大段，一般将鱼分成左右两边，各边再分成三四段；在每段的鱼皮面划上几条口，以便能更好地将盐味入到鱼肉里，再将适量盐均匀地涂抹在鱼肉上，这个过程被称之为抱盐。将腌上盐的鱼放入一个容器里，用保鲜膜包好，放入冰箱中，需冷藏三天。三天之后，将鱼取出洗干净，之后让水稍微干一些即成，抱盐鱼的做法很多，有清蒸、干烧、红烧、油焖、干煎、香煎、铁板等，最常见的是豆豉辣椒抱盐鱼，鱼肉厚重、肉质紧致、口味浓郁、外表焦黄，吃时咸香可口、极有弹性、外酥内嫩、咸鲜微辣、味道醇厚，鱼肉成片状，没有鱼刺，湘味十足，回味悠长。

24．靖港八大碗

"船到靖江口，有风都不走"，靖港，曾作为湖南有名的米市、盐市和商业重镇，日聚三千货船，夜泊上万商贾。商人到此，好吃好玩乐不思蜀，靖港八大碗也成为很多人念念不忘的舌尖美食。靖港八大碗菜式的搭配，有荤、有素、有汤，有酸、有辣、有甜，有清、有淡、有干、有鲜，有海鲜、有山货，有鱼肉、有果品，可以下酒，可以送饭。在上菜次序上，注重调动食客食欲，变换口味，从第一碗到最后一碗分别是大杂烩，鱿鱼笋丝、五圆蒸鸡、红烧肚片、八宝果饭、清炖牛肉、黄焖鲜鱼和虎皮扣肉。靖港八大碗历史悠久，代代相传，无数名师大匠为之贡献了智慧和技艺，千锤百炼之后，臻于完美。

三、长沙市区特色原材料

1．浸坛子菜

凡过坛子的菜，都可以称之为坛子菜。但长沙人更愿意称水分多的为浸坛子菜，水分少的为腌菜子。制作浸坛子菜，首先是制作酸水，也就是泡菜时候用的汤汁。一般是采用冷水（以井水为最佳），或是熬烧酒时候留下的蒸馏水；或是冷开水，如果有老酸水的话，可以起到一个酒母的作用。如果是那些百年都不变坏的老浸坛留下的酸水，酸味纯正、清香四溢，营养价值高。坛子的选择最好是土陶坛，因为土陶坛具有一定的透气性，而且浸泡过程中也不会产生有害物质。而且坛子必须是采用那种有边的，这样可以往四周倒水，防止空气进入到里面去。浸坛子菜的的食材主要为：蔬菜茎叶类，嫩爽豆类，根茎类菜。主要代表为：浸萝卜条、浸辣椒、浸藠头、浸红薯、浸莴笋、浸笋子、浸洋姜、浸萝卜菜、浸芋头荷子。浸坛子菜，味酸而爽口，助消化，开胃，可单独炒食，也可配菜用。

2．德茂隆香干

德茂隆在老长沙人心中，就是寻古味的首选，质量的保证，除了德字香干，其兰花干、柴火香干等，至今让老长沙人回味不已。德茂隆的故事始于1875年，始名“魏德茂”，1887年改名“德茂隆”。民国时期，曾主营酱园，兼营酒、香干、麻油豆豉、酱菜等6个作坊，先后开设48个分店。1945年后，德茂隆以特产优质“德”字香干，击垮其他对手，在长沙豆制品业独占鳌头。“德”字香干凭着厚薄均匀、大小合度、颜色火候始终如一、色香味俱佳，成为长沙人餐桌上的家常菜。二十世纪八十年代，排队买德茂隆香干曾是长沙清晨一景。如今的“德”字香干并不是以前的老字号“德茂隆”香干了。由于商标注册的纠纷问题，现在德茂隆香干上印着的，是一个抽象的图案，德茂隆的香干还是同老一辈的一样，质韧而柔，自然的豆香味和卤香味交融，切成三角形状，一片片丢进油锅里，炸到微焦后捞出，蘸上辣椒酱、干辣椒、剁辣椒都行，拌上姜葱蒜、味精、生抽、麻油，那种美妙的滋味，久时依然念念不忘。

3．黄鸭叫

“黄鸭叫”学名黄颡鱼，有黄呀姑、黄鸭牯、黄鸭咕之称，体长82～228毫米，它外表无鳞，全身滑溜，总共只有三根刺，有黄色、黑褐色两种，长鳍的地方长刺，在浅水里，看上去是黄金色，渔民称黄骨鱼。湖南湘江流域分布的黄颡鱼，最为美味，黄鸭叫水煮、黄焖烹制成菜，从橘子洲头开始流行，后来成为湖南最为流行的特色菜。

4．乡里腊肉

腊肉是湘菜中最重要的特色食材之一，可以长久保存的肉制品，农村不是天天杀猪，只在腊月杀猪，一年内需要保持家中有肉，腊月杀猪后，鲜肉切分腌制十日起缸，晾晒半月，吊在厨房内受灶烟熏陶，月余即成烟熏腊肉。久藏不腐，腊香味美，煮熟切片，瘦肉棕红有泽，肥肉油而不腻，上席佐餐均宜。

5．长沙年糕

长沙年糕历史悠久，源于糯米糍粑，又称糯粢。明清时期，长沙城镇南货食品作坊在制作糍粑的传统工艺基础上加以改进，将糯米磨成细粉，加入白糖，用水揉成米团，再捏成长条或方块、圆块，压入各种辅料，制成年糕应市。有八宝、莲蓉、猪油、桂花、玫瑰、枣泥等10多个花色品种。其中以杏花村食品作坊所制最为著名。后增加了火腿、香肠、果脯、海味等新品种。年糕色泽玉白，柔软光滑、细腻油润，糯软清香，甜糍醇爽，油炸、火烤、汤煮均可，老少咸宜。春节食之，已成风俗。

6．酱板鸭

酱板鸭是将整鸭剖开压扁后，经腌渍、卤制而成的。成品色泽深红，酱香浓郁，滋味悠长，是一道佐酒风味加工食品。酱板鸭选用农家敞放的麻鸭制作，这种鸭体型适中，肉质厚实，脂肪含量较低，是制作酱板鸭的最佳原料。一个干瘦瘦的酱板鸭500克左右，肉干而不韧，有嚼劲不费牙，其中鸭脖子、鸭皮、鸭肋、鸭翅等部位最受食客青睐。

7．排冬菜

排冬菜又名芥菜、鲜雪里蕻，用鲜排菜在冬季采收加工而得名。可作早餐的豆腐脑汤，馄饨店不可缺少的佐料，也有用作蒸肉的辅料，火宫殿名小吃龙脂猪血中必不可少的就是排冬菜，还由于它具有人体特需的营养成分，超过脱水叶类菜，因而在长年缺少蔬菜的山地矿区，也把它视为珍品。

8．牛蹄筋

牛蹄筋就是附在牛蹄骨上的韧带，是制作湘菜红煨牛蹄筋的主要食材。用它烹制的菜肴别有风味。牛蹄筋是牛的脚掌部位的块状的筋腱，就像拳头一样，而不是长条的筋腱，长条的筋腱是牛腿上的牛大筋。一个牛蹄只有500克左右的块状的筋腱，必须把牛皮去掉。

9．长沙毛尖茉莉花茶

长沙毛尖茉莉花茶条索紧结，茶叶浓醇，花香鲜灵，纯正持久。冲泡后汤色黄绿明亮，叶底匀嫩，耐冲泡，饮后满口留香，为花茶类的佼佼者。长沙产茶叶和茉莉花有悠久的历史，明嘉靖《长沙府志》载：“杂货之品曰茶，（贡）岁进茶芽六十二斤。”清嘉庆《长沙县志》载：“茉莉夏开白色，清丽而芳。”长沙茶厂采用毛尖茶配以洁白、肥壮的茉莉鲜花，以传统的手工窨制工艺制成。

10．白沙液酒

白沙液酒产于古城长沙，有54度特级、54度、46度、39度4个品种，以优质高粱为原料，取古城名泉白沙矿泉之水精心酿制而成，无色透明，香气浓郁，浓、酱协调，纯正柔和，后味回甜。

11．黑麋峰云雾茶

黑麋峰毛尖云雾茶产自望城高山一带，直接采摘于麋峰之巅，茶品优质，香高浓久，滋味鲜醇，回味甘香，叶底嫩匀。在高山独特的气候下生成，别有一番独特的色香风味。其色泽润雅，口感醇厚，是不可多得的茶香佳品。

四、长沙市区美食街

1．坡子街

坡子街因地势东高西低，老长沙称此地为“坡子”，故名“坡子街”。坡子街至今已有1200多年的历史，是长沙最为古老的千年老街。古朴的街道两边都是饭店小吃，最为象征性的就是火宫殿，是坡子街的灵魂，也是长沙小吃的灵魂。到了坡子街，食客们可以悠闲的从街头吃到巷尾，长沙的风味小吃可以在这里全尝个遍。有名气的菜点有“八大小吃十二名肴”，著名的姜二爹的臭豆腐、姜氏女的姊妹团子、周福生的荷兰粉、胡桂英的猪血、邓春秀的红烧蹄子、罗三的米粉、陈益祥的卤味、胡建岳的牛角饺子都是小吃的代表，其中臭豆腐声誉最高。

2．都正街

都正街位于芙蓉区西部解放路南侧，曾经是长沙军事重要管辖区。都正街有古井、古宅、天心阁等古建筑，景色优美、古风古味，其中的每条小巷子的名字都有深厚的文化底蕴。香满四溢的都正街可以品尝到正宗的老长沙盖码饭、猪油拌粉、麻油猪血、白粒丸、臭干子等长沙名吃。

3．太平街

太平街位于长沙老城区南部，五一广场附近，是长沙古城保留最完整的一条美食街。与坡子街相隔很近，太平街虽然只有短短的几十米，但这条古街有着很多特色小吃店，吸引着数不胜数的游客。

4．冬瓜山

冬瓜山位于天心区的裕南街，是长沙“夜生活”聚集地，是品尝特色夜宵的首选之地。大部分店铺都是白天休业、晚上营业的状态，白天很多美食都无法品尝，晚上可以品尝到正宗的长沙热卤、紫苏桃子姜、烤肉和经典美味的甜品。

5．岳麓山头到山脚

岳麓山位于长沙市岳麓区，是南岳衡山72峰的最后一峰，位于橘子洲旅游景区内，为城市山岳型风景名胜区，是中国四大赏枫胜地之一，其中有岳麓书院、爱晚亭、麓山寺等景点，是文人墨客吟诗交友、书生求学的聚集地，现已发展成国家5A级旅游景区，周边学府密集，所以从山头到山脚美食是必不可少的一道风景线。从山头吃到山脚，随便出去溜达一圈就能轻易吃到朝思暮想的味道，还能看到电视上红极一时的明星小吃，如臭豆腐、烧饼等，既饱眼福又饱口福。

6．中南大学后街

中南大学后街的食堂曾经被评为长沙最好吃的食堂，据说这里也是“胖子”最多的地方。中南大学的后街是一条独立的美食街，那里被誉为中南大学学生最喜欢去的地方，足不出户就能享受全国各地的风味美食。

7．南门口小吃街

南门口是长沙市井生活气息最浓的地方，也是长沙夜宵排挡首屈一指的地方，南门口的每一家店、每一种小吃都具有较高的知名度，不说全国闻明，至少也是省内知名。在这里能找到湖南“最市俗、最街坊、最原汁原味”的感觉。

8．文庙坪美食街

文庙坪美食街是古朴又时尚的小吃街，古朴是因为它是一条时代久远的老街，时尚则是因为这条街汇聚了各类现代被誉为“长沙之最”的小吃——最好吃的炸香蕉、最好吃的铁板豆腐、最好吃的凉菜等。在这里食客们可以充分享受着边吃边逛的乐趣，能够让眼睛和嘴巴一刻都不停歇。

9．三王美食街

三王街是一条拥有千年历史的老街，名字来源于朱元璋三个儿子，潭王、谷王和襄王，故名“三王街”，1938年被文夕大火焚毁，现在是长沙著名的保留传统建筑物外观的美食街。街身也不长，但很多老字号落户其中，经营各式各样的湖南美食。其中银针鸡片、龙脂猪血、土家贡酒是三王美食街的特色美食。

第二节　浏阳市饮食文化

古代浏阳地属荆州，因县城位于浏水之阳而得名。东汉建安十四年（公元209年），即为东吴将领周瑜“俸邑”之一，浏阳正式置县，县治设官渡镇，唐代迁今址。浏阳县从隋唐起就隶属潭州，明清属长沙府。浏阳建县至今已整整1800年。浏阳，位于湖南东部。东、东南与江西铜鼓、万载、宜春、上栗等县市接壤：西、西北与长沙县、株洲市为邻；西南交醴陵而北界平江。浏阳属亚热带季风性湿润气候，年平均气温17.3℃。在这个有着5千余平方千米物产丰富的土地上，养育着约138万人口。

浏阳饮食在历代饮食文化的传承下，形成了自身特色，如：浏阳蒸菜（清蒸鱼头、清蒸火焙鱼、清蒸伏鱼、伏鸡、伏鸭，清蒸干笋、清蒸土家蜡肉、清蒸鸡蛋等）、浏阳小吃（罗记凉粉、浏阳文市茴饼、唐氏卤味、还有各式各样的干货小吃像山楂等）、浏阳豆豉、浏阳黑山羊、白沙廖妈豆腐都得到了众多食客的高度赞扬。

一、浏阳市特色菜点

1．浏阳蒸菜

浏阳蒸菜是湘菜中的地方菜，相传起源于明朝，历经500多年发展历史。特有的蒸制方法能最大限度地保持食物的原汁原味，营养成分最大限度得到保护，香气不流失。蒸菜品种丰富，可荤可素，多以辣为主，不同的菜，放不同的辣椒，辣椒多为剁辣椒、干辣椒、鲜红辣椒、鲜青辣椒、酸辣椒、泡野山椒等，当然，无论是蒸什么，都少不了一层红艳艳的干辣椒和几颗黑黑的浏阳豆豉。2011年8月30日，中国烹饪协会批准授予浏阳“中国蒸菜之乡”称号。代表菜有：蒸香干、蒸萝卜片、青椒蒸茄子、百合蒸南瓜、蒸水蛋、蒸扣肉、蒸鱼头、蒸腊肉、豆豉蒸排骨、腊味合蒸、萝卜干香肠、手撕火焙鱼、墨鱼笋丝、干豆角蒸肉等。

2．浏阳茴饼

浏阳茴饼有300多年历史，茴饼起源于毗邻江西的枨冲集镇的硬壳饼，已有120余年历史。光绪末年，浏阳制作茴饼发展到42家，从业人员达100多人。互相竞争，质量提高很快。浏阳茴饼采用糖皮包酥、缸隔炉烤的独特制作方法，以面粉、茶油、白糖、饴糖作主料，金橘花、小茴香、熟芝麻、桂子油、碎冰糖等为辅料，经过和皮子、和心子、擦油酥、扯剂包酥、开皮灌心、成形烘烤等十多道工序精制而成。外表美观，面圆微凸，色泽金黄光亮，表面起酥，里皮燥脆，内馅丰满，松泡爽口，油甜不腻，具有小茴、桂子、芝麻等天然芳香。

3．文市油饼

“浏阳油饼”是浏阳著名的传统产品，据文家市镇志载：“域内油饼的兴起，始于清雍正年间……”其时，并不叫“油饼”，而是称“二八酥”。开始只是一种普通的酥饼，因为一斤饼里面含二两酥，故称此饼为“二八酥”。传说清乾隆皇帝微服私访来到浏阳文家市，品尝到“二八酥”，禁不住啧啧称赞并题字评价，后来“二八酥”被列为贡品。油饼的主要原料是面粉、菜油、饴糖、茶油、花生、芝麻、蜂蜜、八角香等，形态印模端正，色泽金黄光亮，边缘牙白，底色深黄；具有酥、脆、香、甜的特点，多吃不腻的独特风味。其经典品种有小籽茶油蜂蜜油饼、蜂蜜茴饼、紫薯油茶饼和秋收记忆饼等。油饼已经深深扎根于浏阳人的心中。每逢寿宴，餐桌上必不可少的就是寿饼，寓意是祝福老人福如东海、寿比南山。

4．浏阳火焙鱼

浏阳火焙鱼乃浏阳一绝。将小鱼去掉内脏，用锅子在火上焙干冷却后，以谷壳、花生壳、橘子皮、木屑等熏烘而成，浏阳人做火焙鱼吃，喜欢用本地茶油、豆豉、辣椒粉，放甑上蒸，鱼肉酥中带软，韧中有酥，咸香浓郁，最宜下饭。浏阳人还有把当地青辣椒切成碎末，等嫩子鱼下锅炒香后，放盐、碎青椒继续炒，出锅前蘸点水，青椒成翡翠色，装盘上桌，佐酒下饭，美妙无比。

5．浏阳手撕鱼

手撕鱼起源清代嘉庆年间，湖南益阳有位名士在洞庭湖边吃到手撕鱼后，大发诗兴，写下“烟波浩渺洞庭水，十里飘香手撕鱼”的诗句，手撕鱼从此美名流传。鱼经过焙烘，就成为火焙鱼，火焙鱼经温水浸泡，撕碎成鱼肉丝，就称手撕鱼，手撕鱼经过蒸熟后，半干的鱼肉比全湿或全干的鱼肉更容易入味，肉质更紧促，吃着手撕鱼，可以慢慢回味和细嚼品味，感受鱼肉的韧性和弹力，香味浓郁，回味悠长。品味浏阳手撕鱼，焙得半干半湿的火焙鱼外黄内鲜，兼备活鱼的鲜美和干鱼的清爽及咸鱼的咸辣，非常适宜湖南人的口味。

6．黑山羊炖粉皮

黑羊肉炖粉皮是浏阳的特色菜。浏阳地区湖是丘陵地，最适宜养黑山羊，是湖南产黑山羊的主要地方。浏阳黑山羊肉质细嫩，味道鲜美，膻味极小，有一种独特的香味和甜味，是湘菜中极为重要的特色食材，另外，浏阳也产红薯和白薯，生长快，个大汁丰，淀粉多，浏阳人喜欢自制红薯粉皮，久煮不糊，两种湖湘特色食材一相逢，便彻底征服了食客的味蕾，上桌后，喝上一口汤，浓汤味鲜，如同感受到冬日里的一缕阳光，身体变得舒暖过来，于是忍不住继续品尝粉皮和羊肉的美味，粉皮比较柔嫩、滑腻，咬下去有韧性和弹性，充分吸收了羊肉的油脂鲜香，新鲜带皮的羊头，这样煮出来的羊肉才能嚼中带劲，在浓郁的汤汁里，入味十足。

7．浏阳素食菜

浏阳素有腌渍蔬菜食品的习俗，俗称为“盐旱茶”。历史上，浏阳民间用盐浸、糖渍、晒干的姜、茄、刀豆等物，就是素食菜。将鲜蔬菜经过精选、盐腌、发酵、水洗、干制、收藏的初制程序，再经过加卤水、配料、检测、包装的复制程序，就制作出了美味可口的“什锦素食菜”，就成了浏阳民间的“盐旱菜”。浏阳素食菜讲究色、香、味、形，清新爽口，种类繁多，有紫苯苦瓜、甘草刀豆、豆角、辣椒、茄片、冰花醋姜、三味芒果、芝麻山楂糕、酸枣王、鱼腥草等。既保留了原蔬菜和水果的特有味道，又因加入辣椒末和甘草末等佐料，吃起来可口开胃，是上好的外出旅游和待客佐谈佳品。

8．浏阳官渡嗦螺

嗦螺是官渡饮食文化中浓墨重彩的一笔，作为官渡镇最具地方特色的一道小吃，当地人把它的美味做到了极致，将田螺去壳，取出螺肉，剔除肠肚，洗净沙粒，加入薄荷、紫苏、茴香、韭菜等香料，拌制入味，再置入螺壳内，下锅翻炒，当然，中间加了什么调料，每家有每家的特色。官渡嗦螺年产值已近千万元，盛夏时节的夜晚，市民成群结队到街边吃嗦螺，喝啤酒，官渡嗦螺味香辣，紫苏香味浓郁，不含泥腥味，嗦之肉出，欲罢不能。

二、浏阳市特色原材料

1．浏阳河酒

明武宗正德元年（1506年），浏阳河“曲酒”已远近闻名。清代品质益精，同治年间更有了“遍惹竹林诗酒客，年年来此咏东风”的名言。1956年，在旧酒坊的基础上建成浏阳河酒厂，推陈出新，将传统酿酒工艺与现代白酒科技相融合，推出红色经典柔雅香型产品。浏阳河酒采用低温洞藏的传统，以优质高粱、大米、糯米、小麦、玉米为主要原料，结合传统工艺与现代高新技术精心酿制而成，口感绵柔，淡雅，净爽，甘甜。

2. 浏阳豆豉

浏阳豆豉是浏阳县知名特产，其历史悠久，马王堆汉墓出土物中的豆豉姜与浏阳豆豉相似，距今已2000多年，据《浏阳名产》介绍，在明代，浏阳豆豉曾被列为贡品，规定逢端阳、重阳两节进贡皇室。清代浏阳豆豉最盛，1885年，浏城有“无豉不成店，处处豆豉香”之称，县城和浏阳河沿岸集镇，到处有豆豉作坊，大作坊有58家，年产豆豉四万多担，远销日本和南洋。浏阳豆豉以其色、香、味、形俱佳而饮誉三湘，驰名中外，它是以泥豆或小黑豆为原料，经过发酵精制而成，具有颗粒完整匀称，色泽浆红或黑褐、皮皱肉干、质地柔软、汁浓味鲜、营养丰富，且久贮不发霉变质的特点。浏阳豆豉加水泡涨后，汁浓味鲜，是湘菜中最重要的调味品之一，也是浏阳蒸菜最重要的调味品，湘菜很多名菜都会使用浏阳豆豉，如腊味合蒸、抱盐鱼、豆豉蒸五花肉、豆豉剁椒蒸鱼头、豆豉蒸手撕鱼等。

3. 浏阳黑山羊

浏阳黑山羊是我国少有的纯黑山羊品种，原名湘东黑山羊，1985年正式定名为浏阳黑山羊并编入《中国山羊》一书。我国香港和澳门以及东南亚国家和地区将黑山羊称作补羊，深受消费者喜爱。肌纤维细，硬度小，肉质细嫩，味道鲜美，膻味极小，营养价值高，具有滋阴壮阳、补虚强体、提高人体免疫力、延年益寿和美容的功效，特别对年老体弱、多病患者有明显的滋补作用。小炒黑山羊是浏阳菜一绝，山羊肉也是切得很薄的指甲片，趁着大火爆炒，佐以浏阳本地的红尖椒，出锅的时候再加点酱油、香油，不由得胃口大开。

4. 白沙豆腐

白沙豆腐是浏阳大围山一绝，“乡下人”霉豆腐是白沙豆腐中的极品。白沙豆腐采用传统工艺制作，以色香、味美、口感细腻著称，有健脾开胃的功效，当地以白沙豆腐为基础原料，制作豆浆、豆花、白豆腐、油豆腐、特色口味香干、霉豆腐（腐乳）及各类风味即食豆制品，成为浏阳一张新的名片。

5. 大围山乌花生

大围山乌花生是浏阳大围山特产，之所以被称为乌花生，顾名思义，其内层表皮和一般花生不同，颜色为黑色，其蛋白质、粗纤维、铁、钾、锌、硒等比普通花生高。乌花生具有防癌、保护肝脏、保护心肌健康、增强人体免疫力、延缓衰老等功效。

6. 金钱橘饼

金钱橘饼又名金橘花，过去有称“乔饼”，属蜜饯类，是浏阳的传统名产之一。浏阳金橘最早见于宋朝《食货志》，“浏邑之东，山深土满，遍地沃壤，宜于种橘”。又“其大者如金钱，小者如龙目，色似金，肌理细莹，圆丹可玩，啖者不剥去金衣，食用以渍蜜为佳”。金钱橘饼气味芬芳可口，基本上保持了鲜金橘的原有成分。橘子洲多水，土质沙化，产的橘子水分多，味淡。乔饼，用浏阳河橘子做的，浏阳河土质水分恰到好处，产的橘子比橘子洲的味道更浓更重。

7. 豆豉剁辣椒

浏阳蒸菜的味道已经深入人心，浏阳蒸菜有几样重要调味品，如浏阳豆豉、干红椒、剁辣椒，而豆豉与剁辣椒的结合在某种程度上就是为浏阳蒸菜应运而生的一个风味调味品，豆豉剁辣椒采用浏阳本地的小红辣椒与优质豆豉为主要原料，将盐水倒入豆豉内，搅拌均匀，待盐水全部被豆豉吸收后放置备用。再按比例将辅助料全部放入剁辣椒内搅拌均匀，装坛，密封即成。用后应及时盖好，及防霉变，存放久了，由于豆豉液的渗透，色泽有所变化，但对质量与滋味没有影响。

8. 大围山梨

大围山镇地处湖南省东北部，湘赣边境，北与平江接壤，东与江西铜鼓相邻，南界张坊镇，西连达浒镇，闻名遐迩的浏阳河发源于此，大围山梨是浏阳市大围山镇的特产。大围山梨果肉白色，肉质脆嫩，多汁，果核极小。大围山梨为国家农产品地理标志保护产品。

第三节　宁乡市饮食文化

宁乡，治邑于三国，建县于北宋。隶属湖南省会长沙，是国务院批准的对外开放县，辖33个街乡镇，一个国家级经济开发区，一个省级经济开发区，总面积2906平方千米，人口135万，2013年，全国百强县排名第56位。宁乡为“乡土安宁”，地处湘中东北部、湖南“五区一廊”金三角地带，是长沙通往湘中、湘北的要冲，处于长（沙）株（洲）（湘）潭金三角、武陵源、洞庭湖三大旅游圈连接地带。宁乡县是全国17个“中国旅游强县”之一，也是中国百强县之一。

宁乡境内多为丘陵地带，山地、平原、江河相映成趣，气候怡人，植被丰富。宁乡自然资源丰富，有着巨大的开发潜力，宁乡是全国闻名的鱼米之乡、生猪之乡、茶叶之乡，列为全国优质米、瘦肉型猪、水产品等生产基地。有“宁乡好米，其香五里”之称，全国四大粮仓之一。宁乡有较多美食，如血鸭、砂仁糕、宁乡酸辣土鸡锅、和记米粉、花生猪尾汤、蒜香香肠等美食都是名声远扬的。

一、宁乡市特色菜点

1. 砂仁糕

砂仁糕是宁乡县的传统糕类美食，以其酥沙香甜，柔软松口而得名，为湖南四大名糕之一，在省内外享有盛名。据传已有200多年的生产历史，民国时期，宁乡城关有义沅、隆和、杨同春、德兴斋等20多家南货食品作坊生产经营砂仁糕，产品色、香、味俱佳，远销全国10多个省市，砂仁糕因配加有砂仁粉而得名，而“砂仁”也是中医常用的一味芳香性药材。砂仁糕主要选用优质籼稻米，将其洗净、滤干、炒熟成金黄色，粉解成细粉，装布袋贮存6个月以上待用。将白砂糖碾成粉，与炒米粉混合，加进适量茶油、清水搅匀，进炉烘烤，包装即成。成品的砂仁糕呈长方形，四角周正，厚薄一致。底面呈谷黄色，有独特的黄米粉芳香，滋味酥松香甜，回味悠长。

2．苏梅果

紫苏梅是宁乡历史悠久的传统特产之一，与砂仁糕、刀豆花、冰姜一道被誉为宁乡四碟。制作苏梅果的原料包括青梅、白砂糖、食盐、紫苏等，其中青梅与白砂糖的重量之比一般为2∶1。以紫苏原色原味、青梅脆嫩酸甜、子姜甜辣且能止呕等多种风味，博得广大消费者的青睐，是馈赠亲友、休闲之佳品。

3．冰姜

相传早在明朝初期，宁乡出现用糖水浸渍姜片晒后经摊担出售者，姜片呈芍片状，色泽黄而透明、薄布白色糖霜，质地柔嫩，美观素雅，食之甘甜微辛，姜香芬芳。冰姜传统做法包括切片、浸泡、烫漂、糖渍、煮沸、晾晒等10多道工序。冰姜作为具备药用价值的传统食品，有兴奋发汗、止呕暖胃、解毒驱寒等功效，因此有了“一杯茶一片姜，驱寒健胃是良方”。

4．宁乡刀豆花

刀豆产是宁乡县花明楼乡特产。当地所产的“刀豆花”，以其栩栩如生的生物姿态，鲜艳透亮的色彩，酥脆甜蜜的味道，被人们誉为“蜜饯之王”，是当地民间传统的工艺美食。当地农村，历来家家都种刀豆。妇女们采用鲜嫩的刀豆，巧制刀豆蜜饯，俗称“刀豆花”为迎宾待客，馈赠亲友的珍品。《宁乡县志》载：“家用食品有刀豆花，切薄片穿织兰花、竹枝、花篮诸样，浸糖染红，甘美。”宁乡刀豆花的花样繁多。有的编织成菊花、梅花、芙蓉、牡丹；有的盘成蝴蝶、鱼虾、虫鸟；有的雕刻成龙凤、狮虎、花篮、宝塔等，千姿百态，逼真传神，既是美食又是工艺美术品。

5．道林酸枣糕

酸枣糕又称酸枣片，是浏阳市道林古镇人的最爱、也是最为自豪的特产之一。道林民间都有制作酸枣糕的传统习惯，早在清朝就已广为盛行。其加工工艺及食材也在原有基础上不断探索与改良，味道也呈多样化趋势。要做出道林酸枣糕最经典的口味，八种材料不能少——酸枣、辣椒、藠头、紫苏、南瓜、盐、白糖和芝麻。经过蒸煮、晾晒制作而成，酸枣糕不用添加任何色素防腐剂，集酸、辣、甜味于一体，是道林人民招待客人、作开胃零食的最佳选择，也凝聚着道林人儿时的记忆。

6．沩山腊肉蒸红薯干

腊肉蒸红薯干是沩山的特色菜，小红薯干是宁乡山区一种常见食材，先将红薯片蒸熟，晒干，串成串挂上在灶头熏烤而成，然后取沩山乡里腊肉用温水洗净，切厚片，将红薯干洗净放入蒸钵内，上面盖上腊肉，蒸约1小时，将汤滗出并放入盘中，锅内放蒜末、味精即可。味香腊、甜、润，带有浓厚的地方特点。

7．菁华铺土鸡

菁华铺位于宁乡与益阳交界处，菁华铺最有名的美食就是吃土鸡。引得外地客，纷纷慕名前来品尝。菁华铺土鸡因选用菁华铺乡散养土鸡，其种类繁多：黄鸡、麻鸡、爆花鸡、黑鸡、白鸡、乌鸡等。土鸡做出的菜品，有炒、炖、蒸、烧、炸等烹饪方式，炖土鸡汤是颇受食客欢迎的，黄灿灿的鸡汤，汤浓肉鲜，放入一点党参、当归，是一款滋补佳肴。

8．宁乡扎鸡

扎鸡是宁乡一道地方名菜，将鸡宰杀去毛，清洗干净，用盐、姜、葱腌制两天，然后取出洗净晾干水分，再用微火熏干。取出熏好的鸡，斩成块，用白酒、红曲粉、味精、辣椒粉拌匀，然后放入坛子中密封好。腌酿半个月后即可拿出烹制食用，或蒸或炒均可，扎鱼、扎肉的制作方法相同，具有色泽红艳，口味香纯鲜美的特点。

9．黄鳝炖红薯粉

黄鳝炖红薯粉是宁乡的一道民间特色菜，每到端阳佳节，宁乡人家家都必烹此菜，平时也是席上佳肴。制作方法是先将黄鳝用清水养一到两天，待黄鳝体肉泥味吐净，再宰杀去内脏，然后将黄鳝剁捶成鳝糊。红薯粉用热水泡软，老姜、蒜子切成米，葱切花，紫苏切碎，胡椒碾碎待用。锅上火烧热，放入猪油烧成六七成热，放入姜、蒜爆香再下入鳝糊爆炒，烹入醋，待鳝糊炒到焦香时再注入高汤，放入红薯粉同炖，再加入盐、味精、紫苏、葱花、胡椒等出锅即成。成菜滑软鲜香，营养丰富，红薯粉柔软有劲，形似鱼翅，有“宁乡鱼翅”之称。

10．七层楼

七层楼是宁乡双江口镇的传统名菜。相传清朝时一浙江陈姓商人在双江口从事米行生意数十年，年老时想吃家乡的“海鲜”，其厨师想方设法制作了“七层楼”，后来老百姓的日子逐渐红火，老百姓在逢年过节、红白喜事的宴席上，头道菜都会上这道美食，以示酒席的丰厚隆重。制作“七层楼”需要的原料多，五花肉馅、瘦肉馅、猪肝、蛋糕、鸡蛋、鸭蛋、乔饼、胡椒饼、黄炸（裹面糊入油锅炸制）等，七层楼”的制作要先将一定配比的白糖、生粉、盐、猪肝、乔饼、胡椒等与肉馅充分糅合，接着将鸭蛋烫成蛋皮状，再将蛋皮和调好味的肉蓉卷成肉卷，然后将肉卷切成片状或糅成圆形（一般以片状为多），在七成热的油锅中油炸，冷却后将其垒成“七层楼”的宝塔形，最后放在蒸笼蒸熟，浇汁即成。

11．小炒花猪肉

小炒花猪肉是宁乡著名的家菜菜，宁乡土花猪是优良地方猪品种，不饱和脂肪酸含量高、肌肉更有弹性、口感好、肉味香浓、没有异味腥味，属于湘菜中重要食材之一。宁乡人小炒花猪肉，选择宁乡花猪身上的五花肉、瘦猪肉和本地青辣椒，将五花肉切片，如果煸炒吐油后，再下入蒜片、青椒块，将青椒炒至表面微软时，放盐调味，再下入腌制好的猪瘦肉，大火翻炒，瘦肉鲜香细嫩，辣椒皮薄肉厚，多汁，非常下饭。

12．水煮花猪肉片

水煮花猪肉片是宁乡家常菜，宁乡人用宁乡花猪肉的前腿肉部位、自制剁辣椒和大蒜叶，将花猪肉切成小薄片，大蒜叶切长为2厘米的段，锅入油烧热，加入肥肉煸香，放剁辣椒加纯净水烧开，加入盐、味精、酱油调味。将花猪肉、大蒜叶一起下入锅内，煮至八成熟，出锅即可，如果汤汁烧开，肉质容易变老，影响口感，水煮花猪肉鲜嫩，剁辣椒配辣汤汁泡饭，口味极佳。

13．龙田扎肉

龙田镇隶属于宁乡市，地处长沙、娄底、益阳三市交界处。龙田扎肉是龙田镇特色美食，已流传了上百年。龙田扎肉以猪肉和干萝卜丝原料，制作过程复杂，首先要把新鲜萝卜清洗干净，沥干切成丝晒干。用萝卜丝包扎五花肉，放在坛子里腌制，并命名为“扎肉”，坛后的扎肉晶莹剔透，散发着萝卜丝的香甜。萝卜丝稍变金黄，有股肉的唯美清香。取出肉切薄片，下入锅中稍作煸炒，接着依次放入萝卜丝、大蒜、辣椒入锅翻炒，呈上餐桌的扎肉，色泽红亮晶莹，闻之有一股清香，晶莹剔透，散发着萝卜丝的沁甜。食之肥而不腻、酥而不碎，肉质香酥爽韧，有独特的口感。

二、宁乡市特色原材料

1．宁乡花猪

宁乡花猪为全国四大生猪地方名种之一，“宁乡猪”原产于流沙河草冲一带，已有300多年历史，旧名“流沙河猪”或“草冲猪”。由于种猪数量逐年增大后散布全县，故又称“宁乡猪”。因毛色不同，将其分为乌云盖雪、大黑花、烂布花三种类型，依头型差异，有狮子头、福字头、阉鸡头三种。在全省及全国各地都有广泛的养殖，宁乡猪具有耐粗饲杂粮、繁殖率高、肉质细嫩、味道鲜美等特点。

2．沩山毛尖

宁乡人招待客人，必不可少的就是一碗热腾腾的茶，沩山毛尖产于沩山高山盆地，清同治《宁乡县志》载：“沩山六度庵、罗仙峰等处皆产茶，唯沩山茶称为上品。”沩山毛尖茶树饱受雨露滋润，故而根深叶茂，梗壮芽肥，茸毛多，持嫩性强，是制作名茶的最佳原料。制作后的茶叶，叶缘微卷，呈片状，形似兰花，色泽黄亮光润，身披白毫；冲泡后肉质、汤色橙黄鲜亮，烟香浓厚，滋味醇甜爽口，风格独特。

3．宁乡灰汤鸭

灰汤鸭是宁乡特色物产，清代康熙年间定为贡品，农民一亩田贡鸭一只。民国《宁乡县志》载："动物类则有灰汤鸭，浮游汤泉附近，肉肥美，骨有髓……近日官厨以为珍馔。"明代吏部尚书李东阳专程到灰汤临池烹鸭。灰汤鸭产于灰汤温泉附近的池塘中，具有趾蹼肥大，嘴喙深黄，体胖毛滑，毛色深褐，肉质丰腴细嫩，骨酥髓多，补血生津，滋阴润肺的特点。温泉常年在90℃左右，农民称之灰汤锅子，杀鸭可以直接用温泉水煺毛。温泉上方约一箭之地有口大池塘，温泉水从塘底经过，塘水终年保持温暖。鸭子喝泉水长大，骨骼特粗，骨髓特多，皮肉特嫩，灰汤鸭炖熟之后不放盐，汤微咸，特鲜甜。

4．祖塔七星椒

祖塔临近大沩山脉，为砂性土壤，非常适合七星椒的生长。而七星椒的品种较多，一般的七星椒树每一个枝头大都结辣两只，祖塔七星椒则有七只。因其丰富的营养价值而深受四面八方的人们喜爱，其个体小而尖，肉质饱满，颜色鲜艳，祖塔七星椒因其独特的辣劲赢得湘人喜爱，每逢到了七星椒成熟采摘季节，慕名前来采购七星椒的人络绎不绝，特别是用七星椒做成的剁辣椒，更是供不应求。

5．黄材香干

黄材香干是宁乡市黄材镇的特色食材，因色泽诱人、口感细腻，远远地就能闻到飘逸的清香而闻名。制作黄材香干需经过多道工序，主要有浸泡、沥干、出浆、做豆腐脑、定型、压干、包块、着色、烘干等环节，黄材香干着色用的是栀子，栀子不但有护肝、利胆、降压、镇静、止血、消肿的作用，还能使豆腐干染成金黄色。

6．白辣椒

白辣椒又称白椒、盐辣椒，白辣椒并不是一个辣椒品种，它是经过人工处理后的青辣椒。在过去，制作白辣椒主要的目的是保存吃不完的辣椒，并不是贪图味道。白辣椒多选用湖南产的七星椒，七星椒个头中等，颜色青中带黑，表皮光滑，辣味浓烈纯。在制作白辣椒中最重要的环节是日晒，一般选在三伏天制作。白辣椒有两种做法：一种是完全晒干，炒菜前用水泡发使用；另外一种是晒干后放进坛子里腌制，炒菜时湿湿的，酸味辣味兼备。白辣椒通过烫、剪、晒、腌等工序，辣、脆、香，爽口、开胃，食后让人辛辣舒服。做好了的白辣椒，可以炒肉、炒鸡、炒鸡杂等。

7．沩山擂茶

沩山与桃江、安化交界，山高路陡，常年雾气大，湿气重。当地的擂茶有祛热解暑，疏肝理肠，提神醒脑的功效，为应对这种天气，多少年来，一直有吃擂茶的习惯。擂茶的历史可谓源远流长，流传有"诸葛亮麾下进军湘中遭遇瘟疫，一老妪制擂茶祛疾"的故事。沩山擂茶由花生、芝麻、黄豆、玉米、绿豆、糯米、茶叶、生姜、胡椒以及水和盐等原料组成，做法是花生、芝麻、黄豆、玉米一般是炒熟放在茶面上，绿豆、糯米等或炖熟或炒熟后捣碎拌入开水中，而茶叶、生姜、胡椒之类是擂碎后拌入开水中的。每逢亲戚朋友来家中，都要烧此擂茶进行款待。尤其过年过节、办喜事，家中有人过生日，更是必烧此茶。

8. 辣酱萝卜条

辣酱萝卜条脆爽味辣，是送饭开胃的佳品，宁乡人居家必备。将鲜白萝卜洗干净，选好晴天，将萝卜切成小指大小的条状，放晒盘中晒三至四天，无雨可露，有雨则要收回家，萝卜外干柔软，水分去除50%～60%，即可揉盐，将晒好的萝卜条放盐揉搓均匀，然后加入祖塔剁辣椒拌匀，拌入少许植物油或香油，入坛即可。

9. 沩山香米

沩山香米产于湖南宁乡海拔1110米的沩山高寒山区。气候湿润，昼夜温差大，产区土地肥沃，无工矿业污染。所产沩山系列香米，按产地品质可分为三类：长寿健康型的密印佛米、益智健康型的状元香米、喜庆宴功型的一季香米。沩山香米晶莹剔透，油光可鉴；其味清香，回味甘甜，营养丰富，系纯天然绿色保健食品。

第四节　长沙县饮食文化

长沙县自古即为南楚重镇、秦汉名邑。秦始皇二十六年（公元前221年），析黔中郡南部部分地区置长沙郡，湘县为郡治。西汉高祖五年（公元前202年），改湘县为临湘县，为长沙国国都。隋开皇九年（589年），改临湘县为长沙县，是为长沙县名之始。1933年8月，析长沙县城区及东屯渡等城郊之地，置长沙市，为省直辖市和省会。1939年12月，长沙市并入长沙县。1942年2月，复置长沙市。1951年，划出县境湘江以西及以东部分地区置望城县。1959年，望城县长沙市郊区并入长沙县，长沙县改隶长沙市。1962年，恢复长沙市郊区。1977年，复置望城县，至2018年，行政区划无变化。

长沙县别称星沙，位于湖南中部偏北，西南临湘江，浏阳河和捞刀河贯穿全县，东接浏阳市，西连长沙市城区，南抵株洲市市区、湘潭市市区，北达岳阳市。入水利普查名录河流111条，总长847.68千米，主要河流有捞刀河、浏阳河以及捞刀河支流——金井河等。处东亚季风区，属亚热带湿润气候，“罗代黑猪”“北山梅”为国家地理标志保护产品，“金井”“湘丰”茶叶为“中国驰名商标”。长沙县物产丰富，谷塘鲤鱼为历代皇家贡品，长沙茶叶万里飘香，有金井茶叶、飘峰毛尖，还有春华柰李、东山辣椒、北山梅、回龙白鲢、大围子猪、罗代黑猪、湘粉、优质大米等。罗代黑猪是长沙县双江镇、金井镇、高桥镇、路口镇、春华镇、白沙镇、福临镇、开慧镇、北山镇共9个乡镇的特产。

一、长沙县特色菜点

1．大鱼塘水煮活鱼

水煮活鱼的原料来自于长沙县春华镇大鱼塘村水库的原生态鱼，由于水库中水质清澈，采用野生放养的方式，从大鱼塘村水库中捕捞的鱼不仅没有腥味，而且鱼肉细嫩有弹性，做法是先将鱼两面稍煎，放入姜片，然后放清水，用大火烧开，盖上锅盖，待水变成乳白色的汤时，加上青椒、紫苏和盐即可，保留鱼的原汁原味，鱼汤清香鲜美。

2．麻林桥焖豆腐

长沙县一直以来就流传着“麻林桥的豆腐，大鱼塘的鱼”这句俗语，麻林桥属于长沙县路口镇的一个村，麻林桥当地多温泉，水质优良，制作出来的豆腐远近闻名，将麻林桥豆腐煎至两面金黄，然后放清水、青椒，焖至片刻，放油、盐、酱油调味，豆腐鲜嫩，细腻，豆香味浓郁。

3．兴马洲特色羊肉

兴马洲位于长沙县南托街道与湘潭交界处，兴马洲上盛产黑山羊，品质优良，兴马洲特色羊肉需要熬制一锅羊骨头汤，然后将黑羊肉用温水去毛后，入油锅爆炒出香，将炒好的羊肉放入用羊骨头熬好的汤中炖1小时，配上本地种的白萝卜，白萝卜片吸附羊肉的膻味，汤汁十分鲜美，羊肉软嫩鲜香，滋补佳肴。

二、长沙县特色原材料

1．高桥银峰茶

高桥银峰茶产于长沙县高桥乡，地处玉皇峰下，周围山丘叠翠，河湖掩映，土层深厚，雨量充沛，气候温和，历来就是名茶之乡。《长沙县志》称：清嘉庆十五年（1810年）此地“茶有宝珠、单叶、红白各种。”民国《湖南茶叶概况调查》记载：“长沙锦绣镇（即高桥）的绿茶早负盛名。”高桥银峰茶叶形匀整，条索紧细卷曲，色泽翠绿均匀，满披茸毛，表面白毫如云，堆叠起来似银色山峰一般。冲泡后，香气嫩香持久，汤色清亮，滋味鲜醇，叶底嫩绿明亮。啜饮“脑如冰雪如火，舌不涩眼不花”，令人神清气爽。

2．罗代黑猪

罗代黑猪指的是长沙县双江、金井和与之相邻的平江县一带的传统土猪——大围子猪。它起源于长沙县双江镇，因其毛色纯黑且双江原名“罗代”而俗称“罗代黑猪”，是湖南省优良的地方生猪品种之一，也是长沙县著名的土猪品牌。罗代黑猪品种优良，肉质鲜嫩，营养丰富，含有钾、钙、钠、铜、镁、锌等40余种人体所需的营养元素。明清时期，罗代黑猪就是朝廷贡品，2006年与宁乡土花猪一道纳入首批国家级畜禽遗传资源保护品种名录。

3．回龙白鲢

回龙白鲢是长沙县黄花镇特色物产，回龙渔场养殖的“回龙鲢鱼”，位于捞刀河的南岸，其中弯曲的一端河流称之哑河，这是回龙渔场的由来，回龙渔场采用野生放养方式，这里水面宽、水质好、无污染，青草和糠饼喂养出来的白鲢肉质细嫩，味道纯正。回龙渔场盛产鲢鱼、草鱼、青鱼、鲤鱼等，尤其是这里的红鳃白鲢，肉质细嫩、色美味鲜。

4．东山辣椒

东山辣椒起源于长沙县黄兴镇沿河两岸，盛产于长沙县南部，即黄兴镇、跳马镇浏阳河沿岸，经当地农户的长期栽培，成了特有的“东山光皮辣椒”品种，具有200多年的种植历史，是长沙县地方特色品种，东山光皮辣椒因肉厚、皮滑、微辣带甜和较耐寒、耐储存等特点，曾经是长沙市种植面积最大的辣椒品种，20世纪80年代种植面积达一千多亩，成为远近闻名的明星辣椒品种。

5．谷塘鲤鱼

谷塘村是长沙县黄花镇的一个行政村，因为盛产贡品鲤鱼而远近闻名。据《善化县志》载：“谷塘五十里，明洪武八年（1375年）知县胡绎开筑，产莲。”谷塘鲤鱼头小尾细，呈淡黄色，尾鳍金黄，体短，腹部圆实。肉厚质肥，细嫩无腥。”相传明清时期，曾作为长沙的“贡品”，受到皇室的赞赏。后在民国时期又作为“席上之珍”，送到南京招待外宾，以其外形美丽、味道鲜美而风靡全国。长沙至今流传着“谷塘鲤鱼清一色”的歇后语。

6．北山梅

北山梅产于长沙县北山一带。早在200余年前，即清乾隆（1736-1795）年间，已经享有盛誉。其中蒿塘坳产的是“四月梅”，安冲产的是“五月梅”，均为国家宝贵的果树资源品种。“四月梅”果开似椭圆形，果皮底色浅绿，茸毛较薄，皮薄尖韧剥离难，果肉厚，黄绿色，5月中旬成熟。“五月梅”果形圆，果面底色深绿，茸毛厚而密，果肉近皮部黄绿色，近核处黄白色，6月上中旬成熟。北山梅主要用于加工果脯，也可制成乌梅供药用。

第二章　湘味十足　千年衡阳

衡阳历史悠久，在五六千年前，人类先祖就使用石器等原始工具在衡阳种植水稻，饲养猪牛，定居生活。黄帝司徒祝融平定共工，治理南方而居于衡山之南，被封楚地，成为楚国人始祖，葬衡山祝融峰。

夏商周定衡阳为衡湘国，战国初为楚国所灭，改称庞邑，为楚南重镇。西汉高祖五年始建酃县。西汉末年，酃县西部设钟武侯国。三国时衡阳分属衡阳郡和湘东郡。公元220年，孙吴于长沙郡东南设置湘东郡，郡治设酃县，并于长沙郡西部设衡阳郡，下辖蒸阳（今衡阳县）、重安（今衡南县）、湘南、湘西（今衡山、衡东、南岳区）、湘乡、益阳等县，为历史上首次出现以衡阳命名的郡。西晋置衡州，治衡阳。东晋、南北朝先后设湘东郡、衡阳王国（辖今衡阳市、娄底市、益阳市、湘潭市、宁乡县等地）、湘东王国（今衡阳市、茶陵、炎陵、攸县、双峰、安仁等地），首府设衡阳。隋灭陈并改郡为州，并湘东、衡阳两郡为衡州总管府，改临蒸为衡阳县，州、县城均设湘江东岸。历史上首次出现以衡阳命名的县。唐天宝年间将衡州改称衡阳郡，唐乾元元年复用衡州。唐肃宗至德二年置衡州防御使，领衡、涪、岳、潭、郴、邵、永、道八州。公元764年，为了加强对湖南地区的控制，设置湖南观察使。五代十国时，马殷在湖南创建楚国，衡阳为陪都，马殷死后葬衡州衡阳县。宋朝为衡州衡阳郡，湖南提刑司治所。元朝确定行省制度，省下设路，改置衡州路总管府，在衡州设湖南宣慰司，隶属湖广行省。元贞元年（1295年），衡永郴桂诸路人民抗粮、抗丁，起义频繁，朝廷于衡州设行枢密院。明朝置衡州府，隶属湖广行省。下辖衡阳县（衡阳市区、衡阳县、衡南县）、衡山县（南岳区、衡山县、衡东县）、耒阳县（耒阳市、安仁县）、常宁县（常宁市）、茶陵州（茶陵县、攸县、炎陵县、安仁县）、桂阳州（桂阳县、临武县、蓝山县、嘉禾县），明朝中后期设雍王、桂王藩国，都衡阳。清朝置衡永郴道，驻衡州府，领衡州府（衡阳县、清泉县、衡山县、耒阳县、常宁县、安仁县、酃县、桂阳州、临武县、蓝山县、嘉禾县）、永州府（零陵县、祁阳县、东安县、道州、宁远县、永明县、江华县、新田县）、郴州（永兴县、宜章县、兴宁县、桂东县），雍正十年（1732年）增领桂阳州，更名衡永郴桂道。1676年，吴三桂在衡阳称帝，国号周，衡阳称应天府。1852年，曾国藩、彭玉麟在衡阳创建湘军。1854年，从衡阳出师北伐太平天国。1914年，废府存道，改衡永郴桂道为衡阳道。

衡阳地处南岳衡山之南，因山南水北为阳，故名。因“北雁南飞，至此歇翅停回”，栖息于市区回雁峰，故称雁城。东邻江西，南抵广东，西南接广西，西北挨贵州，北达长沙；景色迷人、气候温和。目前衡阳管辖雁峰区、石鼓区、珠晖区、蒸湘区、南岳区5个区，耒阳市、常宁市2个县级市，衡阳县、衡南县、衡山县、衡东县、祁东县5个县。

第一节　衡阳市区饮食文化

衡阳资源丰富、物产众多，素有“鱼米之乡”的美称，以红色、紫色土壤为主的土地资源极为适合农、林、渔业的发展。全市粮食、油料、经济作物共有10余类、1100多个品种；花卉植物有茶花、芙蓉等240余种；药用植物有丹皮、白芍等500余种。

衡阳为湘菜两大中心之一，美食以辣味为主，特别讲究调味，尤重酸辣、咸香、清香、浓鲜。夏天炎热，味偏清淡、鲜香。冬天湿冷，味偏热辣、浓鲜。衡阳境内菜肴丰富，素菜以冬瓜、南瓜、萝卜、白菜、豆腐为主，荤菜以猪肉、鸡、鸭、鱼、禽蛋为主，佐料以葱、姜、蒜、辣椒为主，油料以菜油、茶油、猪油为主。境内普遍喜食腌菜和腊菜，腊菜主要有腊肉、腊鱼、腊鸡等。四季时鲜蔬菜有椿叶、黄花菜、蘑菇、小笋等。烹调方法主要有煎、炒、蒸、炸等，历代沿袭。城镇餐馆以湘菜为主，粤菜、川菜次之，小店经营地方风味菜肴，城乡家庭菜肴基本上无差异。

一、衡阳市区特色菜点

1．南岳斋菜

斋菜是佛家弟子食物的统称，是不沾荤腥的一类菜肴。通常荤指的是葱、蒜、韭；腥指的是禽、兽、鱼、虫等动物身上的部分，包括蜂蜜、蛋、奶。在我国斋菜中南岳斋菜尤为著名。南岳斋菜有着色泽鲜艳、口味纯正、素而不淡、油而不腻、造型逼真的特点，深受中外游客青睐。同时，吃斋菜也是众多商贾名流游访南岳、入住圣寺必须体验的一个饮食活动，有素雅心身，一饱口福的“功效”。南岳斋菜虽是素食却胜似荤菜。

2．玉麟香腰

玉麟香腰为衡阳传统风味菜肴，又名宝塔香腰、堆子香腰、九层楼（九种菜肴堆积而成，也有层层高升之意）。相传湘军水师提督彭玉麟回乡宴请父老乡亲，选用当地小吃合做一道菜，以示丰盛，乡亲为感激他的盛情，而取名玉麟香腰。菜肴分为头碗底碗5层、头碗盖碗3层、码料等九层，每层的选料和制作工艺都非常讲究，尤其是最后的合碗更是要求严格。因其凭借广泛的用料、精致的工艺、纯正的口味、丰富的营养、美好的寓意，被衡阳人世代沿袭，广为流传，成为百姓婚庆、乔迁高升、逢年过节等重大活动宴席上的头碗和邀请贵宾必不可少的美味佳肴。

3．鱼头豆腐

鱼头豆腐选用新鲜鱼头配有鲜嫩手工豆腐经过精制加工烹制而成，是衡阳人餐桌上的一道特色菜肴。鱼头营养价值高、口味好，具有降低血脂、健脑益脑、补钙强骨的功效；豆腐性微寒，味清甘，具有补脾益胃、清热去燥，利小便，解热毒等功效；两者结合能够实现营养互补，促进消化吸收的作用。

4．口味牛蹄

口味牛蹄选用新鲜牛蹄、尖红椒、大蒜子、生姜等原料，经过焯水、过油、煸炒、调味、煨制等工序加工烹制而成，成品色泽红亮，软糯鲜香，香辣可口，常吃牛蹄有养颜美容、强筋壮骨功效，属滋补类口味菜肴。

5．泡椒响螺片

泡椒响螺片是湘菜中的一道传统名菜，食材选用干螺片、红泡椒、黄瓜等原料，螺片经过清水浸发，用葱、姜、湖之酒腌制，上蒸笼蒸发，焯水处理的工序，搭配改刀好的黄瓜片、红泡椒段爆炒而成，具有色泽鲜艳、质感爽脆、酸辣可口等特点。

6．油焖烟笋

衡阳盛产烟笋是将竹笋煮熟自然晒干而成。烟笋因不加任何添加剂，而带有淡淡烟香而得名。油焖烟笋采用优质烟笋经过涨发、切丝、煸炒、调味、装盘等工序烹制而成。此菜干香爽脆，笋味醇香浓郁，是传统乡村宴席必备下饭菜。另外，笋丝也可与肚丝、鱿鱼丝或腊肉搭配，别有风味。

7．干锅酸菜焖鱼块

干锅酸菜焖鱼块是当地一道家常菜，将鱼切成2厘米左右宽的鱼肋条肉，加入葱姜料酒汁腌制20分钟之后，再下油锅炸至金黄色，配上酸菜加入高汤，大火烧开，转用小火焖制，调味，最后加葱段，淋明油，装入砂锅加热成菜。

8．麻辣肚丝

麻辣肚丝是衡阳的一道色香味俱全的地方名菜。原料有熟猪肚、玉兰片、鲜红辣椒、葱、姜、花椒粉等。熟猪肚改刀成5～6厘米长，0.2厘米粗的丝，玉兰片冲水洗净改刀成丝，鲜红椒去蒂切成丝，葱洗净改刀成寸段，姜洗净去皮切成丝，锅置旺火加入熟猪油，加热，下姜煸炒，加入玉兰片丝、鲜红椒丝、肚丝合炒，用盐、味精、酱油调味，加入鸡汤，撒入花椒粉即可，成品色泽鲜艳、麻辣鲜香、质地爽脆。

10．山珍汽水肉

山珍汽水肉选用南岳寿山山顶无污染的天然山菌和农家饲养的猪肉为原料，肉丸配以高汤，用原始汽锅用微火蒸制而成。成品肉丸香甜脆松、汤清味爽、温而不火、顺气补血、护肝养肾、营养丰富，成为席上一道土菜珍品，宴中佳肴。

11．臭香回锅肉

臭香回锅肉是衡阳酒店流行菜肴，原料有臭豆腐、五花肉、青辣椒、红辣椒、豆瓣酱、辣椒酱等，将五花肉刮洗干净，投入沸水中煮至断生，捞出切成厚片，臭豆腐切成三角形，青红辣椒切成菱形片，蒜子斩成末。热锅冷油下锅，将臭豆腐用中火慢炸至金黄。取适量蒜末、辣椒粉、盐淋热油加味精、陈醋兑成汁，淋在炸好的臭豆腐上。把切好的五花肉片投入五成热油锅中，稍炸（排出油脂）捞出沥油，另起锅放入底油烧至五成熟，下入豆瓣酱、辣椒酱、蒜子，煸炒出红油，倒入回锅肉，青红辣椒片煸炒入味，淋香油出锅铺盖在臭豆腐上即可。

12．衡阳大杂烩

衡阳大杂烩是衡阳的一道传统名菜，该菜选料广泛，制作工艺复杂、口感醇厚、味道鲜美，虽称“大杂烩”却是衡阳人节日庆祝、婚庆、升迁等重大活动必不可少的定席菜。菜肴选用优良猪肉（肥瘦各半）、水发墨鱼片、水发云耳、玉兰片、豆笋、香菇、鸡蛋、鸡汤、猪肚、熟鸡片、面粉、水淀粉等原料，经过初加工、精加工、熟处理、挂糊、上浆、油炸、水煮、调味等工序，采用烩菜技法烹制而成。

13．衡阳手工鱼丸

鱼丸在衡阳宴席中是重要的菜肴，是传统乡宴十道菜中不可或缺的一道，更是年菜必备的美味佳肴。衡阳有着丰富的水资源，盛产鱼鲜。衡阳鱼丸选用草鱼、猪肥膘、鸭蛋、葱、姜等原料，经过取肉、漂白、剁泥、调味、调质、成形、蒸制等工艺加工而成，口感筋道、味道鲜美。

14．东洲桃浪鱼

晚清湘军名将彭玉麟重修东洲岛“船山书院”，工毕庆宴，席间厨师投彭公所好，作一鱼肴，洁白无骨，鲜辣细滑，众人盛赞，谈笑间，彭公飘眼窗外，忽见桃花落水逐波，银鳞竞食，引人入胜，脱口默咏，“银鳞击水奇景现，佳肴入画映桃红”，随取名“东洲桃浪鱼”，众人盛赞。而席中一老夫子也诗兴大发，又有感彭公此番修院公德无量，也即兴作诗曰：东洲有鱼神厨烹，细滑如脂鲜满唇，麒麟送书文化盛，书院重修福后人。彭公嘉赞。后传为佳话，也称此菜“玉麟送书”，以颂彭公之德。东洲桃浪鱼选用新鲜鳜鱼、金针菇、菜心、红泡椒、泡姜、泡蒜等10余种原料，经过片鱼取肉、去刺、片鱼片、码味、上浆、汆水、摆盘、浇汁等工艺加工而成，鱼片洁白如玉、嫩而不散、细滑无骨、酸辣爽口。

15．衡阳嗦螺

衡阳嗦螺是传统湘味小吃，因其食用时需吸气喝取，又名“喝螺”，凭借衡阳优质的水资源而肉质肥美，深受衡阳人青睐。衡阳嗦螺选用大小均匀的田螺或石螺置于清水中，滴入茶油使其吐出泥沙等污物，然后再去螺尾、盐搓洗、茶油煸炒、调味成菜等工序，使之呈现汤鲜味美、清香爽脆的特点。

16．石鼓酥薄月饼

石鼓酥薄月饼表面金黄，底部呈米黄色，形圆如月，厚薄均匀，香脆可口，至今已有100余年历史。酥薄月饼选用面粉、白糖、饴糖、植物油、玫瑰、桂花、乔饼、麻蓉等12种原料，经过精心配制，采用14道传统工艺与现代技术相结合精制而成。

二、衡阳市区特色原材料

1．豆腐

衡阳是豆腐之乡，有着两千多年的生产历史。有传统花鼓戏唱词为证："炸豆腐，二面黄；水豆腐，嫩秧秧，豆腐干子飘五香"。衡阳人老少都喜吃豆制品，儿歌唱："骨碌碌，骨碌碌，半夜起来磨豆腐，豆腐营养好，豆腐营养足，吃肉不如吃豆腐。"

2．黄花菜

每年七八月间，衡阳当地黄花菜地星罗棋布，几乎每个村庄都飘出黄花菜晾晒时发出的浓香。黄花菜古称谖草、萱草，《诗经》有载，味之鲜美，脆甜可口，旧时素炒或入汤，现已制成包装精美的酱腌菜走俏国内外。

3．湖之酒

湖之酒古称酃酒，又名醽醁酒。最初是酃湖附近农民自制的家作酒。衡阳酃酒是中国早期质优的黄酒，是中国历史上悠久的贡酒。司马炎建立西晋荐酃酒于太庙开始，被历代帝王作为祭祀祖先的最佳祭酒，成为中国古代十大贡酒之一。酃酒已有近3000年的历史，《水经注》《后汉书》《晋书》《元和郡县图志》《舆地纪胜》《新唐书》《资治通鉴》等许多史籍都有对酃酒的记载。酃酒以芬香、味和、色醇闻名于世，历代文人墨客咏颂酃酒诗文达300首之多。衡阳每家每户都会酿制，逢年过节、红白喜事，都用此酒待客。

第二节　衡阳县饮食文化

衡阳县地处衡阳市西北部，湘江中游，位于衡山之南而得名，东与南岳区、衡山县交界，南毗蒸湘区、石鼓区、衡南县，西邻祁东县、邵东市，北与双峰县接壤。

隋朝，临蒸县更名衡阳县，属衡州总管府。唐玄宗年间复名衡阳县，唐肃宗年间衡州防御使治所设衡州州治，衡阳县城驻州城。唐代宗年间置湖南观察使治所于衡州州治，衡阳县城驻州城，领辖衡、潭、邵、永、道5州军事。1983年5月，衡阳县隶属衡阳市。

衡阳县资源丰富，物华天宝。粮食、油料、棉花、肉类总产跻身全国百强行列。生物资源有粮食作物10多种，畜牧10多种，鱼类80多种。土特产品经久不衰，西渡湖之酒、黄龙玉液获全国首届食品博览会铜奖和巴黎世界之星奖；云峰毛尖被评为中国杭州国际茶文化节十大名茶之一；台莲自汉朝起被列为皇上贡品；还有柑橘、木山荸荠、檀桥板栗、长乐薯粉等均在国内外久负盛名。

一、衡阳县特色菜点

1．茶油土鸡

茶油土鸡选用乡里正宗茶油和优质土鸡，采用炒制技法搭配红油辣子、老姜、大蒜等调味原料炒制而成，老姜的姜辣味与土鸡的鲜香味结合，风味更佳浓厚，成菜菜肴肉质紧密、脆嫩爽口、口味清香、原汁原味，食后留有余香，古今青睐。

2．豆腐汤

豆腐汤是全素汤，锅中加入白豆腐，搭配葱、姜、粉条、青菜、油炸豆腐、虾皮等原料，调入稀面糊，长时间精制熬煮而成，再配有现制的辣椒油，别有一番风味。此菜选料精细，制作工艺讲究，成菜特点色彩缤纷、口味清香、油而不腻、淡而不薄、营养丰富。

3．盘龙黄鳝

盘龙黄鳝选用小型土黄鳝，用滴有少量菜籽油的清水静养2～3天，待吐净腹中污物时，下入锅中用菜籽油焖至盘卷、皮酥捞出备用；锅内留少量底油下入花椒、干辣椒段、姜、蒜末煸炒出香味，倒入黄鳝，用盐、味精、白糖、料酒等调味品调味，翻炒均匀即可，因成菜黄鳝盘卷形似黄龙，故名“盘龙黄鳝”。盘龙黄鳝吃法非常讲究，吃的时候，要夹住鳝头，咬住鳝背，用力撕扯，鳝头带骨全部脱落，留在嘴里的便是嫩滑可口的鳝肉，麻辣鲜香，回味无穷。

4．炸春卷

炸春卷是衡阳传统小吃，用面粉、淀粉、鸡蛋调制春卷皮，用猪肉、冬笋、韭黄、水发鱿鱼、香椿芽等调馅。取面粉、鸡蛋、水淀粉制蛋皮，其余原料制馅，把制好的馅放置蛋皮中并包裹起来用水淀粉封口，下入六七成热的油锅中炸制金黄色即可。现炸的春卷外焦里嫩，鲜香可口，营养丰富。

5．米麸蒸肉

米麸蒸肉是衡阳地方家常菜，肉鲜香软烂，五花肉燎毛刮洗干净，切成6厘米长、3厘米宽、0.3厘米厚的片，放湖之酒、酱油、盐、白糖拌匀腌一下。糯米、大米加八角下锅炒成黄色，再磨成粗麸子放入肉片内拌匀，使肉片沾满米麸子，再一片一片扣入钵内，加入适量清水倒入钵内，上笼蒸烂。

6．串烧排骨

串烧排骨备受衡阳人喜爱，主要采用嫩仔猪排骨、小红椒等为原料。将排骨洗净砍成8厘米长的段，用盐、啤酒、味精及葱结、姜块、酱油腌制10分钟，将红椒和余下的葱、姜都切成末。用竹签将腌制好的排骨串起来，锅烧热，放入植物油烧至五六成热，将排骨串投入炸至金黄色，捞出沥干油分待用。另起锅放底油，投入红椒、姜米、葱白、椒盐干烧而成，香味浓郁。

7．衡阳煎冬瓜

衡阳煎冬瓜酥烂香辣，冬瓜去皮去瓤，洗净，剞棋盘式花刀，改刀成3厘米见方的块，干红椒洗净切段，大蒜子切碎待用。锅置旺火加入猪大油，加热至七成热，将冬瓜下锅，两面煎制淡黄色，放干椒段、大蒜末、盐、味精、酱油调味，加入汤汁将冬瓜焖烂，收干水分，装盘即成。

8．排楼汤圆

排楼汤圆是衡阳风味小吃，汤清白，丸柔软。大米浸泡淘洗干净，加清水磨浆，倒入锅中，加入适量精盐、五香粉，煮熟，稍冷却，用手反复揉搓至表面光滑，下剂搓圆下入沸水锅中，加入精盐，稍煮，带汤舀入碗中，撒上葱花、白胡椒粉即成。

9．荷叶包饭

荷叶包饭是衡阳农村传统风味美食，选用地方特色干制荷叶和优质大米，配有调好味的腌制原料，经过涨发、包裹成形、蒸制等工艺加工而成。其成品黄白相间，油润发亮，清香四溢，松软可口，油而不腻。具有生津、止渴、清心、提神、益肺和增加食欲的功效。相传已有千余年的历史。

10．夫子辣椒

王船山老夫子晚年隐居衡阳县曲兰镇湘西草堂，生活清贫，常以糯米炒香，用瓦片碾碎，加椿叶酿入辣椒中，置于坛中密封收藏，食用时取出用油煎至表面金黄，成品外焦里嫩，香辣可口，胜过大鱼大肉。后人为纪念这个思想家，取名椿夫子辣椒，俗称夫子辣椒。

11．西乡海蛋

相传过去衡阳西乡地区一学子，勤奋好学考取状元，学友前来祝贺，可家境贫寒，没有菜肴招待客人，老母亲将家中仅有的几个鸭蛋和粉丝、木耳、笋丝等放在一起合蒸，味道鲜美，友人称赞。友人问其名，母亲却无法作答，于是友人便取名“海蛋”，寓意友谊天长，金玉满堂、金榜题名。随后经好友传开，成为当地节日庆祝，酒宴必备菜肴。

二、衡阳县特色原材料

1．渣江米粉

渣江米粉为衡阳民间名小吃。该米粉选用优质晚籼米为原料，经过挑米、选米、浸泡、淘洗、磨浆、压浆、发酵、搓团、蒸团、凉团、打粉、上筒、榨粉、煮粉、出粉、漂洗、抓粉、烫粉等多道工序精制加工而成。粉丝亮洁如璧玉，细腻如灯芯，质地柔韧滑润，清香扑鼻。用肉骨或海鲜调汤，其风味别具一格，早已闻名遐迩，成为县内居民尤其是城镇居民早餐的首选食品。

2. 井头红薯粉条

井头红薯粉条产于衡阳县井头镇，红薯粉条又称红薯粉丝，已有600余年的历史。以红薯基地种植的红薯为原料，经传统的手工工艺精制而成。好吃爽口、粉味纯正、筋道耐煮、营养丰富，是天然的山地农家产品。

3. 荸荠

衡阳洪市荸荠粒大、味甜、无渣。荸荠古称凫茈，俗称马蹄，又称地栗。称它马蹄，仅指其外表；说它像栗子，不仅是形状，连性味、成分、功用都与栗子相似，在泥中生长，所以有地栗之称。皮色紫黑，肉质洁白，味甜多汁，清脆可口，既可作为水果，又可算作蔬菜，是大众喜爱的时令之品。

4. 乌莲

乌莲主产于衡阳县台源、杉桥等地，表面呈灰棕色或灰黑色而得名。湖南种莲有3000年历史，明清之际为鼎盛时期。衡阳是湘莲主产区之一，衡阳小西门外，遍地皆莲，素有“西湖十里白莲花”之称。衡阳莲实壮而粉，味甘而香，台源、杉桥等地的乌莲更为莲中之冠。清光绪三十二年出版的《商务官报》称衡莲为“中国各地所产之最上等者”。

5. 萝卜腌菜

衡阳农村的坛子菜，萝卜腌菜由腌干的萝卜丁加粉碎的叶子加工精制而成，经过多次清洗，晾干、腌制，放入坛中，密封几个月而成，成品清脆爽口、新鲜香醇，下饭开胃小菜。具有开胃健脾、清心降火等功效。

第三节　衡东县饮食文化

衡东县位于衡阳市东北部，1966年从衡山县析出新置，地处衡阳盆地和湘江中游，地广物丰，山水含情，有鱼米之乡之美誉。

衡东县地形以丘陵为主，属亚热带季风温润气候，雨量丰沛。山川秀美，旅游资源丰富；物产丰富，经济社会事业全面发展。有野生植物900多种，珍稀野生动物有獐、麂、兔、猴面鹰、云豹等20余种；主要大宗农副产品有粮食、生猪、禽蛋、柑橘、茶叶、油茶、松树、楠竹、中药材等，鸭蛋年生产加工能力居中南地区之首。

衡东土菜源远流长，香色俱佳、美味可口、营养保健，誉满三湘、蜚声湖广。以本地所产土、畜产品为主、辅料，用传统的烹饪方法制作，为人们日常食用，具有独特地方性口味菜肴，既融入博大精深的湘菜菜系，又强烈地突显鲜、辣、美、便的地方特性，始终保持绿色环保、乡间土味的优良品质。

湘腰席八大碗等一批传统喜筵菜式，深刻展示古楚食文化的深厚底蕴；三樟黄椒、南湾豆油、草市豆腐体现“一方山水养一方人，一个物产造一方福”的地理优势；石湾脆肚、新塘削骨肉、黄鳝炒蛋提升生活品位的理念创新；嫩炒红薯叶，水煮干马苋成为人们健体养颜、回归大自然的时尚追求。清朝时期，三樟黄椒因清脆可口、色味俱全，被赐为贡椒。杨桥麸子肉、新塘地皮子、草市豆腐、霞流咸蛋、石湾脆肚等土菜早已闻名遐迩。

鲜是衡东土菜的第一元素，采用的主辅料很土，鲜便成了它的重要招牌，土鸡、活鱼、野菜样样鲜活、鲜嫩，吃得放心。辣是衡东土菜的又一重要元素，不辣不为地道的衡东土菜。美体现在菜品的式样和盛菜的器具上，多用农家盛菜的大腕，道道菜都很结实，花式不多，却很实惠。

一、衡东县特色菜点

1．衡东土头碗

衡东土头碗是衡东土菜最著名的一道菜，衡东土菜最著名的是衡东头碗，即湘腰席八大碗中第一道出场菜。头碗集炖、煮、熘、蒸、炒等多种烹饪方法于一体，这道菜功夫在初加工上，要炖猪脚、烫蛋皮、剁碎肉，做成橄榄丸、蛋包丸、滑肉，是体现宴席档次，展示厨师手艺高低的品牌。俗称七层楼，又名怀素佛塔，是衡东喜宴上的头碗，即湘腰八大碗中的第一道菜。衡东头碗像是大杂烩，由猪脚、整蛋、橄榄丸、蛋包丸、滑肉等食材经过合理加工“堆积”而成，与之后的玉麟香腰有着不解的渊源。

2．石湾脆肚

石湾脆肚又名生炒肚丝，是盛传于衡东县石湾、三樟、大桥、白莲一带的地方名菜。该菜选用鲜猪肚、干黄贡椒、蒜子经过精细加工，选用旺火快烹的方法加工而成，色泽鲜艳、香辣爽脆。2008年，全国烹饪大赛湖南赛区中，石湾脆肚夺得金牌奖，被列入百道湘菜经典。

3．杨桥麸子肉

杨桥麸子肉又称“麸子肉”，因菜品中有食品红，故又名“东方红云”。这道菜耐储藏，显喜庆，制作独特，在衡东县大部分地区流传千年以上。以肥瘦比合适的大片猪肉为主料，配以4∶6的黏米粉和糯米粉，加精盐，米烧酒，红曲米粉，八角粉和匀，逐片粘连，层叠入坛中封瓮制二十天以上，食时或煎或蒸均可成菜。口感酸香，鲜红，喜庆，油而不腻。

4．青椒炒削骨肉

削骨肉是衡东地区盛行的一道家常小炒菜。相传20世纪70年代，有一老板在一个偏僻的地方惨淡经营一家炒菜馆，偶然间发现骨头熬过汤后，骨头上的碎肉及结缔组织激发了他的灵感，马上动手将骨头上碎肉削下来，撕碎，用青椒合炒，味道特别鲜美，即入菜谱，颇受欢迎。随后，不断改进，改为青黄贡椒，味道更佳，削骨肉成了衡东土菜里的经典名菜。

二、衡东县特色原材料

1．黄贡椒

黄贡椒，辣椒属，成熟后通体呈金黄色，产于湖南省衡东县，由湘江泥沙淤积形成的特殊砂质土壤种植。相传清朝嘉庆年间，衡东状元彭浚把黄辣椒带到宫廷，皇帝品尝后，龙心大悦，钦点衡东黄辣椒为“贡椒”，故名黄贡椒。只有衡东黄贡椒是古代给皇上进贡的品种，“皇贡椒”也因此而得名。衡东人少有没吃过黄贡椒的，那黄艳艳、辣津津的黄贡椒，炒着鸡鸭鱼肉，色香味俱佳，令人食欲大开……作为衡东土菜必不可少的佐料，黄贡椒伴随着衡东土菜的声名鹊起，也大幅提升了知名度，黄贡椒依然处于供不应求的状态，能种植黄贡椒的土壤只在衡东这片区域，别人无法复制。

2．夏浦红枣

衡东县泔溪镇夏浦村夏浦红枣原名山枣，属鼠李科，干红枣年产700担以上，其主要品种有金沙枣、猪婆枣、鸭蛋枣、河南枣等，各有特色，金沙枣颗粒短，圆壮，味道鲜甜，品质最优，在湖南颇有名气；猪婆枣颗粒大而长，皮薄肉厚，味道甜美。

3．夏浦板栗

夏浦板栗果实大，皮薄肉厚，水分适中，味道鲜美，脆爽甘甜，营养丰富，有滋补治病的功效。衡东人称板栗为惰粒，种植面积4000多亩，沿河岸边、山坡上、房前屋后，到处可见枝繁叶茂的板栗树，年产量1万担以上，经过加工的油炒栗子和用板栗肉炖熬的各式汤羹，是衡东人餐桌上的美味佳肴。

4．衡南湘黄鸡

湘黄鸡是产于湖南的黄鸡，又称三黄鸡，是优良的肉蛋地方型家禽品种，该品种具有喙黄、毛黄、脚黄的外貌特征和性成熟早（平均125天）、抗病力强，易饲养管理等特点。人工繁育饲养历史已达到1300多年，因其肉质软滑多汁，味道鲜美并兼具滋阴补肾功能，在清朝道光年间被列为“贡品鸡”，1979年被国家外贸部评为“名贵项鸡”，是粤、港、澳地区活鸡市场的主要货源。

5．草市柑橘

衡阳草市镇种植的柑橘色泽鲜艳，皮薄汁多，果肉脆嫩，甜味浓郁。草市素称“柑橘之乡”，最高年产达5000吨，居衡阳市各乡镇之首。金秋时节，满山遍野都是黄橙橙的柑橘挂满枝头，主要品种有白茅洲广柑、甜橙、脐橙、碰柑、冰粮橙、改良橙、血橙、鹅蛋橙、大红袍、哈密林、红橘等10多个品种。

6．石湾烧饼

石湾烧饼又称石湾烧壳子饼，起源于清朝，有200多年的历史。沿湘江两岸都有，唯有石湾街的烧壳子饼最为出名。石湾烧饼采用白糖、茴香、茶油、面粉等原料，经过精制加工烧制而成，成品色泽金红、香酥可口、厚薄均匀，热食香甜酥脆，美味无限，成为衡东一大风味小吃。

7．石湾麻糖片

石湾麻糖采用白砂糖、麦芽糖、熟麻仁为原料，经过多道工艺精制而成，成品片薄、香脆、味鲜，与湖北孝感麻糖、长沙九如斋“酥月”相媲美，吃起来香甜可口，回味无穷，分全麻、花麻、仁子、扯糖巴子4种。

8．霞流味蛋

霞流味蛋是将蛋品加工成咸蛋、皮蛋等蛋制品，是衡东的一大特色。远销美、日、俄、韩等国家。

9．藤茶

藤茶属葡萄科，原名显齿蛇葡萄，生长在海拔760～910米的山坡、山谷林下灌丛中。食物成分表与茶叶相比，营养成分较齐全，优于一般茶叶，可与我国名茶，即绿茶、红茶和花茶相类似，硒的含量高于绿茶和花茶。藤茶不仅增加了茶类的品种，而且也合理地利用新的资源。据《植物志》记载，全株入药，有清热解毒之效。

10．衡东大桃

衡东大桃是衡东林业科技工作者经过20多年精心选育的一种优质油茶品种，具有果大、果早、果色鲜、产量和出油率高等明显特点，嫁接后3年挂果，5年盛产，亩产油18千克以上，是常规品种的10倍。

第四节　衡山县饮食文化

衡山县位于衡阳市中北部，湘江中游，因境内有南岳衡山而得名，为衡阳西南云大都市区组成部分。东隔湘江与衡东县相望，南与石鼓区、珠晖区、衡南县相接，西邻南岳区，西南与衡阳县接壤，北界湘潭、湘乡，西北与双峰县毗邻。地形内高外低，将祝融峰围在中间，地势向西北、东南逐渐降低，形成两个倾斜面。以山、丘、岗为主，兼有河溪、平原，其地貌组合具有带状阶梯式分布的特点。

衡山属亚热带季风性湿润气候。热量充足，光照充裕，无霜期长；雨量充沛，水热基本同季，雨旱季较明显；四季分明，季风明显。后山比前山气温略低，有利于农业生产。衡山又称南岳或南岳衡山，为中国五岳之一，气候条件较其他四岳为好，处处是茂林修竹，终年翠绿；奇花异草，四时放香，自然景色十分秀丽，有南岳独秀的美称。衡山烟云与黄山媲美。衡山72峰山势雄伟，绵延800千米，以祝融、天柱、芙蓉、紫盖、石禀五座最有名，祝融峰是衡山最高峰，海拔1301米。南岳四绝为祝融峰之高，方广寺之深，藏经殿之秀，水帘洞之奇。

衡山县是国家大型商品粮基地建设县之一，主要粮食作物有水稻、小麦、大豆、红薯、马铃薯、蚕豆、豌豆、玉米、高粱等。经济作物主要有柑橘、红枣、梨子、桃、李、花生、西瓜、香瓜、蔬菜、茶叶、油菜、油茶、苎麻等优质产品，是湖南省第一批家庭小水果县。衡山优质农产品有岳北大白茶、狮口雪芽茶、新桥毛尖茶、衡山早白薯、九龙李、苹果李、猪血桃等。衡山县是湖南省瘦肉型猪生产基地县和黄鸡出口基地县。畜禽养殖主要品种有猪、牛、羊、兔、狗、鸡、鸭、鹅等。水产养殖主要品种有草鱼、鲢鱼、鳙鱼、鲫鱼、黄鳝、泥鳅等，养殖方式主要有池塘、水库人工放养、稻田养鱼、水库、河流网箱养鱼等。

衡山县特色原材料

1．南岳手擀麻糖

南岳手擀麻糖是当地古代祈福的贡品之一，选用南岳高山寿米和南岳天然泉水发酵而成，加入白糖、蔗糖，从发酵到成形经由十几道纯手工工艺制作完成，才得以保持其独特的原生态风味，香脆可口，入口即化，老少皆宜，实属来岳祈福旅游的伴手礼。

2．豆腐花

南岳的豆腐花，口感绝妙。白白的、嫩嫩的豆腐花用精心挑选的上好黄豆和山上甘甜的山泉做成。有家常豆腐、砂锅豆腐、豆腐丸、夹心豆腐、凉拌豆腐、翻皮油豆腐、带馅油豆腐、五香豆腐干等，适合煎、炒、炸、蒸、炖、煮等多种技法，可搭配各种调味品形成不同的风味。

3．寿酒

寿酒是经多味名贵中药材科学配伍，精心配制而成。由白酒配以冬虫夏草、灵芝、枸杞、山药、茯苓、肉桂、蜂蜜、冰糖等南岳中草药及南岳山泉水科学配制而成。此酒口感好，不上头，具有滋阴补肾，益肾补阳，长期饮用有延年益寿的功效。

4．寿茶

南岳拥有寿岳牌名茶几十种，以南岳云雾茶为主。云雾茶为唐朝贡品，常饮可以延年益寿、健胃促食，是当时宫廷的保健养生之品。该茶具有防毒除病、防癌治癌、清神醒脑、明神亮睛、健胃促食、壮体美容、解热止渴、延年益寿八大保健功能。南岳云雾茶产于南岳的高山云雾之中而得名，古称岳山茶。主要生长在海拔800~1100米高度的广济寺、铁佛寺、华盖峰等地。气候温和、湿润，土壤含有丰富的有机质，适宜茶叶生长。唐朝陆羽的《茶经》说：“茶出山南者，生衡山县山谷。”可见南岳云雾茶早负盛名。云雾茶外形紧细，卷曲秀丽，开水冲后以色绿香浓、味醇、形秀著称。

5．南岳寿饼

南岳寿饼历史悠久，即大舜南巡时尝过的豌菽饼，经各部落首领推介，取名万寿饼，从此誉满寰中。南岳寿饼口味甜而不腻，香而爽口，老少皆宜，每逢南岳香期或斋会，争相供奉，闻名遐迩。

6．观音笋

观音笋是农历二月十九日观音菩萨生日前后出土的一种小笋，肉质细嫩，鲜食味道鲜美；干食尤有奇香。南岳山上的和尚、道士，对观音笋的吃法，极为讲究，择其细嫩而肉厚者，先退去壳，用火煮沸，半熟取出晒干，然后放置茶油内，用坛贮藏，时间愈久，香味愈浓，取出吃时，加盐椒少许，美味无比。不用油浸，用普通浸泡之法加工，也胜于其他一般干笋。观音笋是寺观招待宾客的佳肴。

7．猕猴桃

猕猴桃，南岳人称藤梨子或藤桃子，既可生吃，又可加工成罐头、果酒、果汁、果酱、果干等。农历八九月，在南岳镇可以到处买到猕猴桃，而经霜后的猕猴桃味道更甘美。

8．雁鹅菌

雁鹅菌芳香扑鼻，清凉生津，脾胃大开。每逢农历三月和八月大雁飞越高高的南岳衡山时，南岳衡山便有许许多多男女老少，背着竹篓或提着竹篮，在树林草丛中忙着寻摘雁鹅菌。南岳山上有菌数十种，唯有雁鹅菌是上品。雁鹅菌呈浅棕色，形状如伞，小至铜钱，大至菜碗，馨香甜美，鲜嫩可口。煮面、调汤、炒肉，无一不宜。更有一种别致的吃法，即把新鲜的雁鹅菌，放在烧沸的茶油中炸熟，然后连同少许茶油用坛子贮藏起来，称为菌油。

9．刮凉粉

刮凉粉一般都是一个小柜台或者是一个小摊，摊主麻利地握起镂空的小勺子，在凉粉上小心翼翼刮开，刮出一条条细细的、滑滑的圆粉丝。摊主迅速地用筷子将凉粉丝摞到小碗里，撒上绿绿的葱花、红红的干辣椒粉等各种佐料，把白白的凉粉装点得像一朵娇艳欲滴的鲜花，再朝凉粉里淋上两三滴麻油，香味十足。

10．园枣

园枣产于衡山县，1949年前有成片栽培，并有以枣代粮，有“一担枣子一担米”之传说。新中国成立以后，生产一度扩大，最高年份产干枣600吨左右，产品行销省内外。果实为卵形，果小，不整齐，粒大肉紧，味甜，干制率45%。枣果含有大量糖及维生素，营养丰富，既可鲜食，也可制成干枣。作为补品入药，有养胃健脾、益血壮补之功效。

11．白糖李

白糖李产于衡山县，传统名贵水果品种，有300余年栽培历史。果实扁圆形，外皮黄绿色，皮薄而坚韧，果肉致密，黄白色。六月成熟，果实中等大，单果重30克左右。可供鲜食，肉脆、核小、味甜、汁多、纤维少。也可加工成罐头、李干、果脯、果酒等。李干耐贮，有解渴提神之功能，行销国内外市场。

第五节　耒阳市饮食文化

耒阳位于衡阳市东南部、衡阳西南云大都市区南部，神农氏发明耒耜之地，中国农耕文化发祥地，素有荆楚名区、三湘古邑的美称。这里是蔡伦的故乡，国家级杂交水稻制种基地、中国油茶之乡。

耒阳位于湘南中心，北接衡阳，南至广东，西达桂林，东上井冈山，地处湖南盆地南缘向五岭山脉过渡地段。形成东、南、西南高，中、西北部低，自东南向西北形成一个波浪式的倾斜面，恰似一个朝西北开口的马蹄形。地形复杂，山、丘、岗、平地俱全。

耒阳属亚热带季风性温润气候区，既具阳光丰富的大陆性季风气候特点，又有雨量充沛、空气湿润的海洋性气候特征。家畜家禽饲养有猪、牛、羊、马、犬及鸡、鸭、鹅等，水产饲养历史悠久，有鱼、鳖、龟、水虾、蚌壳、田螺等。

一、耒阳市特色菜点

1．耒阳米豆腐

据传神农氏创耒时，耒河洪水时常泛滥成灾，沿河百姓生活艰难。在粮米紧缺的情况下，为了调动百姓筑坝抗洪的积极性，伙夫把大米磨成浆状，加水熬煮成粥糊给百姓充饥。偶尔一天伙夫不慎将石灰水掺入米浆，将要废弃时神农氏劝阻并吩咐将掺有石灰水的米浆用竹筛盛装，不久米浆凝结成“冻状”。神农氏将其切割成块状亲食，入口可化，口味极好。随后，人人仿作，并取名“米豆腐”，又经后人改良用添加大蒜、香葱、陈醋、酱油、榨菜丁及地方风味调料酸辣椒等作料，形成了独具一格的地方风味菜肴米豆腐。

2．苍粑粒

苍粑粒是耒阳乡村一种古老的风味小吃。相传神农炎帝在耒阳创耒耜时，见人们食不果腹，就利用尝百草的机会，在溪流边采集到一种叶背微白、颈带青绿、有黏性的苍草，用石臼捣烂，捏成团，用蒸笼蒸熟，试吃无毒味美，还可充饥，随后发动人们采集苍草蒸吃。后来，掺入米粉做成粑粒，味道更加鲜美。相传一位北方族长经过耒阳东乡南门口，肚子极为饥饿。神农就把用苍草和米粉做的粑粒献给族长，族长连声叫好，问这美食叫什么名字？神农恰见一个老妇人用粑粒在祭拜上苍，灵感一动，说："这些草不是苍天播下的种子吗，就叫苍粑粒吧。"苍粑粒很快就在当地传开。

3．谷香肥肠

谷香肥肠选用耒阳农家的新鲜肥肠为原料，放入当地盛产的谷壳中，再用大火炒制加工而成，与传统的熏制或风干的制作方法完全不同，制作好的肥肠，做菜时先炒后煨，风味独特。耒阳谷香肥肠谷香味浓郁，耐煮且富有嚼劲，而且越煮越好吃，是原汁原味的农家菜。

二、耒阳市特色原材料

1．张飞酒

相传三国时庞统任耒阳县令，蜀五虎大将之一的张飞奉命考察庞统政绩。庞统用民间陈酿美酒招待张飞，张飞发现庞统雄才大略，回成都后举荐庞统为军师，后人因张飞在耒阳畅饮此酒称为张飞酒。张飞酒以优质糯米为原料，经多次特殊加工，入窖久贮，精制而成。该酒色泽清亮透明，醇香浓郁，甜美爽口，营养价值丰富，长饮能延年益寿，还可作为药用、菜肴调味等。

2．耒阳坛子菜

耒阳坛子菜起源于远古时代，因物资极度匮乏，为度过饥荒，用陶罐封存鲜菜，以备应急用，随后沿用。经过数千年的口传心授，推陈出新，耒阳坛子菜已发展为一种风味独特、品种多样的地方特色食材。坛子菜首先突出的是"坛子"，通常坛子越老菜越香，新置的坛子需经过严格的技术处理后才能使用。在耒阳农村，几乎家家户户都有几个甚至十几个坛子，多数为传家坛。除了坛子，坛子菜的制作技术在当地也尤为重要，成为了耒阳家庭烹饪的必备技能，其蔬菜制品更是花样百出。耒阳坛子菜酸辣咸甜、口感爽脆、营养丰富，有刺激食欲、促进消化吸收的功效。

3．荷折皮

荷折皮属于红薯粉皮的一种，形状上和普通粉皮有明显区别，普通红薯粉表面光滑，荷折皮表面像荷叶一样有很多折皱，是衡阳特产粉皮。衡阳地区的土壤适合种植红薯，当地人大多都善于制作荷折皮。将红薯经过研磨、淘渣、过滤的复杂工艺制作红薯淀粉，再将红薯淀粉加上水调成浆，经过高温烫制，成凝胶状，再把胶体拉皮晒制而成。

4．耒阳油茶

耒阳油茶种植面积和年产油量均居全省之首，素有"湖南油海"之称。1800年前耒阳人开始栽培油茶树，以品质纯正、营养丰富而香飘万里，闻名于世。1976年，耒阳为油茶商品基地县。耒阳油茶色泽乌黑、品质纯正、营养丰富、经久耐藏，历来就是食用油中的上品。

5. 江头贡茶

江头贡茶产地在耒阳市江头乡的江头、大石、东冲、蚕子、畔塘等村，统称江头茶，古代属于贡品御茶，又称江头贡茶。其味纯淡雅、清香爽口、回味无穷，被朝廷列为珍品，供内廷专用。

6. 藠头

耒阳盛产藠头。藠头为一年生草本，以质地优良的新鲜耒阳藠头为主要原料，经去污洗净，入罐腌制，发酵后可制成盐藠头。盐藠头呈白色，半透明，肉质细，口感脆嫩，是下饭佐粥的佳品。耒阳盐藠头年生产能力在1000吨以上，远销日本、韩国等地，产品供不应求。

第六节 祁东县饮食文化

祁东县位于衡阳市西南部，湘江中游，素有“湘桂咽喉”之称。西接永州市冷水滩区、永州市东安县、邵阳市邵阳县，北接邵阳市邵东县、衡阳县，东达衡南县，南抵常宁市，西南临永州市祁阳县。

祁东县地势自西北向东南倾斜，西部四明山脉逶迤，中部祁山绵延。北往长沙，南下广州，西到桂林。境内阡陌交错，溪流纵横，泉井棋布。祁东县物产富饶，农副产品主要有粮食、黄花、香芋、茶叶、槟榔芋、大辣椒、柑橘、生姜、圆葱和湘莲等。祁东县已建成十大农产品生产基地，是全国商品粮基地县、山塘养鱼先进县、瘦肉型生猪生产基地县。

1952年，祁东与祁阳分治，大部分土地位于祁阳之东，故名祁东。

一、祁东县特色菜点

1. 粉蒸螺蛳

粉蒸螺蛳选用新鲜的螺蛳肉搓洗干净，用茶油爆炒铲出；选用优质粳稻米碾成粉末，配以葱花、精盐、味精、姜丝、辣椒粉、五香粉、酱油等佐料，然后将炒熟的螺蛳肉倒入，加入适量汤水，将其拌匀浸发，置于垫有干净毛巾或白布的蒸筛上，放进蒸笼蒸熟，即可食用。味道鲜美，芳香诱人，营养丰富，多食不腻，是下酒的佳肴。

2. 祁东烧豆腐

烧豆腐是祁东一道地方名菜，鲜美独特。祁东烧豆腐含有较多油分，烹调前宜先用热水冲洗除去表面的油脂和油味，取出再用冷水冲洗，并挤干水分再进行烧制成菜。

3. 鱼冻

鱼冻是当地一道名菜，祁东人喜欢把鱼做成鱼冻吃，将鲜鱼初加工去内脏、洗净后，加水煮到一定浓度时去渣，再加入油、盐、大蒜、生姜、酱油、味精等佐料，冷却后成胶状的鱼冻，味道十分鲜美。

二、祁东县特色原材料

1. 高峰茶

高峰云雾茶产于湖南省祁东县，该茶因生长在高山上且伴有云雾故名高山云雾茶。清明前夕，早茶才露尖尖角，正是高峰毛尖最佳采摘期。1988年高峰云雾茶荣获农业部优质产品金杯奖，1991年被评为中国文化名茶，2011年被评为湖南省科技示范基地，2015年获衡阳市红茶品评会一等奖，先后获得国家、省级“优质名茶奖”达30多项。

2. 祁东黄花菜

祁东黄花菜又名金针菜，古称忘忧或谖草，属百合科萱草属多年生草本植物，每年能生叶两次。采摘含苞欲放的黄花菜，经过蒸制、晾晒等工序加工而成，适用于蒸、炒、炖、烧等烹调方法。黄花菜营养丰富，经济实惠，新鲜干制均可食用，味道鲜美，有较高的医药价值，祁东县黄花菜已有500多年的种植历史，清朝年间，祁东县所在地的地方官员开始将黄花菜作为地方贡品进贡朝廷。

3. 生姜

祁东生姜，它根茎肥大，鲜黄多汁，香辣带甜，具有生津开胃、发表散寒、止呕解毒等功用。李时珍说姜是“可蔬、可和、可果、可药，其利博矣。”姜既是菜肴的调味品，又可加工成糖姜片、姜油、盐姜和生姜罐头，还可入药治病。境内主产区在砖塘、石亭子、城连墟、步云桥、白地市等乡镇，常年种植面积1.5万亩，产量在3万吨以上。祁东生姜根茎肥大，且香辣带甜而有别于外地生姜品质，市场上很受消费者喜爱，产品行销桂林、广州、深圳和香港等地。

4. 酥脆枣

酥脆枣在中秋前后成熟，命名为中秋酥脆枣。祁东是南方枣的传统产区，种枣历史悠久，比较有名的有祁东鸡蛋枣、祁东糖枣。中秋酥脆枣是从糖枣中选育出来的一个新品种，果实呈椭圆形或长圆形，叶片较大阔卵形，先端钝尖，叶色较绿，枣吊较细长，着花密挤，花量大，每个叶节最多结果10个，每个枣吊最多结果35个。

5. 藕柿

藕柿又称脆柿、冻柿、果柿，主产祁东县的洪桥、过水坪等地，有400多年的栽培历史。果实扁圆，果皮色橙黄，藕柿果大，无核，肉质清脆，味甜可口，营养丰富，是一种深受欢迎的时令果品。

6．槟榔芋

槟榔芋又名香芋，主产祁东县砖塘、双江、包圣殿。槟榔芋富含淀粉、蛋白质、脂肪和多种维生素，可加工成芋片、芋丝等副食品。在砖塘，已形成槟榔芋商品生产基地，由田边种植改为整田种植。

第七节　衡南县饮食文化

衡南县位于衡阳市南部，居湘江中游，为一凹字形丘陵盆地，全境通湘水；与衡阳市区东南西三面紧邻环抱，与雁峰区、蒸湘区、珠晖区、石鼓区4个城区相连；畅通九衢，与衡阳、衡山、衡东、安仁、耒阳、常宁、祁东等8个县为邻，北为三楚咽喉，地控粤桂，域连楚荆，有着得天独厚的地理位置。因地处衡山之南，而取名衡南。

衡南县现名始于1952年7月，西汉高祖五年始建酃县，至清乾隆二十一年（1756年）析衡阳县东南境置清泉县，立郡设州，析县置府，分区建市，几易其名。衡南县气候温暖湿润，属亚热带季风气候，具有冬冷夏热、四季分明、热量充足、雨水集中、春暖多变、夏秋多旱、冬寒期短、暑热期长的特征。山川秀丽，风光旖旎，名胜古迹卓然不类，是旅游胜地和避暑佳处。农村经济围绕产业化经营，粮油、畜禽、肉鸽、林果等产业化经营初具雏形。湘黄鸡、柰李等出口产品畅销东南亚和其他地区；花生、油菘、棉、茶叶名优等产品驰名全国，素有“鱼米之乡”的美称。

一、衡南县特色菜点

1．茅市烧饼

自古以来，茅市镇在衡永古道上占据着重要的地位，行脚商队的盐茶也在此进行集散。作为包裹里最重要的干粮，茅市烧饼的出现为赶路人提供了更方便的口粮。茅市烧饼的酥皮和糖心是最有讲究的，将细磨的面粉发酵后，用擀面棍擀成巴掌大小，与北方的“大”不同，南方人讲究精细活从这个烧饼的个头上就能窥见一斑。而其中的糖心油皮就更加富有南方人的口味了，用猪油将油皮浸软，混合进陈皮、桂花、白糖为馅料。陈皮，理气健脾，燥湿化痰。桂花，清香醇厚，进食后让人安神、生津，也可缓解路途的疲乏。如今，当地逢年过节或是红喜事有送烧饼的习俗。

2．衡南油圈子

衡南油圈子是衡南传统风味小吃。早在20世纪30年代，衡南油圈子就以制作精细、风味独特、价廉实惠而闻名。由于衡南油圈子简单易做，味美香脆，如今雁城大街小巷都能看见各式摆小摊卖油饼的。衡南油圈子制法：将糯米、黄豆分别冷水浸泡透后，冲洗净，加冷饭及清水适当磨浆，加入盐、葱、辣椒丝搅拌，舀入平底铁瓢中，拨交，中间留一铜钱大小孔，置旺火茶子油锅翻炸，至两面成金黄色捞出沥油，即成。外焦脆，内糍糯，香酥咸辣香脆，食后余香满口。

二、衡南县特色原材料

1．三塘肉鸽

三塘肉鸽产于衡南县三塘镇，是湖南养殖鸽子的集中地，先前以分散、小规模养殖为主，1999年成立了三塘良种肉鸽养殖协会初具规模，经过近些年的不断发展，从过去的鲜活乳鸽已经发展到现在的深加工熟食产品“鸽来香”系列并远销东南亚等国家。

2．谭子山麻鸭

谭子山麻鸭肉质细嫩，营养丰富，体色以黑、灰为主。其易饲养，适宜沟塘湖堰放养，具有耐粗饲、抗病强、生长快、产蛋高、肉质鲜嫩、绒毛细软等特点。

3．花桥藤茶

花桥藤茶又名山甜茶、眉茶、白茶、龙须茶，藤茶具有味甘淡性凉、清热解毒、抗菌消炎、祛风除湿、降血压、降血脂和保肝等功效，是宝贵的食药两用植物资源。

4．茉莉花茶

茉莉花茶是香型茶，一种再加工茶叶。茉莉花茶是众多花茶品种中的一种，用含苞欲放的茉莉鲜花加入绿茶中窨制而成的。茉莉花茶对缓解胃部不适和帮助消化积食能起到很好的作用。

5．油茶

油茶在衡南县已有多年的栽培历史。油茶树的寿命较长，“寿经三四百年尚如新植”。茶油，因特有的低碘值，故稳定性较其他食用油要好，且不易变质，易保管。不含胆固醇，可抑制和预防心脑血管疾病。

6．纹山珍珠枣

纹山珍珠枣是湖南省优良品种之一，清朝贡品，产于衡南县泉溪、茶市、洪山一带，年产量100余吨。果呈圆球状，比一般枣小，有光泽，形似珍珠；果肉厚，核小或近于无核。味道鲜甜，具有补中益气，生血养脾，滋阴美容之功效，是夏季水果淡季上市佳品。

第八节　常宁市饮食文化

常宁位于湘江中游南岸，地处五岭山系，位于衡阳西南云大都市区南部，东隔春陵水与耒阳市为界，南与桂阳县相连，西与祁阳县接壤，北濒湘江与祁东、衡南二县相望。自唐天宝元年置县，享有“鱼米之乡”、中国油茶第一市之称。

常宁历史悠久，周朝以前属衡湘国，战国时属楚国庞邑，秦汉时属耒阳县，三国吴孙亮析耒阳西南地置新宁、新平二县，东晋太元二十年（396年）并新平于新宁县，属衡州。南北朝属衡阳土国，隋朝属衡州总管府。唐天宝元年（742年）改新宁为常宁，属衡州郡。五代及宋属衡州。元至元十九年（1282年）升为州，属衡州路湖南宣慰道。明洪武三年（1370年）三月降为县，属湖广布政使司衡州府。清属衡永郴桂道衡州府。1912年废府，属衡阳道。1937年属湖南省第二行政督察区。1996年11月26日，撤县设市，由衡阳市代管。

常宁农产品资源丰富，全市有油茶面积76万亩，茶油产量居全国县市第一，油茶花中的塔山山岚茶列为常宁市花，石盘贡米早在宋朝被列为贡品，冰糖橙、无渣生姜、芙蓉花生等特色农产品畅销国内外市场。

一、常宁市特色菜点

1．常宁凉粉

常宁凉粉以当地山上产凉粉藤的果心为原料制成，将凉粉果削皮、剖开、晒干，装入布袋中用清水浸泡反复揉搓，至果内胶汁全部挤出；取出布袋，约半个小时后，汁水即全部凝成晶莹透明的凉粉。食用时切成条或片，拌入糖、醋、蒜泥、辣椒等调料。凉粉晶莹剔透，手托3厘米厚的粉块，隔粉可见指纹，故有六月雪、水晶冻之称。

2．夫子螺丝

夫子螺丝是常宁一道地方名菜。相传战国时期，楚汉相争，为躲避战乱，一书生逃难至常宁官岭，饿晕在田间。正巧一姑娘在水田里摸螺丝，出于同情把书生扶入家中救济。因家境贫穷，主食不够就把米炒熟碾成粉作食，姑娘就用这种米粉放入螺蛳肉等食物作成糊送给书生，书生醒来闻此奇香并连吃几碗，大曰“之乎者也”赞称此乃极品佳肴，姑娘没听明白就顺话答曰“乎之”？将错成错就是后来的“夫之螺丝”的来历。后因书生努力考取功名和妹子的善良并成就了一段美好姻缘且随“乎之”广为流传至今。

二、常宁市特色原材料

1．塔山山岚茶

自古名茶多出自海拔800～1000米且云雾缭绕的高山，塔山山岚茶产于常宁市衡岳和南岭之间海拔为800～1000米的多山峰塔山，采用一芽一叶初展、芽头大小、老嫩、色泽基本一致的嫩芽为原料，经过挑选、杀青、初揉、推闷、复揉、干燥等工序加工而成。塔山山岚茶曾是宋代贡品，白毫满披润绿，条索紧秀微曲，清香醇厚持久，汤色清澈绿净，叶底嫩绿明亮，曾获湖南省优质茶、杭州国际博览会“优质奖”、湖南省农博会金奖、湖南省茶博会金奖等荣誉。

2．无渣生姜

无渣生姜产于常宁市白沙、西岭一带，嚼之无渣，故名无渣生姜。无渣生姜在常宁的栽培历史悠久，至今已有2100余年。其块外形肥大，姜瓣粗壮，肉质细嫩，姜味柔和，是制作菜肴的上等调味品，也可药用。

第三章　食祖故里　湘味株洲

株洲古称建宁，湖南省第二大城市，位于湖南省东部偏北，湘江下游，是我国重要的铁路枢纽城市之一。东临江西省萍乡市、莲花县、永新县及井冈山市，南连衡阳、郴州二市，西接湘潭市，北与长沙市毗邻。株洲市辖天元、芦淞、荷塘、石峰、渌口5区和县级醴陵市、攸县、茶陵县、炎陵县4市县。

株洲地名槠洲最早见于南宋人文集。株取自株田之株，株田五代时已较著名。南宋绍熙元年（1190年）正式定名株洲。远古时期，株洲地区就有先民生息繁衍，炎陵县鹿原陂安葬着中华民族的始祖炎帝。春秋战国时期，株洲属楚之黔中郡。公元前202年，建长沙国，株洲是长沙国领地。公元214年，三国东吴设建宁县，孙权割湘南县以东和醴陵、修县沿湘江东岸地带置建宁县，属长沙郡，乃株洲建县之始。隋文帝开皇九年，隋灭陈，废建宁。唐高祖武德四年（621年），复置建宁县，属南云州；唐太宗元年，将建宁并入湘潭。清顺治七年，江西商人在株洲修建宁码头，商业又有发展。茶叶、稻米、肉、蛋等贸易居湘潭集镇商业之首。清末民初，随着粤汉、株萍铁路的修筑与湘江联网形成水陆交通优势。1925年，彭松林与友人合资在株洲新街（建宁街）开设米店。次年，发动成立株洲商民协会，并出任执行委员长，组建了粮食、南货、棉布、百货、缝纫、五金、园林、理发等16个同业公会。

株洲地处湘东，历史悠久，炎帝尝百草，种五谷，为南方饮食文化奠定了丰富的底蕴，各具特色的民间饮食有炎陵白鹅、攸县晒肉、血鸭、攸县豆腐、醴陵酱板鸭、醴陵焙肉以及城郊具有农家风味的马家河羊肉等，色香味及制作均有较高的考究。

株洲美食是非常典型的湘菜，以鲜辣见长，讲究在保持原汁原味的基础上加入一些辣味，使菜更加可口。醴陵的美食追求原汁原味的鲜美，醴陵小炒肉、苦瓜炒肥肠、蒸草鱼等是醴陵菜的代表。茶陵特色菜有柴火狗肉、糊啦汤、茄子抖辣椒等，茶陵西乡与客家人喜爱腌大蒜、盐姜、豆腐乳、酿豆腐等；八团人喜爱腊肉；秩堂、平水等地的谷烧酒、糯米老冬酒醇厚、香浓而后劲足。炎陵菜口味地道，酿豆腐、米线鱼、艾叶米果、青椒黄焖鹅等是典型的炎陵特色菜，除此还有十碗荤等。

第一节　株洲市区饮食文化

株洲是新中国成立后首批重点建设的八个工业城市之一，是中国老工业基地。京广线、浙赣线和湘黔线在株洲交汇使株洲成为中国最重要的铁路枢纽之一，也成为了一个湖南为数不多的移民城市，海纳百川、美食汇聚。

一、株洲市区特色菜点

1．丸肚相亲

丸肚相亲是一道传统的株洲婚宴菜品，此菜中的“丸肚”指的是丸子和猪肚。丸子，采用猪前腿肉制蓉刮成橄榄形下锅煮熟，取一扣碗将丸子与熟猪肚条一边一半均匀摆入，上笼蒸40分钟后取出倒扣入汤盘中勾原汤芡，菜心围边即可。此菜寓意吉庆、造型美观、色泽素雅、芡亮味醇。

2．酸辣米豆腐

米豆腐本身做法并不难，将浸泡的稻米磨成米浆，再将米浆放入锅里烧热，一边加适量的食用碱一边用力搅拌，直至煮熟，取出、冷却即成。食用前用细线或菜刀将成团的米豆腐划成1～2厘米见方的小颗粒，泡入清水中，食用时用开水温烫，盛在碗中，加上辣椒末、香葱、番茄酱、味精、酱油等拌匀即成菜，口感滑嫩、味道酸辣可口。

3．香辣霸王肘子

香辣霸王肘子原为湖南株洲的一道民间筵席菜，后经株洲饭店老一辈湘菜大师精心改良后大受欢迎，成为株洲地区广为流传的一道菜肴。辣椒，应选用颗粒饱满的干灯笼椒用温水短暂浸泡，入锅中四成油温煸香，这样可以使得辣味更加柔和醇厚，色泽更加红艳。传统工艺中肘子采用旺火足汽笼蒸的方式加热制作，现酒店一般采用高压锅压至肘子软烂倒出收汁，然后出锅装盘的流程制作。

4．马家河羊肉火锅

马家河地区的黑山羊肉质细嫩、膻味极小，本地厨师对羊肉的烹制也颇具特色。众多羊肉系列菜肴中最受人欢迎的当属羊肉火锅。精选优质的黑山羊肉中加入数十种中药，既去除了羊肉的膻味又保留了羊肉的鲜嫩，具有滋阴壮阳、补虚强体的功效，每年吸引数万游客慕名而来，赞不绝口。

5．全家福

全家福是株洲家宴的传统头道菜，以示阖家欢乐，幸福美满。据传此菜的历史悠久，历经新原料、新工艺的影响，目前流行的此菜原料版本并不统一，但制作工艺却相差不大。要制作此菜，一般墨鱼片、炸丸子、油发响皮（猪肉皮）、鸡蛋卷、熟火腿，鹌鹑蛋，玉兰片等原料不可少，将上述原料精加工后高汤烩至成菜即可。

6．朱亭手撕肉

朱亭古镇民间流传一道很具特色的农家菜肴，也是当地人逢年过节必上的一道菜。猪肉，采用本地土养的猪五花肉，洗净切成大块放砂罐中用大火烧开，再用小火煨2小时至肉软烂后捞出撕成丝，入锅加刚炒好的辣椒粉油，倒入原汤、肉丝烧开调味，放入大蒜叶出锅即可。此菜汤汁红亮、肉香味浓。

7．姜爆飘香鸭

姜爆飘香鸭用大小适中的土鸭，处理加工后，用卤汁进行卤制，加生姜、红椒爆炒，浓郁的香味从鸭皮一直渗透到鸭骨中，食客不用吃就会被这种菜香所引诱，馋得口水直往外涌，飘香鸭也因此而得名。鸭肉外焦里嫩、香辣可口，连鸭骨也渗透出椒香味浓的特色，吃起来嚼劲十足。

8．株洲什锦菜

株洲什锦菜是株洲地区汉族传统腌制的家常菜。由多种蔬菜制成的咸菜（半成品）配合而成。结合当地特色植物性原料特点与南北口味进行搭配，色彩丰富、咸鲜适中、酸辣爽口，十全十美，是传统乡村宴席中必上一款菜品，也是一款深受当地人喜爱的下酒、下饭菜品。

二、株洲市区特色原材料

1．唐人神香肠

唐人神香肠是由全国肉类食品行业第十一强，株洲本土企业唐人神集团生产的。香肠采用猪肉、鸡肉加入膨化豆制品、白砂糖、白酒、香辛料等调味料，通过搅拌、灌装、干制等一系列精心工艺工业化生产的肉类加工制品，香肠口味有麻辣、微甜等多种口味，深受湖南及全国人民喜爱，也是株洲百姓厨房中的常见烹饪原料。

2．沙坡里腊肉

株洲人对腊肉有着来自骨子里的喜爱，到了农历的腊月有条件的人家都开始进行制作。沙坡里腊肉是由株洲市区本土企业沙坡里实业有限公司生产的，熏好的腊肉，表里一致，煮熟切成片透明发亮、色泽鲜艳、黄里透红，吃起来味道醇香、肥不腻口、瘦不塞牙，不仅风味独特，而且具有开胃、祛寒、消食等功能。此肉因系柏枝熏制，故夏季蚊蝇不爬，经三伏而不变质，成为别具一格的地方风味食品。

3．王十万黄辣椒

王十万黄辣椒种植历史悠久，相传嘉庆年间作为贡品使用，是株洲市久负盛名的土特产。黄辣椒并不是天生就长成黄色，必须经过由青变黄阶段，这个过程对土质要求严格，必须是特殊的土壤，否则黄辣椒就会变成红辣椒。王十万黄辣椒橙黄、皮薄、肉脆、辣味十足，佐菜下饭，色香味俱佳。

4．姚家坝西瓜

姚家坝西瓜是株洲市姚家坝乡的特产。姚家坝乡由于地理位置优越、交通便利、山清水秀、土质肥沃、气候温和，因此盛产水果，尤其是西瓜的品质深受人们欢迎。此地盛产的西瓜表面具光泽、瓤色艳红、口味甘甜、爽润，不空心、不倒瓤，可溶性固形物含量13.9%以上，中、边搪度梯度小，可食率高，品质佳。

5．白瓜丝瓜

“白关十里铺，丝瓜万家甜”，说起白关镇，就能想到那里的特产——白关丝瓜。白关紧邻大京风景区，山峦起伏，水质优良。一方山水孕育一方美味。丝瓜在白关拥有近400年的种植历史，这里有祖孙多代都以种植丝瓜为生的人家，代代相传，丝瓜成了当地的主打蔬菜。白关丝瓜通体洁白、无棱、上下粗细一致，维生素C含量是普通丝瓜的2.3倍。烹饪后白嫩如玉、汤汁清新、口感滑嫩、味香甜醇厚。

第二节　炎陵县饮食文化

炎陵县原名酃县。炎帝葬于此，1994年更名为炎陵县。地处湖南东南部、罗霄山脉中段、井冈山西麓。东与江西的宁冈、井冈山、遂川交界。

炎陵县古属荆地，汉代属衡阳郡茶陵县，史称“衡阳茶乡之尾”，宋代嘉定四年将茶陵的康乐、霞阳、常平三乡划出设置酃县。先后曾隶属于衡阳郡、衡阳王国、衡州、衡州路、衡州府、衡阳道及衡阳、郴县、湘潭地区。

炎陵县全境为八面山，万洋山及青台山环抱，境内河溪纵横，峰峦叠翠，名山秀峰，异彩纷呈。属中亚热带季风湿润气候区，低温寒冷期短，春早回暖快，不同海拔和不同区域，气温差异明显，四季分明，昼夜温差大，冬无严寒，夏无酷暑。

炎陵盛产香菇、竹笋、魔芋、红薇菜、茶叶、玉兰片、绞股蓝、杜仲、厚朴等山产品以及高山黄桃、雪晶梨、柰李、玉环柚等优质水果。以竹笋、水果、魔芋、山野菜为原料的绿色食品工业发达。

一、炎陵县特色菜点

1．酿豆腐

酿豆腐，炎陵客家人历来善于烹饪，至今他们仍爱用自己的土特产制作传统名小吃。酿豆腐是客家常见的小吃，制作时把豆腐斜切成三角块或四方形，投入油锅中炸一会，取出沥干，再切开，在里面放入调有糯米、大蒜、五香、辣椒粉等拌成的半熟佐料，吃时再撒上些胡椒面、葱花，味道鲜美。

2．米线鱼

米线鱼，相传很久以前，有一寡妇，含辛茹苦抚养儿子，经数年寒窗儿子高中举人。按当地习俗，考取功名要答谢先生与乡邻亲友，可自家家贫如洗，聪明的儿子想出一个好主意，到门前的沔水河里捉来鱼，将鱼裹上米粉炸成“鱼条”状，送予村人和亲朋，以示答谢。因“鱼条”与“鱼跳”谐音，寓“鱼跳龙门”之喜，送给村人，又意“雨（鱼）顺风调（条）”“家家有余（鱼）”，深得村人喜欢。此后，当地家家爱烧制“鱼条”待客，以之馈赠亲友。

3．艾叶米果

艾叶米果是当地一种常见小吃，在产出新米或家人团聚时，全家人一起制作，吃也热闹，氛围也好。米果为圆形，故又取团圆之意。将采集到的山中独特香味野嫩艾叶洗净，在热水中稍煮一下，揉搓去苦味后，按1∶1的比例，配上用臼碾得精细的糯米粉，兑上水，几个人用手使劲充分糅合。做成一个个圆饼状，里面包上一些用鲜肉或腊肉、笋、大蒜等配料制作的馅，做成艾米粑粑，放锅里蒸熟即成。

4．青椒黄焖鹅

炎陵人对食鹅肉情有独钟，尤其偏爱青椒黄焖鹅这道菜品。炎陵白鹅是全国农产品地理标志食材，青椒黄焖鹅则是极具代表性的地方名菜。白鹅宰杀后斩块加入姜片、料酒、酱油、香料煸炒出香，中火焖20分钟后调味加入新鲜青辣椒，大火继续收汁至肉烂汁浓即可。此道菜汁醇味厚、咸辣鲜香，搭配上刚出的米饭食后口齿留香，且鹅肉味甘平，有补阴益气、暖胃开津、祛风湿防衰老之效。

5．豆拉子

豆拉子也称豆饼，炎陵人客家喜欢在过年时用来招待宾客。其制作工艺并不很复杂，先把豆子（黄豆、豌豆或花生豆）和大米分别用水泡好，再把大米用石磨磨成米浆，调稀后调味，撒入芝麻及泡好的豆子后舀起放入油锅炸至金黄即可。食之香香脆脆的，既有大米的口感，又有豆子的香味，尤其深受小孩子的喜爱。

二、炎陵县特色原材料

1．炎陵香菇

炎陵县生产香菇历史悠久，乾隆时期的《炎陵县志》就有“伐木种菌”的文字记载。野生炎陵香菇扁平而薄、皱褶深、菇蒂短小，鲜菇有淡淡清香，干制品有扑鼻的纯正香气，周边较薄且微微卷边，营养价值高。

2．炎陵白鹅

炎陵白鹅原名酃县白鹅，湖南省株洲市炎陵县特产，全国农产品地理标志性食材。

炎陵白鹅属小型鹅种，体型小而紧凑，头中等大小，全身羽毛雪白，表皮浅黄色，体躯宽而深，近似于圆柱体。喙、肉瘤、胫、蹼橘红色，爪白玉色，皮肤黄色。自然放养，食青草、喝泉水，绿色环保、营养丰富，为湖南省地方优良品种，适用于烧、卤、炖、煨等多种烹调方法，多种调味味型。在炎陵通常人们可以用白鹅制作多种菜肴，如老鹅养身汤、青椒黄焖鹅、炎陵小炒鹅、粉蒸白鹅块、爆炒生鹅肠、鹅油木荆花、酃峰酱香鹅等，也可以制作全鹅宴，主产于炎陵县沔水流域的十都、沔渡等地。

4．水煮笋

炎陵清水笋是以在自然中自生、自长的鲜竹笋为原料，不加任何添加剂，利用笋乳酸自然发酵，真空包装并经高温杀菌达到保质的独特工艺加工而成。富含人体必需的氨基酸、纤维素、糖类、蛋白质、脂肪类等，是一种天然绿色保健食品。

5．高山雪晶梨

高山雪晶梨呈圆形，果实特大，果皮极薄，呈乳黄色，果面光滑细腻，色泽鲜艳美观；果肉乳白色，肉质细嫩，入口化渣，汁多、味甜、有香味，果心小，食之有生津、润燥、清理化痰的功效。

7．炎陵黄桃

炎陵黄桃栽种于湖南省炎陵县海拔300~1200米的山区，是生态营养安全的绿色食品水果，为国家地理标志商标保护产品，享有“炎陵黄桃，桃醉天下”的美誉。2011年炎陵县被评为“中国优质黄桃之乡”，是湖南省唯一获此殊荣的区县，同时在黄桃产业方面也是全国唯一获此殊荣的县。

8．红薇菜

红薇菜主产于炎陵县下村乡的崇山峻岭和草地之中。作为蔬菜已有悠久的历史，过去是救荒草，现已登上高档餐桌，未展开的嫩叶尤为上品，既可鲜食，又可腌渍、干制。精制干品除一般营养成分高于其他蔬菜外，其维生素、氨基酸的含量也异常丰富。

第三节　攸县饮食文化

攸县位于湘东南部，罗霄山脉中段，东临江西萍乡、莲花，南通粤广，西屏衡岳，北达株洲、长沙，西屏衡阳南岳，古有“衡之径庭、潭之门户”之称。也因攸县位于株洲、衡阳、郴州三市经济交会中心，故而素有“沿海的内地，内陆的前沿”之称，这里是春秋战国时期，为楚国所开发。西汉高祖五年（公元前202年）正式置县，因攸水流贯全境而得名为攸水县，唐改攸县。

攸县历来是湘东的粮仓，土壤肥沃，雨水充沛，光热充足，冬寒期短，无霜期长，适宜各种作物生长。其辣椒、生姜、蒜薹、茉莉花茶畅销大江南北以及东南亚地区。攸县被列为国家商品粮生产基地、瘦肉型生猪生产基地、油茶林生产基地和省市蔬菜生产基地。农副产品种类繁多，攸县豆腐、攸县米粉、晒肉、茶油是极具湖南特色代表性特色食材。

一、攸县特色菜点

1．攸县血鸭

攸县血鸭是一道经典的传统湘菜。鸭子，挑最鲜活的攸县仔麻鸭宰杀，将鸭血淌入碗内，鸭肉砍成小丁与生姜、红辣椒、蒜瓣一道入油锅爆炒后加鲜汤焖至快干，将鸭血淋在鸭块上，边淋边炒，再加料起锅即可。此菜鸭血香滑且清火败毒，鸭肉质嫩味美。

2．酥香攸县晒肉

攸县晒肉是当地特色菜肴。晒肉的常见做法是清蒸、油煎、油炸，其中油炸晒肉最受欢迎。因晒肉料形较大、水分含量较低，所以在入油锅炸之前需上笼蒸制7成熟后，然后再炸至金黄成熟即可。此菜外酥内润，肥而不腻，回味悠长。

3．油豆腐炒剔骨肉

丫江桥位于攸县境东部，为丘陵地区，这里种植了大量的油茶，丫江桥的老百姓发挥茶油产量多的优势，将新鲜豆腐切块后，用热茶油泡熟，形成外表金黄、内里雪白、外皮焦脆内里鲜嫩的油豆腐。油豆腐炒（实则烹调技法为烧）剔骨肉是当地一大名菜。剔过骨头的肉纹路清晰，少油脂，先用高压锅压制再将油豆腐撕小口一起入锅烧制，调味，收汁即可。此菜豆腐足汁鲜香有嚼劲，剔骨肉软烂不腻。

4．辣椒炒香干

辣椒炒香干是一道深受湖南人民喜爱的大众菜肴。香干，选用攸县本地香干，口感滑嫩、韧性足、豆香味醇厚。辣椒选用本地新鲜青辣椒或红椒，口感脆嫩，味香辣回甜。制作这道菜肴时香干切片不宜过厚，下锅略煸至表皮稍紧，加生抽、盐、味精等提鲜增香，淋少许水和收汁入味。炒好的香干用筷子夹起后弹性足，食后口齿留香、回味绵长。

5．攸县米粉

攸县米粉是株洲市攸县的一种地方特色米粉，是国家地理标志保护产品，其口感细腻、爽嫩。制作方法主要是以大米为原料，经浸泡、蒸煮、压条等工序制成的细小的条状，然后在自然阳光下晒干，做工纯正不含防腐剂，其质地柔韧，富有弹性，水煮不糊汤，干炒不易断，配以各种菜码或汤料进行汤煮或干炒，爽滑入味，深受广大老百姓的喜爱。

二、攸县特色原材料

1．攸县麻鸭

攸县麻鸭全身羽毛黄褐色与黑色相间，形成麻色，故称麻鸭，体型小、生长快、成熟早、产蛋多、饲料报酬高和适应能力强。麻鸭产于洣水河和沙河流域，中心产区为网岭、鸭塘铺、大同桥、新市和高和等。攸县饲养麻鸭历史悠久，早在东汉时期，麻鸭就是攸县农家饲养的家禽品种。

2．攸县豆腐

攸县的豆腐名气远扬，有香干子、桃水的百叶豆腐、皇图岭的水豆腐和丫江桥的油豆腐。攸县豆腐生产历史悠久，据《攸县志》载，明清时期，攸县豆腐就作为一个行业而繁盛，誉满三湘。攸县许多豆腐师傅都是祖传父教，世代为之。

3．攸县晒肉

攸县晒肉乃攸县传统特色食品，至今已有上千年的历史。名为晒肉，实为日晒和烟熏两道工序制作而成。不论是蒸、煎、炸，还是炒、烹技法，晒肉都不失为一道美味。正宗的攸县晒肉都用农家野菜喂养土猪，精选其五花肉，通过传统工艺腌制，香椿木烟火熏焙而成，色泽光亮，风味独特，保留了最为地道的攸县传统风味。

4．攸县辣椒

攸县种植辣椒始于清初，据考证由徒居攸县东乡的粤闽移民从沿海带入，品种有牛角椒、朝天椒、灯笼椒、甜椒等，以牛角椒居多。攸县辣椒种植面积之大，产量之高，质量之好，历来均为全省之首。《湖南土特产》称："辣椒全省均产，但以衡山、攸县、邵阳出产较多"。

5．攸县油茶

攸县盛产油茶，素有"湘东油库"之称，栽培历史悠久。据攸县地方志载，油茶栽培已有800余年，主要品种以霜降籽为主，有少量的寒露籽、珍珠籽。2004年底，第三批中国名特优经济林之乡，攸县荣膺"中国油茶之乡"称号。

第四节　茶陵县饮食文化

茶陵地处"吴头楚尾"，境内"好山千叠翠流水一江清"，农业生产条件较好，地处偏僻，战争相对较少，不少北人南迁于此，是北人南迁的重要门户之一。茶陵北抵长沙，南通韶关，西接衡阳，东邻江西吉安。

汉高祖五年（公元前202年）置县，宋朝曾为军，元、明、清曾为州。茶陵设治之始，含炎陵全境。原小田乡并入秩堂乡，原尧水乡并入严塘镇，原七地乡并入腰陂镇，原江口乡并入桃坑乡。

茶陵农产品主要有稻谷、棉花、柑橘、苎麻、生姜、大蒜、白芷、菜油、茶叶、生猪、菜牛、黑山羊等，是全国商品粮生产基地、茶叶生产基地和瘦肉型生猪生产基地。

茶陵饮食文化繁多，不同季节有不同的食品可供品尝，一季度有紫熏鱼肉、鸡肉菜制作的酿豆腐；二季度有苦菜花、野茄菜，特别还有开味浸畲，就是用坛子等器具盛醋浸着辣椒、大蒜、豆角等，十分有味；三季度有洋米饭、扁担军等山上野果；四季度有果子、麻花供来客品尝。西乡与客家人喜爱腌大蒜、盐姜、辣酱、豆腐乳、酿豆腐、糊啦等；八团人喜爱腊肉；秩堂、平水、虎踞等地的谷烧酒、糯米老冬酒醇厚、香浓而后劲足。

一、茶陵县特色菜点

1．糊啦汤

每到逢年过节，茶陵家家户户都会煮上一锅糊啦汤。关于糊啦民间有段美丽传说，从前有个大官回老家茶陵，家乡人大摆宴席款待，厨师原本是要熬一锅珍贵的名汤，结果不小心芡粉倒进去煮糊了，想不到歪打正着，创造了一道新的名菜。茶陵糊啦以高汤做底，加入芡粉、鸡杂、油渣、猪肝、黄花等配料，清滑爽口，香气盈齿。

2．茄子抖辣椒

茄子抖辣椒子是茶陵县的一道经典特色菜，茶陵人听到这道菜都赞不绝口，外地人吃了这道菜无不回味无穷。每每立夏至秋收，正是吃此菜的好时节。农家人将自家院前屋后种的土辣椒和茄子去蒂洗净，或烧或炸或蒸或烤，成熟后趁热去皮置于“抖钵”中调味后抖烂、拌匀即可。此菜香辣软糯，成为世世代代茶陵人餐桌上的平民美味菜肴。

3．茶陵腐乳

豆腐乳制作过程精细严密也简单，几乎每户人家都能制作，是极为平民化的食物。腌制豆腐乳的最佳时节，是每年的立冬后到第二年立春前。人们准备一只大大的竹篮，竹篮里平铺一层干净稻草梗，然后平摊着一块一块豆腐，放在通风的房里。待到青霉一起，立即切成小方块，放入白酒中杀菌后捞出浇上炒好的盐和辣椒粉，入坛淋茶油，密封半个月即可。揭开坛盖，清香扑鼻，挑入碗里，黄橙橙，嫩生生，令人馋涎欲滴。古人有诗为证：“才闻香气已先贪，白褚油封由小餐。滑似油膏挑不起，可怜风味似淮南。”

二、茶陵县特色原材料

1．茶陵黄牛

茶陵黄牛以黄色为最多，头部略粗重，角形不一，角根圆形，体质粗壮，结构紧凑，肌肉发达，四肢强健，蹄质坚实。在农区主要作役用，半农半牧区役乳兼用，牧区则乳肉兼用。茶陵县属半山、丘陵地区，草场资源丰富，饲养黄牛历史悠久。茶陵县是农业大县，各地农民均有养黄牛的习惯。茶陵黄牛由农民天然放牧，肉质细腻、味道鲜美，具有高蛋白、低脂肪、富含氨基酸和矿物元素等特点。

2. 紫皮大蒜

茶陵紫皮大蒜因皮紫肉白而得名，是茶陵县特色品种，与生姜、白芷同誉为茶陵“三宝”。茶陵县土壤具有红黄壤特性，种植出来的紫皮大蒜的蛋白质、大蒜素、挥发性油等含量高于其他大蒜，具有个大瓣壮、皮紫肉白、包裹紧实、香辣浓郁、含大蒜素高等优点，有着“一蒜入锅百菜辛，一家炒蒜百家香”的美誉。

3. 茶陵生姜

茶陵生姜是茶陵的“三宝”之一，为姜科多年生宿根草本植物，作一年生蔬菜栽培，其肉质根茎可食用，具有块大芽壮、气香味醇等特点。茶陵种姜历史悠久，始于汉前，明朝最盛。茶陵有得天独厚的自然环境，乡民依旧保留着种姜的传统习惯，生姜及其深加工产品，远销到全国至东南亚地区。

4. 白芷

白芷在茶陵有2000年的栽培历史，誉满全国。茶陵白芷古称楚芷，今称茶芷，与杭芷、川芷并列为全国三大名芷，茶陵白芷菊花心，个大洁白又无筋，气烈香重药味浓，是芷类之中的上品。茶陵白芷量多，质量好，名扬中外。

第五节　醴陵市饮食文化

醴陵位于湖南省东部，罗霄山脉北段西沿，湘江支流渌水流域。东界江西省萍乡市，北连长沙浏阳市，南接攸县，紧邻长株潭金三角经济区。醴陵古为“吴楚咽喉”，今为“湘东门户”，呼应赣浙沪、沟通大西南。

远古醴陵属扬越，夏禹时属荆州。春秋战国时属楚国黔中郡。秦朝时属长沙郡临湘县。西汉高祖五年属长沙国临湘县。汉高后四年封长沙相刘越为醴陵侯。东汉初从临湘县划出一部分置醴陵县。1985年撤县设市，现辖19个乡镇、4个街道办事处，总面积2156.46平方千米，总人口100余万。醴陵盛产陶瓷，为釉下五彩瓷原产地、中国红官窑所在地，享有瓷城的美誉。

醴陵植物资源丰富，具备粮食作物、经济作物和林木生长的良好自然条件。瓷土、陶土、耐火泥等蕴藏丰富。全国重点粮食高产地区，长江流域第一个亩产过吨粮的县（市）。1986年，油茶产量居全国第4位，2001年被国家林业局授予中国油茶之乡的称号。

一、醴陵市特色菜点

1．醴陵蒸鱼

醴陵蒸鱼是一道民间常见的蒸菜，也是醴陵民间婚寿宴上的必备菜品。此菜食材简单、做法并不复杂。原料选用鲜活草鱼宰杀后洗净，剖成两半，均匀地直剞花刀切成大块，取葱、姜、料酒、食盐腌12小时后用冷水冲洗，入碗备用；干辣椒粉、豆豉、盐一起下锅，小火炒至油红香浓淋到鱼片上，加味精及少许水，上笼蒸15分钟左右出笼撒葱花淋油即可。此菜汤汁红亮，肉质紧凑、鲜、嫩、咸、香、辣、五味和谐。

2．醴陵酱板鸭

醴陵酱板鸭是湖南招牌风味特色食品之一，已然形成一个庞大的产业链，带动一方经济发展。制作此菜需选用野生放养且未生蛋和未换毛的一年生仔鸭，将整只麻仔鸭经腌渍、卤制、烘烤等十多道工序精心烹制而成。特点是咸、辣、香、鲜，成品色泽深红，酱香浓郁，滋味悠长，肉干而不韧，有嚼劲而不费牙，既可作为休闲食品，又是一款佐酒佳肴。

3．醴陵小炒肉

醴陵小炒肉属于家常菜，烹调技法以炒为主，东家与西家也各有不同，但是基本做法却是有规律的。将切好的新鲜的带皮五花肉片下锅煸炒至吐油卷曲后，离火加干辣椒粉炒至油红，加香芹、高汤，调味烧开后，下入猪前腿瘦肉片炒熟出锅即可。此菜半汤半油、汤醇油红、肉质鲜嫩。

4．醴陵炒粉

醴陵炒粉是醴陵最负盛名的小吃，极似电影《食神》中的蛋炒饭，食材简单，做法也不复杂，但味道全系于掌勺人对火候的精准把握，是油与火的艺术。醴陵炒粉是醴陵厨艺人高超的烹饪技术的代表，也是街边早餐和夜宵的绝对主角，炒粉色泽金黄，柔韧可口，豆芽晶莹剔透，鸡蛋焦黄醇香。

二、醴陵市特色原材料

1．醴陵翠云峰毛尖茶

醴陵翠云峰毛尖茶是采用国家级良种，采摘清明前幼嫩芽叶，经科学方法精制而成，条索紧结圆直，白毫显露，滋味醇和清爽，回味甘甜爽口。1994年该茶被评为株洲市名茶，1995年被评为湖南省优质茶，1997年被评为湖南省名茶，成为株洲地区唯一荣获省级名茶称号的茶场，填补了株洲市无省级名茶的空白。

2．玻璃辣椒

醴陵湿润气候、雨量充沛、日照充足、四季分明，这些特点形成了醴陵玻璃椒独特的品相和风味。干椒呈“牛角形”，椒色深红，光滑透明如玻璃，可以清晰地看到内部胎座，种子清晰可数且干果极富弹性，受压后能自动恢复原来的形状。此椒身干籽散，不裂果，不碎果，营养价值高、油分含量高，食之辣中带甜、椒香浓郁。

3．醴陵黄菜

黄菜之有其名，相传源于清末民初，当时醴陵水运发达，在水上靠船讨生活的人家很多，醴陵产的谷米、瓷器、鞭炮等物品需靠船运出，而所需要的日常生活用品也需靠船运回。船将出发时，家人抱来大捆芥菜洗净，用木桶装好，再烧一锅开水倒入后盖好盖，以后每日换一次水，桶中黄菜既不会腐烂也不会变味，随吃随取极为方便。醴陵黄菜细切如丝，佐高汤、葱花，吃起来嫩、爽、滑、脆、鲜、香齐备。

4．醴陵草鸭

醴陵草鸭长期散养，食百样草，饮山泉水，其肉嫩汤甜，含有人体必需的多种氨基酸、维生素和矿物质。醴陵草鸭生长缓慢，一年生的鸭子，一般不会超过750克，但是瘦肉率却高达85%以上，含水量仅普通鸭的三分之二。醴陵草鸭食法多样，烹饪可制小炒鲜鸭、啤酒鸭、火锅鸭，是理想的绿色食品。

5．年糕

年糕源于糯米糍粑，又称“糯粢”。醴陵人是将糯米磨成细粉，加入白糖，用水揉成米团，再捏成长条或方块、圆块，压入各种辅料，制成年糕应市。现有的口味有八宝、莲蓉、猪油、桂花、玫瑰、枣泥等10多个花色品种。糕色泽玉白，柔软光滑、细腻油润，糯软清香，甜糍醇爽，油炸、火烤、汤煮均可，老少咸宜。春节食之，已成风俗。

6．富里茄子

富里茄子是醴陵市富里镇的特产。富里茄子具有果形均匀周正、色鲜味美、皮薄肉嫩，耐湿、耐低温寡照等特点，上市时间一般在4月上中旬，是湖南乃至长江流域上市最早的基地之一。茄子含富含有多种营养物质，烹饪时搭配荤素皆宜，既可炒、烧、蒸、煮，也可油炸、凉拌、做汤。

第四章　湘莲之乡　绵延湘潭

湘潭历史悠久、名人荟萃。湘潭发祥于唐天宝八年（749年），是一座千年历史老城，明清时期曾作为“中国内地商埠之巨者”的商贸重镇，繁盛一时，有着“小南京”“金湘潭”的美誉。湘潭之名源于它的地理特征，地处湘江之曲多潭乃名湘潭，在昭山下湘江中的湘州潭，即昭潭，此潭实际为湘江中较深的一段，传说与周昭王有联系。湘潭别称莲城，又称潭城，是全国两型社会综合配套改革试验区，中南地区工业重镇，湖南省重要的科教、旅游城市和长株潭城市群中心城市之一。

春秋战国时期，湘潭是中原文化南下的一个重要据点。汉朝，湘河口以上，涟、涓二水流域属湘南县。西汉建平四年，从湘南划出西部一片地域作为湘乡侯国，后转为湘乡县。湘乡的划出，有助于保障以临湘为中心的中心文化不受开化较晚的蛮族文化的干扰。自战国至汉，乃至其后几百年，湘乡都成为中原文化与南方文化的撞击点。

东汉末年，曹、刘、孙相争，随荆州属刘备，后属孙吴政权。南朝齐，湘南县分解，划地给邻近各县，主要部分入衡阳县，衡阳郡治一度迁至原湘南县城。隋将湘西、衡山、湘乡合并为衡山县。唐初恢复湘乡县。唐天宝八年（749年），将湘潭县中划出部分地后，剩下的南起凤凰岭、东至军山、北达淦田、西至马家堰和茶恩寺一片土地与衡山县北部合并，组成新的湘潭县，设县治于洛口。五代马楚政权在洛口设场官监督贸易。

唐至五代，湘乡始终是民族矛盾尖锐的地区，成为汉人政权与梅山蛮交战的主战场。宋朝，湘潭商业相当发达。南宋福建崇安人胡安国移居湘潭县泉潭畔，讲学、著述，开一代学风，形成以经世致用为主导思想的湖湘学派。

湘潭在明清时期十分繁盛，明朝时为“工商十万，商贾云集”的商埠，有小南京、金湘潭之称。清朝至鸦片战争之前，外国运来货物先集湘潭，由湘潭再分运至内地，又非独进口货为然，中国丝茶运往外国者，必先在湘潭装箱，然后再运广东放洋，故湘潭商务异常繁盛。湘潭是广州进出口货物运输的重要中转站，也是连接上海、汉口和西南地区的商业枢纽，是湖南最重要的转口贸易城市。

湘潭位于湖南中部偏东地区，湘江中游，与长沙、株洲各相距约40千米，成品字状，现辖岳塘、雨湖两区，湘乡、韶山两县级市和湘潭县，是湖南省面积最小的地级市。

湘潭物产丰饶。韶山人对菜肴好恶、取舍、讲究，取决于家庭的经济状况。韶山风味小吃可分小菜系列、野山果野菌及肉食等几大系列，小菜为农家日常必备，又有季节性的不同，讲究天然的色、香、味。所吃蔬菜，随季节改变而不同。春季是蔬菜淡季，城镇居民和农民在蔬菜旺季时有腌制干菜的习惯，腌芥菜、萝卜、辣椒，以供蔬菜淡季的春季食用；夏季以四季豆、黄瓜、嫩南瓜为主；秋季以豆角、苦瓜、南瓜、辣椒等为主；冬季以白菜、青菜、萝卜等为主。肉食以猪肉为主，以牛、羊、鸡、鸭、鱼等为辅，每年春节有杀过年猪的习惯，除鲜食外，或风吹或烟熏或用坛子腌藏，供佳节品尝或馈送亲友。韶山人吃鸡、鸭、鱼较普遍。

第一节　湘潭市区饮食文化

湘潭位于衡山山脉的小丘陵地带，地貌以平原、岗地、丘陵为主，土地资源具有耕地、水面和丘陵地较多较好的优势。湘潭属亚热带季风湿润气候区，夏秋干旱，冬春易受寒潮和大风侵袭。光能资源比较丰富，热量资源富足，降水量较充沛，季节分布不均，年际变化大。

湘潭经济林有油茶、茶叶、桃、李、梅等15种；农作物资源丰富，可供栽培的粮食、油料、纤维及其他经济作物上千种。湘潭县的湘莲以优质高产驰名中外，市郊的辣椒、矮脚白菜、项蓬长冬瓜等久负盛名。养殖的主要经济鱼类达到40多种，畜禽中的沙子岭猪、壶天石羊为优良的地方品种。

一、湘潭市区特色菜点

1．乡下腊味

乡下腊味，在湘潭、湘乡、韶山都有熏制腊味的习惯。其制法一般是取冬至后的猪、鸡、鸭、鱼肉及其脏腑为原料，切成条块，用盐腌渍两三天，晾干，以糠壳、瘪谷、木屑、花生壳等烟火熏烤，成腊黄色即成。农历十二月熏制的腊味品质较佳，故称冬腊肉，味香可口，不油腻，许多人都喜欢吃，深受消费者欢迎。

2．湘潭米粉

湘潭米粉为宽粉，具有粉皮薄、水煮不糊汤、干炒不易断、易入味等特点，其中汤粉较为常见，在汤粉的制作过程中，熬汤尤为重要，采用新鲜猪骨、鸡骨和卤料精心熬制而成，配合湘潭现制米粉可谓是口味一绝。

3．连锅羊肉

连锅羊肉以连皮的后腿羊肉切成大块，放在锅中加水煮半小时至熟取出。另放清汤与羊肉及烫过的肉皮、白萝卜合煮，并加入葱、姜、蒜、八角煮约1小时后放料酒、酱油、盐与胡椒，再煮半小时。取出羊肉，待稍凉之后，切成1厘米厚的大片，锅内的汤汁则过滤一次，只取汤汁。取一只浅底小汤锅，底部放菠菜、豆腐，再将羊肉整齐排到上面，倒入烧滚的汤汁，移到餐桌火炉上点燃炉火即可，成品色泽鲜艳、口感软烂，鲜香可口。

4．竹筒粉蒸鸡

竹筒粉蒸鸡是当地一道特色菜，利用竹筒的清香味，采用地方土鸡初加工去骨，切块，用红曲粉、腐乳、盐、味精、酱油、料酒等调味腌制、加工装筒、蒸制等工序加工而成，成品竹味清香，质地软糯。

5．银丝花卷

银丝花卷采用中筋面粉、酵母、盐、糖和水的混合面团，经过发酵、糅合、擀制、刷油、反折成层、手工捏制成形、蒸制等工艺制作而成。其成品特点为松软香甜、口味醇正。

6．水煮活鱼

水煮活鱼是经典湘潭家常菜，也是湘菜中的一道名菜，几乎所有的大型湘菜馆都有此菜。湘潭水煮活鱼主料是鳙鱼，湘潭本地称之为雄鱼（北方称胖头鱼、大头鱼较多），草鱼也可，但肉质不如鳙鱼细嫩。将宰杀好的鱼，抹少许盐，倒入烧热的油锅中，熟后将鱼放入略煎，放清水，以盖过鱼的整体为宜，入祸加盖大火煮，至鱼汤发白，渐稠，呈牛奶般颜色，再加入切成碎末的辣椒以及姜片，放入辅料，先放紫苏，接着放香葱、味精，即可。此菜强调一个“活”字，饭店都是现宰现煮。鱼汤很好喝，紫苏也是此菜必不可少的一种调料。

7．琥珀莲子

琥珀莲子将莲子倒入沸水中，加食碱，用竹帚搅打去皮。沥去碱水，再换沸水，加食用碱，继续搅打，后取出洗净，削去两头，捅出莲心，再漂洗干净。砂锅中放清水，倒入莲子，用中火烧沸，放入猪板油，加盖，移小火焖半小时，捞出莲子。桂圆剥壳去核，用一颗桂圆肉包一粒莲子，放入原汤锅内，加入冰糖烧沸，再转小火焖1小时即可。

8．冰糖湘莲

冰糖湘莲是湘潭传统名菜，色泽洁白，莲心酥烂，香甜爽口。湖南长沙马王堆汉墓出土时，发现2000多年前人们就将莲心作为食品，以湘莲入馔，在明清以前就较为盛行，到近代开始采用冰糖制作。

9．拔丝湘莲

拔丝湘莲的原料有湘白莲、网油、鸡蛋、熟猪油、面粉、白糖、桂花糖、湿淀粉等，将莲子去皮去心，用温水洗净，盛入碗中，上笼足汽蒸至八成烂，取出滗去水，放入白糖、桂花糖拌匀。鸡蛋磕入碗中，加面、湿淀粉、清水调成糊。将网油洗净，晾干水，平铺案板上，撒一层面粉，将莲子排开，裹糊入油炸。

10．枸杞莲子鸡汤

枸杞莲子鸡汤为湘潭地方家常菜，农家将宰好的土鸡，砍成块状，先入锅煸炒起香，然后放入姜片、湘莲，枸杞、红枣，加入清水，调好为，水中大火煮滚后，捞除浮沫，改小火焖煮至鸡肉酥烂，汤鲜肉香，湘莲软糯，为滋补佳品。

二、湘潭市区特色原材料

1．湘莲

湘莲古称芙蕖，为睡莲科多年生水生草本植物。湘莲又称为“贡莲”，是因为自明洪武年开始，就成为历朝历代的皇家贡品。湘莲颗粒呈椭球体，圆壮、均匀、饱满，总糖、蛋白质等含量居全国三大莲种之首，被称为“中国第一莲子”。2010年，“湘莲”成为湘潭市第一个获得国家质检总局批准的国家地理标志保护产品。

2．龙牌酱油

龙牌酱油拥有270多年的传统酿造史，据《湘潭县志》记载，早在清乾隆初年（1740年），湘潭就有了制酱作坊。龙牌酱油在1915年举行的巴拿马国际商品赛会上获得金质奖章，1993年被评为“中华老字号”，2012年被列入湘潭市非物质文化遗产保护项目。龙牌酱油以优质黄豆、面粉为原料，采用传统的天然发酵酿造，利用自然温度，将黄豆、面粉、盐水按比例配制组成酱醅，经30多道工序，1年左右的日晒夜露，酱醅的颜色逐渐变成红褐色，并具有浓郁的酱香味。清朝著名诗人及书法家何绍基（湖南道县人）在湘潭同僚家中，曾用龙牌酱油拌白米饭，鲜香嗤鼻，顿时食欲大开，一连吃了四碗酱油拌饭，吃完后赞叹不已，留下了“三餐人永寿，一滴味无穷”的千古绝句。

3．迟班椒

湘潭的迟班椒肉质敦实，个小辛辣，是做剁辣椒的好材料。剁辣椒在湘潭又名剁辣子、坛子辣椒，用鲜红或鲜青的小尖椒，洗净剪蒂，剁碎拌盐，密封回味转酸。可直接食用，味辣鲜咸，口感偏重，颜色暗红，口感不酸；也可以调味，做菜中的调料，最有名的剁辣椒鱼头、剁辣椒牙白，受食客喜爱，广为流传，成为家常菜。

4．草龙虾

草龙虾是湖区繁殖的硬壳大虾，是制作口味虾的主要食材，每一个夜宵摊都会有口味虾，但做法各有特色，将掐头去尾后再用刷子用力刷，然后加朝天椒、花椒、八角、茴香、孜然、大蒜、生姜等多种调料以酒爆炒，煮透，口味独特、回味无穷。

第二节　湘潭县饮食文化

湘潭县位于湖南省中部偏东，湘江中下游西岸，素有“天下第一壮县”“湘中明珠”之美誉，是中国湘莲之乡、湖湘文化发祥地。

湘潭县与湘潭市区以湘江为界，又与宁乡县、望城区、长沙县、韶山市、湘乡市、双峰县、衡东县、株洲市天元区、湘潭市岳塘区、雨湖区水陆相连。全年冬、夏时间长，春秋两季短，暑热期长，严寒期短，热量充足，雨水集中，光、温、水的地域差异小，灾害性天气较多，具有明显的大陆性气候特性。资源丰富，物产富饶。

每年端午，十里八乡的男女老幼都会涌到花石镇的涓水河畔，头上戴菖蒲，耳上夹艾蒿，衣襟上挂香包，额上用雄黄酒写着一个王字。新婚小两口，挑担箩筐看热闹，箩筐里有几包薄荷酥，几十个粽子、包子、咸鸭蛋，还有几把蒲扇。红男绿女，鼓乐喧天，泛舟逐浪，热闹景象比过年更胜。“粽子香，香厨房。艾叶香，香满堂。桃枝插在大门上，出门一望龙舟忙。这儿端阳，那儿端阳，处处都端阳。”端午节有划龙舟、吃粽子、悬白艾、菖蒲、戴香草驱五毒等活动。

一、湘潭县特色菜点

1．脑髓卷

湖南湘潭一种地方小吃有个特别的名字——脑髓卷。其实脑髓卷并不是由某种动物脑髓做成的，而是用猪肉去皮去骨绞成肉泥，然后冰冻卷筒而成，其原料的形状如脑髓一样，所以取名为脑髓卷。脑髓卷味道醇甜，质地细软，口感极好，入口即化，齿颊留香。据《湘潭县志》记载，早在清乾隆年间就誉满三湘，晚清名士王壬秋特别爱吃这种面食点心，曾写下了“谢弦扬笛祥华卷”的诗句。

2．白辣椒炒腊肉

白辣椒炒腊肉是湘潭的一道传统菜。白辣椒又称白椒、盐辣椒，它不是一种辣椒品种，而是经过人工处理后的青辣椒。湖南人把辣椒放到太阳下晒，再用特殊的调料腌制，将青色和红色都褪尽，辣椒便成了白色，俗称白椒。取本地量产的白辣椒适量切碎，将腊肉洗干净，切成薄片，先用油将腊肉煸炒出香味，然后再下入白辣椒合炒，炒至辣椒色泽金黄、腊肉油脂浸出，调味翻炒均匀即可，香味浓郁，非常下饭。

4．糖饧

糖饧是湘潭的传统小吃。将大米浸泡，有红糖、白糖配比，把浸泡过的大米煮熟，加入配比好的红糖和白糖搅拌，然后用小钢磨打浆，再舀到蒸笼里蒸两个小时到上汽，还要焖上一个小时，即成。在民间有句俗语“七月半，糖饧顿”，即农历七月十五这天大家不生火做饭，都以糖饧为主食。立夏一过，糖饧就开始上市。

二、湘潭县特色原材料

1．沙子岭猪

沙子岭猪是湖南分布最广、数量最多的优良地方肉脂兼用型猪种之一，具有毛色为“点头墨尾”，头短而宽，嘴筒齐，面微凹，耳中等大，形如蝶，额部有皱纹，背腰较平直，腹大但不拖地等特征。沙子岭猪分大型和小型两种，大型猪体重100千克以上，小型猪体重80千克左右。《湘潭县志》卷九记载了清咸丰七年到光绪十四年，在沙子岭、河口一带养母猪已较普遍。

2．龙口荸荠

龙口荸荠又名马蹄、乌芋、地栗，是一种多年生草本植物。荸荠各处都有，湘潭县龙口产的最著名。颗粒硕大、皮薄、汁多，肉细味甜，外形扁圆、平滑，呈深栗色或枣红色。

3．湘黄鸡

湘黄鸡又称黄郎鸡，是一种肉蛋兼用型地方鸡种。湘黄鸡在清朝道光年间被列皇家的“贡品鸡”，该品种体型矮小，体质结实，体躯稍短呈椭圆形。湘黄鸡成年鸡结构匀称，头小，单冠，脚矮，颈短。公鸡前胸宽阔，毛色金黄带红，躯体秀丽而英武，啼声响亮而清脆；母鸡躯体较短，背宽，后躯浑圆，腹部柔软而富弹性，母鸡全身羽毛为淡黄色，皮肤黄色，胫较短而无毛，呈黄色，少数青色，湘黄鸡以三黄（毛黄、嘴黄、脚黄）为主要标志。

4．湘潭矮脚白

湘潭矮脚白，因其白茎短矮而得名，是湘潭本地优良的农家土种白菜品种。湘潭矮脚白种植历史悠久，在明末已有文字记载，中国画坛一代宗师齐白石曾有“一日无白菜不欢”之语。他曾说：“牡丹为花之王，荔枝为果之王，独不以白菜为菜之王，何也?”齐白石所描述的白菜，正是湘潭特有的矮脚白。2017年，湘潭矮脚白正式成为全国农产品地理标志。

5．九华红菜薹

九华红菜薹又名“紫菜薹”，其植株生长势旺盛，单薹重约30克，根系浅，须根发达，平均株高50～55厘米；叶片全缘卵圆形，光亮无毛，叶柄细长，叶柄和叶脉深紫红色，色泽艳丽，口感清爽甜脆，多汁，湘潭栽培蔬菜历史悠久，九华红菜薹在唐代就是向朝廷进贡的土特产，被封为“金殿玉菜”。

6．花石豆腐

花石豆腐是湘潭县花石镇的特产，当地人采用山泉水浸泡大豆制作而成，花石豆腐成乳白色，无杂质，豆香浓郁，口感鲜美细嫩。2016年，花石豆腐传统制作技艺被列为湘潭县非物质文化遗产保护名录。

第三节　湘乡市饮食文化

湘乡是湘军故里，楚南重镇，古称龙城，位于湖南中部，北邻韶山。

湘乡历史悠久，春秋战国时期属楚国，秦朝属长沙郡湘南县。西汉高祖五年置长沙郡，哀帝建平四年封长沙王的儿子刘昌为湘乡侯。自此始有湘乡之名。东汉时改长沙郡，原湘乡侯领地改为湘乡县。三国吴时属衡阳郡，并为衡阳郡治所在。南朝宋永初三年并连道入湘乡县，县域扩大，仍属衡阳郡。隋朝开皇九年撤衡阳郡，将湘乡、湘西、衡山三县合并为衡山县，属潭州总管府。大业三年改潭州总管府为长沙郡。唐武德四年，析衡山县复置湘乡县。元朝元贞元年升为湘乡州。明洪武二年湘乡州降为湘乡县。清朝湘乡县属长沙府。

湘乡是典型的亚热带季风湿润气候。四季分明，雨量充沛，雨热同季，土地肥沃，溪河密布，作物生长期长，是全国粮猪生产百强县（市），优质水稻、畜牧、水产、水果、经济林5大类农产品基地；分割肉、皮革、饲料、蛋品已成为全国的集散地；大米、生猪、茶叶、槟榔、干椒、火焙鱼等饮誉海内外。

一、湘乡市特色菜点

1．湘乡蛋糕

湘乡蛋糕又名湘乡蛋糕花、湘乡蛋卷，是湘乡第一名菜，是湘乡千家万户招待客人的传统美食。在湘乡的传统宴席中，蛋糕花是头菜，即第一道菜。湘乡饮食传统中有无蛋糕不成席之说。

2．湘乡烘糕

湘乡烘糕是湖南湘乡地区传统名点，象牙色、落口溶、火炙香、清纯爽口，营养丰富；因不含油盐，又系直接火烤而成，故便于保存，既可作旅行干粮，又可作婴儿代乳食品。湘乡烘糕自清雍正元年（1723年），由县城天元斋斋馆研制成功以来，历200余年而不衰。咸丰年间，曾国藩率湘军镇压太平天国时，曾以烘糕作士军粮，战后呈皇帝及朝廷大臣品尝，备受赞誉，被钦定为贡品。

3．灯芯糕

灯芯糕是湘潭的传统副食特产，形似灯芯，洁白柔润，味道甜辣，清凉芳香，弯转成圈而不断，可以用火点燃，散发纯净的玉桂香味。湘潭制作灯芯糕，已经有400多年的历史了。140多年前，在清代咸丰年间全国名特产品博览会上，湘潭灯芯糕被评为一等特产；1915年巴拿马国际商品赛会上，受到各国代表的称赞；1988年5月，又被评为湖南省“名糕点”。此后，灯芯糕的质量不断提高，改用提炼过的纯桂子油取代原配方中的肉桂粉，使产品的桂味更加纯正浓郁，荣获湖南省优秀产品的称号。

4．湘乡扣肉

湘乡扣肉是农村宴席上必不可少的一道主菜，在湘乡做客，七盘八碗上过后，一大盘油皮红黑发亮、膘肥肉嫩、切成大片后蒸熟了的扣肉就成了当地人招待客人的“硬菜”，同时也是湘乡人过年过节的主菜。

5．乡里火焙鱼

乡里火焙鱼又称“嫩子鱼”，常年野生野长在大河小溪，浅塘水沟中，嫩子鱼的嘴脸、鳞色、形态各异，故叫法也各不相同，有“鱼扮子”“滞夹脑”“麻嫩”“红须”等多种称谓。传统火焙鱼制作方法是用大锅大灶，利用做饭烧柴的余热，慢慢将鱼焙干，待温度晾下来，鱼底面呈现金黄色即可，再逐条把鱼反面焙制，冷却后，在火盆中加入米糠、谷壳、山茶籽壳等燃料进行低温熏制而成。

二、湘乡市特色原材料

湘乡啤酒

清朝嘉庆《湘乡杂志》记载：“乡泉井，水香如椒兰，酿酒殊腾，南齐时以之充贡。”以此井水酿制的啤酒，酒味醇香，纯正爽口，年产量达10万吨，是湖南省惟一获湖南名酒称号的啤酒。

第四节　韶山市饮食文化

韶山群山环抱，峰峦耸峙，气势磅礴，翠竹苍松，田园俊秀，山川相趣。韶峰为南岳七十二峰之一，色彩神奇；青年水库融蓝天，映青山，碧波荡漾；慈悦庵的六朝松，神秘的滴水洞、虎歇坪等点缀灵秀山川。

韶山因虞舜南巡而得名，位于湖南中部偏东的湘中丘陵区，北、东与宁乡县毗连，东南与湘潭县接界，西、南与湘乡市接壤。

韶山自然、生态环境优良，属亚热带季风性湿润气候区，四季分明，雨量充沛，无霜期长，日照数多，空气清新，有天然大氧吧的美誉。

一、韶山市特色菜点

1．毛氏红烧肉

毛氏红烧肉是湘菜名菜。正宗的毛氏红烧肉是采用半瘦半肥的猪肉，而且制作过程中不添加酱油，毛氏红烧肉的色泽全是靠糖色烧至而成，色泽呈金黄，味道咸鲜微甜微辣，肥而不腻。

2．血鸭夹饼

血鸭夹饼选用新鲜鸭肉、鸭血、发面等原料，将鸭肉切成肉末，用色拉油煸炒，加入鸭血用盐、味精、酱油、辣椒等调味品调味合炒装碟；发面手工加工成半圆形面饼，蒸熟摆在盘边即可。成品具有肉质鲜嫩、口味香辣、开胃健脾的特点，被誉为韶山的汉堡。

3．泡菜辣酱

泡菜辣酱是韶山百姓家常小菜，喜食酸、辣是韶山特色，每家每户有一口酸菜坛，酸水是用开水冷却后加食盐、白糖、米酒发酵而成，香气醇厚，将萝卜、黄瓜等切条，取桃、李子及大蒜子、藠头、豆角、生姜、红辣椒洗净晒至半干，浸入坛内密封，浸泡时间越久，便越酸甜可口。

4．毛家双色鱼头

毛家双色鱼头，选用无污染的麻雄鱼鱼头，重量在1千克左右为宜，配料选用湖南特制的剁椒、明庆酱椒及自制的酱料，用特制分隔器皿，足汽旺火蒸制10分钟左右即可。双色双味，肉质细腻，味道香鲜。

5．干锅将军鸭

干锅将军鸭色泽红且油亮，香酥有嚼劲，味道香辣。选用洞庭湖的老水鸭，每只大约1.5千克重，肉质结实。先将老水鸭斩件，加上香料、盐等调味，然后用小火煨制，收汁，香味浓郁，有一定嚼劲。

6．豆豉辣椒

豆豉辣椒，辣椒先用刀压扁切半，蒜切粒，多放一点油热锅，将豆豉炒香就放辣椒，放盐不停地翻炒，炒辣椒一定要多放盐，味道一定不能淡，不然会觉得辣，直到辣椒变软，放蒜粒，边炒边加水，怕干，起锅前放酱油、味精拌匀调味，即可装盘。

7．梅子蒸鱼卵豆腐

梅子蒸鱼卵豆腐原料有鱼卵蛋豆腐、猪肉末、梅子等，经过煸炒、蒸制等工艺加工而成；具有色泽鲜艳、滑嫩鲜香、酸甜适口，营养丰富等特点。梅子能助益消化、调节肝气，可促进体力早日恢复，消除疲劳。

8．乡里腊肉

韶山的乡里腊肉是一道传统菜肴，它是经过腌制后再通过烘烤而成的加工品。每年冬至，韶山人就用烟熏的方法把各种腊肉挂在墙壁上，烧火煮饭的同时，一种特殊的香气熏到肉里，用这种方法制作出来的腊肉，将肥肉里的油全部熏出，色彩红亮，烟熏咸香，肥而不腻。

二、韶山市特色原材料

1．韶山酒

韶山酿酒的历史悠久，至今有2000余年历史，韶山美酒一直是历代帝王的贡品，有“韶乐御酒之地”之封。悠然千载，见证千年韶乐千年酒辉煌历史。韶山山水清纯、土地肥沃、五谷丰登，自古盛产名酒、米酒。韶山酒窖香浓郁、晶莹高贵、酒香浓郁优雅、酒体绵甜醇厚、清冽甘爽，酒中珍品，堪称“天浆琼液”。

2．韶峰茶

韶峰海拔518.9米，为韶山第一高峰，又称仙女山峰，因为独秀于群山环抱之中，凭借群山环抱、山清水秀的地理位置和良好的生态环境铸就品质优良的邵峰茶。邵峰茶外形条索紧圆、壮直，峰苗挺秀，银毫显露，色彩翠绿、光润；内质清香馥郁，茶水清澈，滋味鲜爽，叶底嫩匀，芽叶成朵。

3．韶山豆皮

豆皮又称豆油皮、豆浆皮、豆腐皮、油皮、腐竹、豆腐衣，是用上等黄豆泡在水中，然后进行去皮、磨浆、熬浆、过滤，通过滤布将豆渣和浆分开，再加温将豆浆煮开，最后将煮好的豆浆倒入一字形摆开的几口锅内，温度保持在70～90℃，待豆浆表层结皮起皱时趁热揭起摊晾即成。

第五章　古香古味　邵阳美食

邵阳地处湖南省西南，东临衡阳市，南面永州市，西南抵广西壮族自治区桂林市，西接怀化市，北达娄底市。原名昭陵、宝庆，邵阳古城建于春秋时代，踞资江上游，邵水之北，始称白公城。

邵阳历史悠久，风景如画，人文荟萃，民族风情与自然景观交相辉映，楚文化与梅山文化相得益彰，是湖湘文化的重要发祥地，湘军的发源地。

新石器时代即有先民栖息屯居，西周召伯，甘棠布政，春秋楚国大夫白善，垒土筑城，称白公城，属楚地，秦始皇统一中国，属长沙郡。东汉末属零陵郡。三国初属蜀，后入吴。三国吴宝鼎元年（226年），分零陵北部为昭陵郡，郡治设今邵阳市。晋武帝太康元年（280年），司马炎平定东吴，为避其父司马昭之讳，改昭陵为邵陵，移郡治于资江北岸。唐代设邵州，与邵阳县在今城区同城而治。宋崇宁五年（1106年），分邵州西部置武冈军。南宋理宗赵昀作太子时，曾被封为邵州防御使。南宋宝庆元年（1225年），理宗登极，用年号命名曾领防御使的封地，升邵州为宝庆府，宝庆之名始于此。元代设宝庆、武冈两府。明初设宝庆、武冈两府，后降武冈为州。1913年，废宝庆府，设宝庆县，境内各县隶湘江道；1922年直隶于省。1928年，宝庆县复名邵阳县。1937年，在邵阳县城设置湖南省第六行政督察专员公署。1977年7月，邵阳市升格为省辖市，1986年元月，撤销邵阳地区，实行市领导县体制。

邵阳市地处亚热带，属典型的中亚热带湿润季风气候。夏季盛吹偏南风，高温多雨，冬季盛吹偏北风，低温少雨；四季分明，光热充足，雨水充沛，且雨热同季，受地貌地势的影响，气候复杂并垂直变化和地区差异明显。

邵阳盛产茶油、桐油等大宗林产品外，玉兰片、五倍子、山苍子油等林副产品行销省内外。邵阳的粮食、猪、牛、橘、橙等产量位居湖南之首。乳业、竹松、果蔬、药材是邵阳的特色农业支柱产业。三叶虫茶、南山奶粉、雪峰蜜橘、无病毒脐橙、隆回三辣、武冈铜鹅、邵东黄花驰名海外。茶叶、玉兰片、金银花久负盛名。邵阳已成为全国最大的脐橙生产基地、全国最大的优质辣椒基地。

邵阳苗家菜不离酸，喜欢将猪肉、鸭肉、鹅肉、鲜鱼渍盐后腌于坛内，放一层肉，放一层糯饭，连腌数月后再炒食，为席上美味。山区农家最喜欢熏制腊菜，常将禽肉、畜肉及鱼、泥鳅等用盐渍透滤干后，挂于火炕上，用柴火火烟慢慢熏干，然后储藏备食，其味特香。喜欢用豆腐、鲜肉、辣椒粉、香料与猪血加盐混合捏成圆砣烘干，制成猪血饼；用青辣椒灌以米粉、豆粉和香料，晒干制成香辣椒，食用时均用油爆炒，酥松香脆，脍炙人口，独具风味。

邵阳美食有柴火腊肉、武冈卤豆腐、粉蒸肉、素什锦、香露全鸡、好丝百叶、口味鸡、猪血丸子、武冈血浆鸭、辣猪耳、咸鱼头豆腐汤、红烧全鹅、清炖甲鱼、甜酒汤圆等。武冈卤菜有上千年历史，清代为宫廷贡品，有卤豆腐干、卤豆腐丝系列；有卤铜鹅肉、卤鹅掌、卤猪嘴、卤猪脚、卤猪尾系列；有卤蛋系列。邵东县素有黄花之乡的美誉。绥宁苗乡有万花茶，用半成熟的冬瓜皮、柚子皮、白糖、蜂糖、桂花等原料制成，雕刻各种花草鸟兽、吉祥如意的图案。城步聚居苗族、侗族、瑶族，有打油茶的习俗，以大米为主食，杂粮、蕨芭成为半年粮。一日三餐，忙时三餐多吃大米饭，闲时多以红薯、马铃薯、苞谷等杂粮和饺面为副食。有惜粮如金的习惯，忌掉饭，尤忌将米饭撒在路上或倒入厕所。喜用蕨子、蘑菇、野菌、魔芋豆腐、栗子豆腐和脚板薯作菜肴。农家常用萝卜、豆角、生姜、蒜薹、红辣椒做腌菜；用青菜叶洗净切碎晒枯渍盐，佐以姜丝，腌成姜盐菜；用萝卜、茄子、南瓜、刀豆、胡萝卜、长豆角切碎晒枯渍盐，混合腌成杂菜；常用白菜洗净放开水内烫得半熟后，再用米汤浸泡两三日，谓之燎酸菜。新宁县农历四月八日要做乌饭和吃乌饭粑粑，主食以大米为主，红薯、苞谷、荞麦等为杂粮。一般一日两餐，常以杂粮掺入瓜菜作主食，以蔬菜和腌制酸菜为主，辅以霉豆制品、晒腌干菜等，逢年过节，才吃荤菜，并以肥肉为主。

第一节　邵阳市区饮食文化

一、邵阳市区特色菜点

1．糍粑

糍粑由糯米做成，糯米黏性强，一般做糍粑的时候加入一些粳米。农历腊月二十七、二十八开始制作糍粑，待正月食用。糯米用冷水洗净后需用温水浸泡8至10小时再用杉木做的蒸桶蒸熟。糍粑可直接吃，但硬而不香；主要用碳火烤熟，外焦里绵柔，糯香、焦香味足；也可用油煎或炸熟，外表金黄、外酥脆里绵柔，糯香味十足。

2．桐叶粑

邵阳桐叶粑称腰子粑，原料和糍粑差不多，做法不同。糍粑只有过年时才做，桐叶粑则是在新儿庆生、七月半接老客，用来答谢亲友或供祖先享用。桐叶粑多是用浸泡的糯米，放到兑臼里舂碎。糯米碎了后加适当的水搅拌揉成黏团，再用手抓成猪腰子大小的椭圆团，加馅心，最后用桶叶或者芭蕉叶包裹，放入铁锅中蒸制30分钟左右，因形似猪腰子而得名。现做的桐叶粑吃起来柔软、有黏性，糯米香和馅心香浓而夹杂着桐叶香；放凉的桐叶粑适宜用碳火或柴火烤着吃，烤好的桐叶粑桐叶微焦，用手拍打两下就全脱落而露出丰腴的肉身，外表焦黄且硬，里柔软，香味浓。

3．邵阳米粉

邵阳米粉用新米和陈米按一定比例制作而成，米粉弹性足、雪白、易夹断，嗦起来嘴唇沾上油汤，嚼起来满口米香味。邵阳米粉的要点有三：一为粉，二为臊子，三为臊子汤。正宗的邵阳米粉直径在1.2厘米左右，细滑柔韧，因为筋力极好，整个筐中盘绕着的乃是一根米粉。在邵阳米粉中，臊子有木耳、豆腐、鸡杂、排骨、牛肉、牛肚、三鲜、百叶等，最好加入少量的芫荽、油炸花生或蒜末、葱花、辣椒等配料收尾，如果再加上一点点醋，味道十分丰富。

第二节　武冈市饮食文化

武冈位于湖南省西南部，雪峰山东南麓与南岭山脉北缘，湘南丘陵区向云贵高原隆起的过渡地带，资水上游，处在邵阳市西南五县市中心，是湘西南中心城市，为湘桂门户，素有黔巫要地之称。

武冈建置历史悠久，人类的祖先就在这里繁衍生息。秦汉建县制。汉文帝、汉景帝年间置武冈县，属长沙郡。汉武帝元朔五年封长沙定王之子刘遂为都梁侯国敬侯。汉武帝元鼎六年设都梁县，属零陵郡。三国吴宝鼎元年复为武冈县，属昭陵郡。宋徽宗崇宁五年（1106年）升为武冈军，属荆州湖南路，辖武冈、绥宁、新宁县。元置武冈路总管府。明洪武元年（1368年）改武冈路为武冈府。明洪武九年（1376年）改武冈府为武冈州，辖新宁县，属宝庆府。明成祖永乐二十一年（1423年）十月，岷王朱鞭从云南迁武冈，翌年建王邸，世袭14代，历时272年。清顺治四年（1647年）四月，桂王朱由榔迁武冈，以岷王府为皇宫，改武冈州为奉天府；八月，永历帝败走黔滇，武冈复为州。清承明制，雍正二年（1724年），新宁县直属宝庆府。1913年九月废州改为武冈县，属湘江道；1937年，属湖南省第六行政督察区。1994年2月8日，撤销武冈县设立武冈市，属邵阳市代管。

武冈是亚热带季风湿润气候区，属亚热带山地气候，四季分明，雨量充沛，冬少严寒，夏无酷暑，山地逆温效应明显。农业生产条件优越，名优特产品久负盛名，是国家商品粮基地市、茶叶生产基地市、“丰收计划”重点市和省瘦肉型猪、辣椒基地及铜鹅之乡。2007年被确定为“中国卤菜之都”。武冈种植脐橙具有得天独厚的条件，具有香、甜、脆、嫩、无核、无渣的独特品质，荣获五届湖南省农博会金奖，具有“脐橙之乡”的美誉。

一、武冈市特色菜点

1. 卤菜

武冈卤菜采用20多种药材，用卤鼎熬制成卤水，将原料放入卤水中进行五次以上的浸卤，晾干而成。武冈卤菜色泽为黑色和褐色，常卤常鲜，越卤越香，回味无穷。卤菜有卤豆腐干、卤豆腐丝系列；有卤铜鹅肉、卤鹅掌、卤猪嘴、卤猪脚、卤猪尾系列；有卤蛋系列。2007年，武冈被冠名为“中国卤菜之都”。在武冈卤菜中最负盛名的属卤豆腐，为地理标志保护产品。

2. 武冈红烧全鹅

武冈红烧全鹅是当地特色菜品。选用的是体重3千克左右的武冈本地鹅。鹅宰杀初加工洗净后，再割掉翅膀和脚掌，在鹅左翅膀下开小口，取出内脏，洗净后，放在沸水锅中烫一下，取出抹干全身水分，然后用甜酒汁兑清水，抹遍鹅全身，再放在沸油中炸制，待鹅呈现金黄色时，将整只鹅盛入蒸盘内，用葱、老姜、胡椒、肥膘肉待放至整只鹅上面，然后上蒸笼蒸于酥烂后出笼，用炒锅置旺火上，将蒸盆原锅汤倒入锅内，将原汤淋遍鹅全身，撒上胡椒面，即可上席。武冈红烧全鹅汁透明，色红亮，酥嫩鲜美，宴席大菜。

3. 血酱鸭

血酱鸭是武冈名菜。鸭子最宜选用秋季的2～3个月的武冈本地子鸭，配上子姜、红辣椒、带皮五花肉等，炒制而成。“血酱”的特点是在放血时，为防止血凝固，在盛装血的器皿中加上少量醋，以免血凝固；待鸭子焖熟后再将鸭血倒入，旺火翻炒，将鸭血炒成酱色。血酱鸭香辣、酥脆、油汁饱满、十分下饭，是外地游客到武冈的必尝名菜。

4. 米花

武冈米花工艺精细，闻名遐迩，据《武冈州志》载：“早在西汉年间，武冈建都梁侯国时，逢过年过节，民间就有油炸米花的风俗，当时称为都梁米花”。武冈的米花在民间象征吉祥喜庆，形如满月有花，即圆满发达之意。又俗称发（花）物，寓意寄托人们的良好祝愿。武冈米花选用武冈本地的糯米制成，将糯米洗净，浸泡涨发后分成两半，其中一半拌上食品红，然后一起放于甑中（用隔板隔开）蒸熟，取出分层摊在碗口大的篾箍内，上层为红米饭，下层为白米饭，黏合整理均匀为1厘米厚的米花，置于木板上，晒干即可。

二、武冈市特色原材料

1. 铜鹅

铜鹅具有体型中等、生长速度快、适应性强、皮薄，肉质细嫩，皮下脂肪比其他品种鹅少，肌肉暗红如牛肉，比牛肉细嫩和松软等特点。翅膀、足蹼是制作卤菜的上乘原料。胴体加工成武冈烤鹅或武冈卤鹅。自食则制成颇具地方风味的武冈血酱鹅、米粉鹅、清蒸鹅。明代嘉靖年间，武冈已大量喂养铜鹅。清代，铜鹅因肉质鲜嫩味美被列为朝廷贡品，抵赋上交。武冈铜鹅曾与湘莲、宁乡猪一起被誉为湖南“三宝”。

2．辣酱

武冈主产甜酱、辣酱，以清香著称，据统计有瑞丰、宏兴裕、美记庄等10多家，民间历来用以加工成调味佐餐食品。1928年，农民开始加工辣酱，就有辣油椒酱罐头。

3．云山芽茶

云山芽茶是武冈的特色名茶，在清朝康熙年间就被列为贡茶。武冈有着优越的地理环境，土壤肥沃，长年云雾缭绕，雨水充沛，光照充足，很适应茶树的生长。所制作出来的云山芽茶喝起来清香甘甜，而且还有多种药用功效。

第三节　邵东县饮食文化

邵东县地处湘中腹地，地理位置优越、交通便利、历史悠久。1952年2月16日，邵东县从原邵阳县析出，属邵阳专（地）区。位于邵阳市东郊，东连双峰、衡阳，南邻祁东，西接邵阳县、邵阳市双清区，北交新邵、涟源。

邵东属亚热带季风区，气候温和，四季分明。春多阴雨，夏暑期长，秋多干旱，冬寒期短。农产品主要有稻谷、小麦、红薯、大豆、花生、油菜等，经济作物以黄花、柑橘、西瓜等为大宗。黄花菜久负盛名，邵东素有“金针之乡”的美称，产品历来畅销国内外。丹皮、白芍、尾参也闻名遐迩。先后由国家相关部委和湖南省人民政府确定为商品粮生产基地县和黄花菜、红碎茶、瘦肉型猪、无籽西瓜等出口商品生产基地县。

一、邵东县特色菜点

1．香露全鸡

香露全鸡属邵东的传统地方名菜，适宜选用肥嫩的邵东本地母鸡。母鸡初加工洗净后，从背部剖开，再横切三刀，鸡腹向上放入炖钵，铺上火腿片、香菇，加入调料、鸡汤。钵内放入盛有高粱酒、丁香的小杯，加盖封严，蒸两小时后取出钵内小杯即成味道鲜美、汤汁金黄透明，美观大方，适合各种宴席接待。

2．炸虾球

炸虾球是邵东县特色菜品之一。主料选用的是邵东本地的未受污染的水域捕捞的大虾，配以食盐、鸡蛋、肥膘肉、生粉、葱姜料酒等制作而成。先将虾和肥膘制成蓉，调以配料，搅拌均匀，把虾蓉挤成丸子，用小勺舀着下入锅内，炸至浅黄色，捞出装盘即成，吃时蘸花椒盐。成菜色泽金黄、软烂鲜香，味美爽口。

二、邵东县特色原材料

1．邵东玉竹

玉竹别名尾参、萎蕤，属百合科植物，邵东被称为“中国玉竹之乡”。邵东玉竹有三高——产量高、干制率高、甜味糖质高。玉竹的干燥肉质呈根状茎，为黄精属多年生草本植物，是大宗中药材。以根入药，性平味甘，具有养阴清热、生津止咳等功效。

2．黄花菜

黄花菜被列为全国八大名贵蔬菜之一，邵东县素有“黄花之乡”的美誉，产量约占全国四分之一。种植黄花菜，历史悠久。据清嘉庆二十五年（1820年）出版的《邵阳县志》载：“萱，即宜男花，六出稚芽，花跗可食。”

3．佘田桥豆腐

佘田桥坐落在蒸水河畔，素以出产水豆腐闻名遐迩，因水质极佳，做出的豆腐享有盛名。佘田桥豆腐清醇细腻、洁白柔嫩，或煎或煮，加上小葱、辣椒、麻油等佐料，则芳香扑鼻、鲜甜无比。

4．香稻

邵东香稻在历代封建王朝都把它作为“贡品”，谕示“庶民不得尝”。香稻的谷粒和叶片中，含有一种“哥马林”的有机物，易挥发，具有芳香，要有适宜的水土才能种植，一般都有异地不香的特点，且产量很低。

第四节　新邵县饮食文化

新邵县创建于1952年，由原新化县、邵阳县地析部分组成，并取两县首字以命名。初属邵阳专区，1977年10月改属涟源地区，1983年归属邵阳市。新邵位于雪峰山脉东侧，湘中邵阳盆地与新涟盆地之间，东北靠涟源市，东南临邵东县，南抵邵阳市、邵阳县，西接隆回县，北连新化县、冷水江市。

新邵属亚热带季风湿润气候，四季分明，气候温和，热量丰富，光照充足，雨量充沛，无霜期长，适宜水稻、油菜等多种农作物和竹木生长。

新邵特色原材料

1．干红薯

新邵干红薯成条状，色泽金黄或黄中略带红色，香甜有嚼劲，保藏期长。最好选用肉色金黄的南瓜红薯，将新鲜的红薯放置于阴凉处15天左右，待淀粉转化为糖后去皮，改刀切成3厘米见方的长方块，晒干水分后用蒸桶蒸熟，日晒至干。

2．宝庆朝天椒

宝庆朝天椒小巧玲珑，尾尖朝上，上尖下圆，火红耀眼，以辣著称。宝庆辣椒品种繁多，有灯笼椒、皱皮椒、牛角椒等。清朝道光年间所修《宝庆府志》就有朝天椒的记载。

3．椪柑

新邵县属丘陵地区，土壤肥沃，雨量充沛，无霜期长，适宜生产优质椪柑。新邵椪柑并非传统当地果蔬，而是采用现代化技术的培育新品，具有皮薄无核、果大色艳、肉汁脆嫩、香味浓郁、酸甜适度、营养丰富等特点。11月底为盛产季，是冬季乃至春节待客佳品，远销欧美等地。

4．新邵麻鸭

新邵麻鸭又名小塘舵鸭，是养鸭历史悠久的新邵县于1975年引进的一批苏淮鸭与本地鸭杂交，经过20余年精心培育而成的新鸭种。新邵麻鸭是优良肉蛋兼用的地方品种，适合在南方丘岗山区饲养，肉质鲜美，适合炖、烧等烹调方法。

5．南山牌蕨菜

南山牌蕨菜是采摘于海拔1800多米高的南山，用高温灭菌、真空包装而成的绿色软罐头食品，开袋即可添加所喜好的配料，凉拌、烩炖、煮汤、爆炒或作火锅料食用。南山牌蕨菜属于纯天然野生，营养价值高，对减肥去脂、增加食欲作用明显。

第五节　邵阳县饮食文化

邵阳县位于湖南省中南部偏西，邵阳市南部，衡邵丘陵盆地西南边缘向山地过渡地带，资江上游。地形南高北低，丘陵为主。东邻邵东市、祁东县，南连东安市、新宁县，西接武冈市、隆回县，北抵新邵县和邵阳市区。

西汉初置昭陵县。汉元始封昭阳侯国，三国吴宝鼎元年（266年）改昭阳侯国为昭阳县，与昭陵县同属昭陵郡。晋武帝太康元年（280年）改昭陵、昭阳县为邵陵、邵阳县。南朝陈并邵陵于邵阳。隋开皇十年（590年）废郡，又并夫夷（新宁）、都梁（武冈）两县入邵阳。隋末析邵阳置武攸（武冈），唐武德四年（621年）又析置邵陵、建兴两县，后复并邵陵入邵阳，并建兴入武冈。南宋理宗宝庆元年（1225年），升改邵州为宝庆府，邵阳仍为附郭之县。元、明、清三朝仍之。1986年属邵阳市。

邵阳县属亚热带季风湿润气候，气候温和，雨量充沛，阳光充足。农业特色突出，是湖南省粮食、花生、油茶、柑橘、辣椒、黄花、生猪、杂交奶牛等商品生产基地。

邵阳县山多田少，历来民不敷食。粮食以水稻为主，红薯、小麦、大豆次之，油料作物有油菜、花生。畜牧业以生猪、耕牛为主，家禽次之。

邵阳县特色原材料

1. 茶油

邵阳茶油是湖南省邵阳的传统特产，邵阳生产茶油有着非常悠久的历史，起源于明朝初期，距今已有600多年的历史了。邵阳有着丰富的地理自然条件，土地肥沃，气候温和，阳光充足，非常适合茶油的生产。邵阳所产的茶油色泽金黄，品质纯净，气味芳香，口感爽滑。

2. 金秋梨

金秋梨成熟在八月中旬，品质上佳，造就该品质的主要原因在于土壤和气候。邵阳县地处丘陵地区，土质肥沃，富含矿物质，加上该地为典型的亚热带季风气候，八月昼夜温差大，使得金秋梨外观锃亮金黄，果型适中，肉质纯白细腻、晶莹剔透，食之脆嫩香甜，有保健功效。

3. 观音仙桃

观音仙桃果大、色艳、甜脆、早产丰产、耐贮、抗病，果子较一般桃果大，含糖量比其他品种高。观音仙桃的名字由来带有一定的传奇色彩，当地人信奉佛教，观音在人们心中有着送子、送平安等美好寓意，故而取名观音仙桃。

第六节　隆回县饮食文化

隆回地处湘中偏西南，雪峰山脉西南端，北接新化、溆浦，东邻新邵、邵阳，西连洞口、溆浦，南接武冈，东西窄，南北长。南部多为丘岗，北部多为山地，丘陵起伏，山峦叠嶂，自然景色蔚为壮观；受亚热带气候影响，四季阳光充沛，雨水丰盈，冬冷夏热，四季分明。

隆回寓名龙回。相传有条苍龙携八子自九龙山麓起程，往东海腾飞，中途回望，昔日盘地，云蒸霞蔚，灵秀钟聚，顿生恋故之情，折首回归，安营九龙。

隆回农业特色突出，是湖南省粮食、花生、油茶、柑橘、生姜、红皮大蒜、辣椒、龙牙百合、黄花、金银花、生猪、杂交奶牛等商品生产基地之一。辣椒、生姜、大蒜称为隆回三辣，深受海内外食客青睐。腰带柿、猕猴桃、早熟蜜橘成为市场的适销产品。白马毛尖、金石翠芽、一都云峰在茶叶王国中崭露头角。金银花享誉国内，龙牙百合驰名中外。

一、隆回县特色菜点

1．猪血丸子

猪血丸子也称血粑，是隆回县的传统食品，始于清康熙年间，民间历代相传猪血丸子的主要原料是豆腐，先用纱布将豆腐中的水分沥干，然后将豆腐捏碎，再将新鲜猪颈部肉切成肉丁或条状，拌以适量猪血、盐、辣椒粉、五香粉以及少许麻油、香油、芝麻等佐料，搅拌匀后，做成馒头大小椭圆形状的丸子，放在太阳下晒几天，再挂在柴火灶上让烟火熏干，烟熏的时间越长，腊香味越浓。也有做一铁架，架下用火炉焚烧锯木屑、糠皮、谷壳或木炭熏烤，丸子熏干后常用的烹调方法有蒸、煮、炸、炒等。猪血丸子色、香、味俱佳，腊辣可口，增进食欲，且易于保藏，至少半年内不会变质，同时还携带方便，煮熟切成片即可食用，口感松软，回味无穷。

2．板栗糯米饭

板栗糯米饭是隆回县虎形山花瑶的特色食品，主料为糯米、野山板栗，配以肥膘。肥膘切成大块，放置于阴凉通风处约10天的板栗去皮后洗净，糯米洗净；将肥膘煸炒至稍起卷，放入糯米和板栗，加适当水，中小火焖20分钟左右，揭开锅盖翻拌均匀，再焖10分钟左右，反复2～3次即可。板栗糯米饭色泽金黄，饭焦香有嚼劲，板栗外焦硬内松软。

3．冻鱼

冻鱼是隆回地区传统名菜，是过年和正月必备的宴席菜肴。冻鱼一般选用草鱼作为原料，将草鱼剁成大块，放入锅中稍煎，加适当的水和鱼香叶，盖上锅盖，旺火煮15分钟左右，调味，将鱼肉和汤按1：1的比例转入大碗中，在橱柜中放一晚上，鱼汤变成冻即可，鱼冻表层有一层薄油，鱼冻软嫩、鲜香，鱼肉细嫩。

二、隆回特色原材料

1．金银花

金银花自20世纪70年代初开始栽培，隆回县是全国金银花主产区，被誉为“中国金银花之乡”。金银花的种植集中在1300米以上的小沙江、麻塘山、虎形山三个富硒乡镇。近十年来把金银花列为重点发展的支柱产业之一，制定了一系列扶持政策，加快了产业建设步伐，面积、产量、产值稳步增长。

2. 隆回辣椒

隆回辣椒分布在隆回南面山界回族乡，北山乡回族居住地区，据县志记载，1949年播种面积2500亩，产干辣椒150吨，20世纪50年代发展较快，面积增到万亩，现在常年栽培面积3万亩左右，主产区分布在桃洪镇、山界回族乡、北山乡，其余在全县范围各地都有栽培。隆回辣椒具有大小中等，肉质厚、辣等特点。

3. 红皮大蒜

红皮大蒜具有香、辣、鲜的特点。叶条带披针形，色深绿，鳞茎扁球形，外皮紫皮红色，茎瓣（蒜瓣）肥大，辛辣味浓，香味重，品质上乘。隆回素有“三辣”之乡的美誉，当地人极喜辣，故而红皮大蒜称为当地的菜肴佳佐。如今红皮大蒜早已远销省内外。

4. 隆回虎爪生姜

隆回虎爪生姜因其块茎呈虎爪形而得名，是隆回三辣之一，栽培历史悠久，品质优良。隆回虎爪生姜肉质细密，辛辣味强，香味清纯，含水量适中，耐贮运。特别是其辛辣、芳香，博得广大食用者的喜爱。有句流传在民间的俗语对隆回“三辣”和萝卜进行了生动写照：“姜辣口，蒜辣心，辣椒辣黄心，萝卜辣背筋。”20世纪70年代始，隆回山界回族乡、北山镇、桃洪镇等乡镇生产的虎爪生姜成为外贸出口物资，受到国际友人的青睐。

5. 猕猴桃

隆回猕猴桃为纯野生品种，个小、偏酸。现在市面上所见猕猴桃为改良品种，果肉细嫩多汁，风味浓甜可口，香气宜人，曾多次荣获湖南省（国际）农博会银奖金奖。其果品深受市场及消费者青睐，产品供不应求。

6. 龙牙百合

龙牙百合是隆回县特产，国家地理标志保护产品。百合有药百合、米百合、菜百合、龙牙百合、虎瓜百合之分，龙牙百合是最名贵的一种，它内含丰富的生物碱、蛋白质、矿物质元素等，是食品中的珍品。隆回百合种植历史悠久，是中国百合之乡，品质优良，畅销国际市场，声誉很高。

第七节　洞口县饮食文化

洞口位于湖南省西南部，雪峰山东麓，资江上游，东接隆回县，南接武冈市，北临溆浦县，西南邻绥宁县，西北界洪江市。出县城沿平溪江西行四千米，江水从西横断雪峰山向东流去，两岸险峰对峙，形成峡谷。相传峡谷为悬崖覆盖，江水穿洞而去，形成深潭，名曰洞口潭，后来演变为洞口塘，洞口之名源出于此。

早在西汉时期，刘遂为都梁侯，洞口属都梁国，后改名为都梁县。到三国时候，都梁县改名武冈县，洞口属武冈县地。北宋大观元年（1107年），武冈县在现在的山门镇和洞口镇，分别设置三门寨和峡口寨重兵防蛮。明朝嘉靖十年（1531年），在现在的洞口镇和花园镇设置峡口和蓼溪两巡司，均配备巡检和弓兵。新中国初期，洞口县系武冈县的一部分。1952年从武冈划出北部地区设立洞口县，属邵阳专署管辖。1986年隶属邵阳市。

洞口历史以来形成了许多特具风俗风情的礼仪文化、节日文化、饮食文化、服饰文化等。如洞口瑶民的盘王节、趴架节、过老鼠年，雪峰山民的吃乌饭、喝熬茶，洞口的猪血丸子，高沙的米花、团皮等特色小吃，是老百姓淳朴厚实的缩影，是民族文化的精粹。

洞口人素有四会——会喂猪、会砌屋、会读书、会种谷，人民能耕善读、重情崇义、重诺守信、淳朴敦厚。洞口自然环境得天独厚，属亚热带季风性湿润气候，盛产大米、生猪、薏米、柑橘、茶叶、楠竹、特种药材、百合、杜仲、天麻、桐油、山苍子，其中雪峰蜜橘、古楼云雾茶等土特产品蜚声中外。

一、洞口县特色菜点

1．血粑

血粑是洞口独有的特产，主要原料是猪血、豆腐、猪肉，另外还要放些调味料盐、辣椒、橘子皮、花椒等，调味料依个人习惯不受限制。血粑属烟熏制品，需加热后才可食用，外黑里鲜红、外硬里柔软、腊香味足。血粑的制作关键要求为“老”豆腐，下浆偏中，豆腐要硬，火候主要为烟熏的火的大小，火太大会导致血粑外黑里“空心”，反之则外黑里白。

2．糍粑

糍粑是洞口传统手工特色食品，逢年过节、娶亲嫁女，农家都要打糍粑。糍粑制作方法是：将糯米置于木桶内用冷水浸泡，第二天早上捞起滤干，盛入木制蒸笼用蒸气蒸熟。这样的糯米饭，不烂不焦，气味香浓，粒粒白似珍珠，柔软而有弹性。糍粑滑嫩如凝脂，带有糯米特有自然香味，是年节的佳食，也是送客的礼品。春节期间打的糍粑，农家还习惯晾干后，放进水缸里，经常换新鲜泉水浸泡，可收藏数月。

二、洞口县特色原材料

1．雪峰蜜橘

雪峰蜜橘具有色泽鲜艳、皮薄光滑、肉质脆嫩、无核多汁、酸甜适度的特点。曾被评为湖南省“无公害农产品”“湖南名牌农产品”“国家地理标志产品”。

2．枞菌

枞菌也称松菌，是松树底下长出的菌子。橙红色的称红枞菌，紫褐色的称乌枞菌，均属山珍。用枞菌煮豆腐味道格外鲜美，枞菌拌野胡葱爆炒，满屋飘香，引人垂涎，枞菌汤的鲜香美味更是食中一绝。洞口农家接待贵宾时，枞菌是待客的首选菜肴，十分讲究。枞菌还可加工成上等的佐料菌油。煮面条、米粉或作汤菜时，加上一点菌油，格外醇香味美。

第八节　新宁县饮食文化

新宁位于湖南西南部，东连东安县，西接城步苗族自治县，南邻广西全州县、资源县，北靠武冈市、邵阳县。

新宁县属五岭山区，地貌类型多样。东南以越城岭山脉为屏障，西南以雪峰山余脉为依托，东北与衡邵盆地接壤，形成东南高、西北低的倾斜地势。素有“八山半水一分田，半分道路和庄园”。新宁属亚热带季风湿润气候，气候温和，雨量充沛，光热充足。

新宁历史悠久，物产丰富，气候宜人，风景秀丽，素有“五岭皆炎热，宜人独新宁”之誉。新宁县是一个农业县，主要农产品有粮食、生猪、柑橘等。柑橘、脐橙优势明显，柑橘居全省各县第二，脐橙居全国各县第一。出口商品主要有柑橘、脐橙、生猪、薏米、茶叶、罐头、山苍子油等，土特产品有柑橘、脐橙、鹿茸、猕猴桃等。柑橘有800多年的历史。

一、新宁县特色菜点

1．甜酒汤丸

甜酒汤丸是新宁知名小吃，用糯米随水用石磨磨成浆，待其沉淀后精制成直径3厘米左右的丸子，用新鲜甜酒和糯米作为主料，加适当的水作汤，烧沸后将丸子投入汤中，待其浮起即可。汤丸糯而不腻，落口消融，香甜可口。

2．蕨粑

蕨粑是新宁的地方传统菜，将采自深山的蕨类的根经研磨，用冷水搅拌，待上层水变澄清后，下层白色的固态物就是蕨粑淀粉，将蕨粑淀粉加适当的水搅拌后，蒸熟或煎熟即可。蕨粑色泽黑黄，软糯有嚼劲，既可作为主食，也可作为菜肴。作主食主要用于做蕨粑粉或煎、蒸、炒等烹调成菜。

3．泥鳅汆堡口豆腐

泥鳅汆堡口豆腐又名泥鳅钻豆腐，是新宁地区民间传统风味菜，具有浓郁的乡土气息，经厨师改进后，也成为宴席名菜，烧制方法是先把泥鳅放在容器里，倒入清水并放入少量食盐，喂养一夜，再将活泥鳅倒入切成大块豆腐的锅内，用小火煮热，泥鳅乱钻，烧至调味而成，此菜具有豆腐洁白，味道鲜美带辣，汤汁腻香的特点。

二、新宁县特色原材料

1．满师傅豆腐干

满师傅豆腐干产品是在“满师傅”油辣椒的基础上全新打造出来的。它使用新宁县马头桥乡当地的黄豆，经传统石磨磨浆，用醋水工艺做出鲜嫩豆腐，通过米糠熏干，精心卤制，再加入“满师傅”油辣椒调配，口感绵劲强，香辣味浓，在当地是一款十分受欢迎的休闲食品。

2．新宁香菇

新宁香菇肉质脆嫩，味道鲜美，香气独特。新宁种植香菇已有50年历史，每年种植规模在100万筒以上，尤以麻林、黄金、黄龙、清江、金石等山区乡林为主，干、鲜香菇均销往省内外市场。

3．石楼猕猴桃

石楼猕猴桃在新宁县一渡小镇石楼村，以地名与品种而命名，属于近代培育的新品种，近几年连片开发1000多亩猕猴桃，年产量500多吨，远销东南亚等地。石楼弥核桃具有果实中等，果肉呈粉红色或深绿色，酸甜适中等特点，由于当地特有的气候与土质，使得维生素C的含量要高于其他地方种植的同一品种和其他品种。

4．堡口豆腐

堡口豆腐是新宁县清江桥乡堡口村特色，糯而不腻，其之所以出名得益于制作豆腐的泉水，用此水磨制的豆腐，色白、味鲜、韧性好。当地流传民谚：“堡口豆腐不用油，筷子夹起两头流”。

5．全肉玉兰片

全肉玉兰片是新宁著名的传统土特产品，取当地优质鲜嫩的春笋经加工而成的干制品，由于形状和色泽很像玉兰花的花瓣，故称“玉兰片”，加之玉兰片皆可食用，没有浪费的地方，故称“全肉玉兰片”，具有新鲜洁白、醇香清脆、美味可口等特点，保持了竹笋中原有营养成分。全肉玉兰片既可单独成菜，成品脆嫩，也可作为上等的配料，用于制作高级菜肴。

6．崀山脐橙

崀山脐橙果实圆形或倒卵形，色泽橙黄或橙红，油胞中等，多为闭脐。崀山脐橙已有近60年的栽培历史，崀山地处五岭最长者四百里越城岭山脉腹地区域的西北侧余山脉，山水地貌得天独厚，崀山脐橙具有果皮光滑，果色为黄红色，肉质细嫩，酸甜适度，香脆化渣等特点。

第九节　绥宁县饮食文化

绥宁位于湖南省西南部，地处云贵高原东部边缘、南岭山脉八十里大南山北麓和雪峰山脉南支的交会地带，以山地为主，兼有丘陵、岗地、溪谷平原多种地貌。南、北、东三面高山环抱，中部纵向隆起，地势高低起伏，变化多姿。

绥宁自然资源十分丰富，林业资源雄居湖南省首位，属亚热带山地型季风湿润气候区，山川秀丽、碧水长流、冬暖夏凉、四季宜人，是避暑旅游的胜地。

一、绥宁县特色菜点

1．通辣椒

通辣椒俗称灌辣椒，是绥宁地区的传统特色菜。在当地有俗语，“吃着嘴里咯嘎响，陶醉人呀，一个辣椒一碗饭，好吃”。把摘回来的青辣椒用开水煮八九成熟，然后把水分晾干，在辣椒头开一个口把米饭、面粉、蒜子、盐、鸡丝等佐料灌进去，把灌好的辣椒晒干放入烧好的油中文火炒拌，炒至通黄即可，香脆而不辣，香味足，含有野菜香味、菜籽油香味。

2．乌饭

绥宁苗族每逢农历四月初八过“姑娘节”（又称“乌饭节”），苗族杨姓人氏就会将出嫁的姑娘接回来，吃乌饭过节。将“乌饭芦”的灌木叶子放在锅中煮烂，然后取其乌黑色的汁液拌入糯米中，再加上瘦肉搅拌，经文火炊透便成乌饭，色泽紫黑。味清香，有增进食欲的效果。

二、绥宁县特色原材料

1．青钱柳茶

青钱柳茶是用青钱柳树叶片经过精选、洁净、摊放、杀青、揉切、干燥等系列独特的工艺加工精制而成的健康食品，主要分为原叶茶和袋泡茶两种。其中，袋泡茶又分为添加成分的袋泡茶和青钱柳碎叶袋泡茶两种。茶水具有色泽红亮、甘甜滋润、生津止渴、清热解毒等特点。

2．万花茶

万花茶是绥宁苗族待客的佳品。客人光临苗家，主人会马上泡一杯热气腾腾的万花茶送上，茶水中浸泡着刻工精细的蜜饯。蜜饯因刻出的花色繁多，故名万花茶。它不仅是一种色、香、味俱佳的食品，而且是一种赏心悦目的艺术品。

3．苗家油茶

苗家油茶是绥宁县的苗族特色，它既是饭前必食的饮料，又是迎宾待客的风味食品。油茶具有香、咸、苦、辣、甘等味，并有提精养神、祛湿散寒、驱瘴除病的作用。苗家油茶做法独特，将大米小火慢炒，炒到一定程度加油、白脸豆和茶叶合炒一会，然后加水煮至米糊开花，再加烧辣椒、红薯和糍粑煮熟，最后将炒好的米和锅巴用碗装好，撒上葱花，淋上茶叶即可。

4．板鸭

绥宁板鸭的制作一般在农历十月以后，鸭子选用的是绥宁本地自家喂养的鸭子。制作过程是将鸭子宰杀后取出内脏，只留空壳，然后给鸭子全身抹上食盐，放入盆中泡两天左右后高挂在屋檐边上，待风吹干即可。板鸭具有存放时间长、肉质紧硬等特点。

第十节　城步苗族自治县饮食文化

城步位于邵阳市西边陲，南岭山脉与雪峰山脉交会，山峰耸立，溪河纵横，资源丰富，古为南楚与百越相交之城，系“南楚极边”之苗疆。东界新宁县，南邻广西资源县和龙胜各族自治县，西接绥宁县和通道侗族自治县，北毗武冈市。

历史上城步北部和中部、南部分属不同政区。自汉至隋，境北资江流域先后属都梁县、武冈市；中部潕水流域及岭南之境为五溪蛮地，先后属刹城、潕阳、龙标县地，隋末，萧铣置武攸县，治今城步儒林镇，为设县之始。武德四年，李渊平萧铣，更武攸为武冈，仍治今儒林镇，隶南梁州。贞观十年，改南梁州为邵州，今城步大部分地方为邵州武冈县地，县南境则分别为西原蛮地和桂州蛮地。宋初移武冈县治于城关镇，于原治置城步寨，始用城步之名。明弘治十七年置城步县，城步之名沿用至今。1956年10月，实行民族区域自治，建立城步苗族自治县。

城步地势南高北低，南岭山脉绵亘南境，雪峰山脉耸峙东西，形成东、南、西三面层峦叠嶂，北面丘岗疏落，北部与中部连成狭长平缓地带。地势起伏大，东西部高峻，南高北低，呈畚箕形向北敞口。以山地为主，丘陵、岗地、溪谷、平原兼有。薇菜、蕨菜、竹笋、葛粉等山野食品资源也十分丰富。

城步县特色原材料

1．三叶虫茶

三叶虫茶是一种野生的斗笠芽茶叶，民间又称苦茶叶。苗族、侗族、瑶族等民族群众都会制作的似茶非茶的茶精。制作加工方法很特别，从明代初期至今在城步县境内各民族群众中秘密流传了500余年。暮春时节，茶农采摘茶枝鲜叶，用箩筐、木桶贮存起来，几个月之后，茶叶均被虫子吃光，所剩的是渣滓和虫屎。虫屎呈黑褐色，好似油菜籽。人们饮用它，能止渴充饥，清心提神，还能降血压、顺气、解毒、消肿。清代雍正年间，虫茶就被列为贡品，现在，虫茶备受海内外茶客的青睐。

2．浆盐菜

浆盐菜是城步苗族的一种独特传统美食菜，是各类宴席中最普通、不可或缺的汤菜，俗称浆盐菜汤，一般是用青菜经过发酵而成，方便携带，又脆又香，微微有点酸味。据苗医介绍，在夏季多喝浆盐菜具有收敛止汗、醒脾开胃、生津止渴和杀菌防病的功能。

3．苗家甜酒

苗家甜酒是苗乡侗寨的待客佳品，选用苗乡优质糯米蒸熟，冷却拌入适量的甜酒曲，放入缸内密封两三天即成。苗家甜酒具有色白、味醇、香甜可口等特点，有丰富的营养成分，小孩吃了能治营养不良，产妇吃了增添乳汁。苗家甜酒吃法多种多样，夏季用泉水或冰水冲吃，名清泉甜酒，吃后清热解暑，生津止渴，提神醒脑，冬季加姜片、红糖煮沸食用可驱风除湿、散风祛寒。

4．腊菜

腊菜就是腊干菜，因多数腊菜是在腊月加工而成的，故又称“腊月味”。加工腊菜荤多蔬少，一般将禽肉、畜肉及鱼、泥鳅等用盐渍透滤干后，挂于火炕上，用柴火火烟慢慢熏干，然后储藏备食，其味特香。在当地苗乡有着“无腊不成席”之说。

5．苗家香辣椒

苗家香辣椒是城步苗家婚庆宴席上的特色菜肴。城步苗家大多数农户都喜爱制作香辣椒，除招待客人和自食外，有的作为礼品相送，有的拿到市场出售。选择农历七八月新鲜的青辣椒放在开水中烫软，捞出沥干水分后用剪刀开个小口，去辣椒籽，另将洗净切碎的嫩椿木菜叶及葱蒜，拌以豆腐渣、五香粉和适量食盐（或用糯米粉或熟豆粉代豆腐渣辅以香料）拌匀；将佐料填入青辣椒肚里，并将辣椒开口合拢，晒干或烘干即可。

第六章　洞庭韵味　岳阳之美

岳阳是中国著名的历史文化名城之一。岳阳临江畔湖，依山傍水、钟灵毓秀，是中国版图上屈指可数的湖滨临江港口城市。岳阳是湖南的政治、文化、经贸、交通次中心城市。岳阳处于沿江经济带尾部，吞长江，畔八百里洞庭，纳三湘四水，江湖交汇；长江溯流而上的最后一个海运港岳阳城陵矶港，是中西部地区的国际贸易中转口岸。

岳阳集名山、名水、名楼、名人、名文于一体，是中华灿烂历史文化的重要发祥地，是湘楚文化的摇篮，国家实施“中部崛起”战略重市，中国对外开放的甲级旅游城市；湖南首位门户城市。

岳阳东倚幕阜山，西临洞庭湖，北接万里长江，南连湘、资、沅、澧四水，区位优越，风景秀丽，土地肥沃，物产丰富，素有“鱼米之乡”的美誉。

岳阳历史悠久，新石器时代，人们就在这里休养生息。夏商时期，为荆州之城、三苗之地。春秋战国时代属楚。周敬王时期筑西糜城，为境内建城之始。秦并六国，岳阳市大部分地区属长沙郡罗县。西汉时属长沙国下隽县。东汉建安十五年（210年），东吴孙权在今平江县东南的金铺观设汉昌郡，这是岳阳市境内之始。三国公立之时，东吴派鲁肃率万人屯驻于此，修巴丘邸阁城。晋武帝太康元年（280年）建立巴陵县。晋惠帝元康元年（291年）置巴陵郡。郡治设在巴陵城，从此岳阳城区一直作为郡治所。南朝宋元嘉十年（439年）置巴陵郡。隋文帝时，精简郡县，废巴陵郡，建为巴州。隋开皇十一年（591年），改巴州为岳州。元至元十三年（1276年），改岳州为岳州路。明太祖洪武二年（1369年），改岳州路为岳州府。清光绪二十五年（1899年），清政府开辟岳州为通商口岸。1913年，改巴陵县为岳阳县。1975年12月恢复岳阳市建制，1983年岳阳市升为省辖市。

岳阳洞庭是著名的“鱼米之乡”，水产品成为岳阳的主打菜肴，巴陵全鱼席颇具特色，所有菜肴都由鱼类或鱼产品制作而成，菜肴有十二盘至二十盘，色香味形独出心裁，独具风味，有松鼠鳜鱼、藕丝银鱼、冰冻鱼胶、竹筒蒸鱼、清蒸全水鱼、蝴蝶过海、松子鳝鱼等。洞庭银鱼肉质细嫩，在国内外享有盛誉。岳阳是一个产茶的好地方，君山的茶叶闻名全国，君山银针鸡片与杭州龙井虾仁齐名。小吃有长寿五香酱干、兰花萝卜、三塘甜酸藠头、虾饼等。

第一节　岳阳市区饮食文化

岳阳因《岳阳楼记》而闻名天下，已有2500多年的历史，古称通衢，交通运输条件十分优越。地处洞庭湖与长江、京广铁路、107国道交汇处，具有铁路、公路、水路三位一体的组合交通优势。岳阳是镶嵌在长江流域的一颗璀璨明珠，是环洞庭湖经济圈最发达的城市，也是湖南唯一的临江城市，地处一湖（洞庭湖）两原（江汉平原、洞庭湖平原）三省（湘、鄂、赣）四水（湘江、资江、沅水、澧水）五线（京广铁路、京广高速铁路、京珠高速公路、107国道、长江）等多元交汇点上，是长江中游仅次于武汉的又一个“金十字架”，长沙和武汉之间重要的区域性中心城市，特别是洞庭湖大桥、荆岳长江大桥的通车，构成了承东联西、南北贯通的便捷交通网。

明代岳州已成为繁华的商埠，舟楫往返，商贾云集。清末岳州开埠后，“经过岳州门户者，上、下水之民船各有二、三万只”，可见水域运输之繁忙。水域经济的繁荣促进了岳阳城区商业经济的发展，城区的吊桥、南正街、竹荫街、天岳山、鱼巷子、街河口一带成为繁华的商业闹市区，饮食文化、酒文化、茶文化也随之发展起来。

岳阳属于亚热带季风湿润气候区，气候湿润，温暖期长，严寒期短，四季分明，雨量充沛。洞庭湖水域宽阔，水草肥美，湖水清澈，鱼类品种多，产量大。据资料显示，岳阳境内有两百多条河流，169个内湖，各县水面在万亩以上的湖泊有横岭湖、黄盖湖、荷叶湖、冶湖、涓田湖、芭蕉湖、塌西湖、大荆湖、东湖、西湖等，城区周围还有南湖、东风湖、枫桥湖、翟家湖等众多湖泊环绕，是座名副其实的水城。水让这座城市有了灵气，有了文化根基，是这座城市最宝贵的资源。岳阳人喜食鱼，靠近湖边有条专营水产品的街巷，因鱼得名，曰鱼巷子。洞庭天下水，岳阳天下鲜，岳阳风味菜以烹制湖鲜和水产土特产见长，采用炖、烧、炒、煎、爆等制作方法，其成品的特点是芡大油厚、咸辣香软，煨则软糯如泥，炖则汤清似镜，注重香、鲜、酸、辣以及原汁原味，浓淡主次分明。

一、岳阳市区特色菜点

1．石锅鮰鱼

鮰头鱼是指洞庭湖一带野生的鱼，又名长江鮰鱼、江团。石锅鮰鱼是岳阳的特色菜之一，选用鲜活鮰鱼，初加工后，砍成4厘米大小的块状，用盐腌渍入味，在锅中放油烧至六七成热，将鱼入油锅炸制金黄色倒出，锅内留底油，然后下入姜片、蒜子煸香，再倒入鲜汤，放入鱼块，放精盐、味精、老抽、生抽、陈醋、红椒块、紫苏，旺火烧沸转用小火焖制成熟，待汤汁变稠，出锅盛入烧热的石锅中，撒上香菜即可。石锅鮰鱼的肉质外酥软里鲜嫩，上桌时，石锅鮰鱼汤汁沸腾，热气滚滚，鲜香四溢，石锅菜保温时间长，为冬季款客佳肴。

2．巴陵全鱼席

岳阳地处洞庭湖区，素有“鱼米之乡”之称，以烹制水产菜肴见长，巴陵全鱼席是岳阳的代表菜品之一，全鱼宴席由十二道至二十道组成，主料选自洞庭湖所产的银鱼、鳜鱼、鳊鱼、草鱼、青鱼、鲫鱼、水鱼、鳝鱼、泥鳅、河鲜等，配以洞庭湖优质特色蔬菜，如藜蒿、藕、蘑菇、芦苇、君山银针等组成，整桌宴席菜肴的加工刀法多样，有片、丁、丝、条、块、蓉等，烹调方法有煎、炒、爆、炸、焖、熘、蒸、煨、烩、烤、熏、冻、拔丝、蜜汁等20余种。全鱼席味型丰富，菜品可变化性大，最有名的是竹筒鱼、松鼠鳜鱼、青豆虾仁、藕丝银鱼、君山银针鸡片、清蒸水鱼、蝴蝶过海、松子鳝鱼等菜肴。

3．鱼丸火锅

岳阳人喜食鱼丸，不仅是因为岳阳鱼资源丰盛，质量上乘，也因为岳阳当地人制作鱼丸有独到之处，岳阳制作的鱼丸，选用的是鲌鱼，鲌鱼又有“白鱼”“翘嘴白鱼”之称，诗人杜甫在其诗中曾形容“白鱼如切玉”。翘嘴白鱼口感鲜嫩、营养丰富，因其肉质持水性高，所以制成的鱼丸非常细嫩，有弹性。鱼丸是将鲌鱼净肉取出，制成糜状，然后加清水、葱姜汁、精盐、熟猪油、蛋清、生粉等调辅料进行搅拌上劲，挤成直径3厘米的鱼丸，逐个下冷水锅中，微火氽熟，氽鱼丸的水不能沸腾，不然会导致鱼丸体积变大，冷却后，鱼丸口感变粗糙。当地人烹制鱼丸，习惯将鱼丸与涨发好的粉丝、大白菜放入火锅中，调味，再依次放入冬笋片、香菇片、瘦肉片等煮沸即成，鱼丸火锅汤汁淡红，鱼丸色泽洁白，口感质嫩鲜香，为冬季佳肴。

4．干煸鳝丝

干煸鳝丝是岳阳名菜，每年端午节过后，黄鳝便成为岳阳人餐桌的时令菜，备受欢迎。干煸鳝丝选料讲究，选择拇指粗细的黄鳝，将鳝鱼去头和尾尖，顺切成8厘米长、0.5厘米粗的丝，芹菜摘叶留嫩梗，洗净后切成4厘米长的段，蒜切米、姜均切成丝，葱切寸断，炒锅置旺火上，放入花生油或菜籽油烧至七成热，下鳝丝反复地煸炒至水分快干时，加入料酒、豆瓣酱、蒜、姜、葱，再继续煸炒至油呈红色，依次放入盐、酱油、芹菜段、辣椒粉炒匀，烹醋、淋香油，颠翻几下后盛入盘内，撒上花椒粉即成。此菜口感麻辣咸鲜，外酥里嫩，味道香浓，为下酒佳肴。

5．洞庭鮰鱼肚

鮰鱼与刀鱼、鲥鱼、河豚并称“长江四鲜”，属于无鳞鱼类，为珍贵鱼种，鮰鱼的鳔特别肥厚，可以鲜用，但大多干制为鮰鱼肚，洞庭鮰鱼肚为岳阳传统名菜。此菜选用的是干制鮰鱼肚，干鮰鱼肚先用油发，再用清水漂发，鱼肚变成软嫩、洁白后，用斜刀片成片状，另取火腿、猪肘制浓汤留用，炒锅置火上，放入熟猪油，加汤汁，料酒，葱结，姜片、精盐、味精、鱼肚片，焯水后倒入漏勺沥干水分，炒锅内再放入高汤，放入鱼肚片烧开，淋入鸡油，撒上胡椒粉装盘即成。洞庭鮰鱼肚色泽金黄、肉质肥厚、油润爽滑、汤汁红润黏稠，味道鲜美，为宴席高档菜肴。

6．钱粮湖土鸭

钱粮湖土鸭属于湘菜名菜，此菜发源于岳阳市的钱粮湖镇，现在湖南有很多湘菜馆都能品尝到此菜。钱粮湖土鸭选用从小生长在湖边稻田里，吃稻谷长大经过自然放养的老鸭，个头不大，但肉质紧实细嫩、鲜香。此菜做法是先将鸭宰杀，处理干净，砍成小块，炒锅烧热加入菜籽油，将鸭块煸炒出香，然后加入多种调料及中药配料，继续煸炒片刻，然后用瓦罐小火煨鸭肉至酥软口感，另将锅置旺火上，放入猪油，下葱、姜炝锅，入鸭肠翻炒，倒入煨好的鸭块、青椒，大火收汁，盛入吊锅即可，此菜鸭肉嫩而不柴，肉紧而不塞牙，青椒的鲜香味全部渗透到了鸭肉里，吃上一口，鸭肉鲜美，酥软香辣，回味无穷。

7．君山银针鸡片

君山银针鸡片是岳阳传统菜，可与杭州名菜龙井虾仁媲美，此菜利用了高档绿茶君山银针，菜品清秀素雅、色泽洁白，鸡肉滑嫩鲜香，有绿茶清香味，此菜做法是将鸡脯肉先剔去筋膜，斜片成薄片，用鸡蛋清、盐、生粉上浆拌匀。炒锅置中火上烧热，放入熟猪油，烧至四成热时，下入鸡片滑油，变色后倒入漏勺沥油，锅内留油，倒入鸡片，加入盐、味精拌匀，勾芡淋油，撒上茶叶，出锅装盘即成。

8．姜辣凤爪

姜辣凤爪其实就是姜辣鸡爪，是岳阳市区非常流行的湘菜之一，也是客人到湘菜馆中的必点菜之一。姜辣味型的最大特点是烹调过程中加入大量的姜片和干辣椒，老姜和辣椒的总用量几乎达到主料的一倍，除老姜和辣椒之外，还要加入少许香料粉增香，使成菜在姜香之外带有清淡的药香，入口回味无穷。姜辣凤爪选用菜籽油烹调，老姜在菜籽油中加热，其辛辣味会更好的激发出来渗入到凤爪中，此外，凤爪的初加工处理必须干净，无异味，火候掌握恰当，凤爪吃起来，要有一定嚼劲。

9．岳阳酱板鸭

岳阳酱板鸭是用三十多种名贵中药材浸泡，然后风干、烤制等多道工序制作而成，制作成品色泽深红，皮肉酥香，酱香浓郁，滋味悠长，具有香、辣、甘、麻、咸、酥、绵等多种复合口味，入口咀嚼酱香入骨，回味无穷，是岳阳人特色的风味食品与餐桌佐酒佳肴。

10．香辣鱼籽鱼泡干锅

香辣鱼籽鱼泡是特色湘菜，是湖南人冬季的佳肴，也是岳阳地区的传统名菜，因为岳阳人十分喜爱鱼籽、鱼泡的独特口感，所以在岳阳地区的菜市场里，都有专门卖鱼籽、鱼泡的货摊，岳阳人做香辣鱼籽鱼泡，主要以干锅形式成菜，鱼籽入口即散，鲜嫩香甜，鱼泡口感爽滑，嚼时因皮厚而韧性十足，味道浓郁，口感丰富，汤汁金黄，诱人食欲，一勺鱼籽鱼泡，淋些香辣的汤汁，拌上一口米饭就算有厌食症的人也会垂涎三尺。制作方法是将新鲜的鱼籽、鱼泡处理干净，沥干水分，加入适量白酒、盐拌匀腌制片刻，在锅中放菜籽油烧热至六成时，放入鱼籽鱼泡，中火煎至两面金黄盛出备用，然后净锅留底油，放蒜片、姜米、切碎的泡椒、小米辣煸香，下入鱼籽鱼泡翻炒，加清水到鱼籽齐平，加盐、生抽、鸡精、陈醋、紫苏，盖锅盖大火烧开，转小火把鱼籽、鱼泡彻底焖熟，大火收汁至汤浓，干锅底部垫上白萝卜片，将鱼籽鱼泡浇盖上层，撒葱段，干锅带火上桌食用即可。

二、岳阳市区特色原材料

1．君山银针

君山银针产于湖南岳阳洞庭湖中的君山，黄茶中的珍品，是中国十大名茶之一，其形细如针，故名君山银针。君山茶历史悠久，唐代就已生产、出名。文成公主出嫁西藏时就曾带君山茶。后梁时已列为贡茶，以后历代相袭。据《巴陵县志》记载："君山产茶嫩绿似莲心。""君山贡茶自清始，每岁贡十八斤。"又据《湖南省新通志》记载："君山茶色味似龙井，叶微宽而绿过之。"君山银针全由芽头制成，茶身满布毫毛，色泽鲜亮；香气高爽，汤色橙黄，滋味甘醇。其成品茶芽头茁壮，长短大小均匀，茶芽内面呈金黄色，外层白毫显露完整，而且包裹坚实，茶芽外形像一根根银针。用90摄氏度左右的开水冲泡时，芽尖朝天，直挺竖立，悬浮杯中，每一茶叶含一小珠，宛如舌含珠，又如万笔书天，继而缓缓下沉杯底，三起三落，堪称茶中奇观。

2．洞庭银鱼

银鱼是洞庭湖区的珍贵鱼种，据清《巴陵县志》记载："银鱼产洞庭湖岳阳君山水域，中外名产矣。"银白透明，堪称淡水鱼中的上品。洞庭银鱼洁白如银，无鳞无刺，具有滋阴补肾的功效。相传，清雍正、乾隆二帝先后微服游江南时，均在岳阳品尝过此鱼。过去，银鱼入肴是席上珍馐，食用时，一般将鲜银鱼取熟猪油煎炒或以瘦肉、鸡蛋制成汤菜，是味道鲜美的佳肴。此外，银鱼晒干后，做汤或煎炒风味各具千秋。岳阳筵席上的"银鱼三鲜"，味道鲜美，脍炙人口。

3．湘莲

岳阳是野生荷花之乡、种莲大市，且种莲历史悠久，所产莲子粒大圆满，营养成分高。湘莲具有粒大饱满，洁白圆润，质地细腻，清香鲜甜等特点，是岳阳宴席上的必需品。莲子分为白莲和红莲。白莲颗粒较大，形状椭圆，肉色洁白，细嫩柔软，是莲子中的上品；红莲颗粒较小，形状尖长，肉色土红，粗糙坚硬，岳阳湘莲以个头大、品质优良而闻名于世。

4．岳阳黄茶

岳阳黄茶历史悠久，唐代时岳州名菜"灉湖含膏"即为岳阳黄茶的前身，明人张谦德续写陆羽《茶经》中，就有"岳州之黄翎毛"茶的补述。《巴陵县志》记载："君山贡茶，自国朝乾隆四十六年始，每岁贡十八斤。"黄茶发展史可谓"始于唐代，盛于宋清，衰于民国，兴于现代”，岳阳黄茶有芽壮叶肥，金黄光亮，茸毫显露的北港毛尖，也有造型丰富，富有美感，久藏不衰的各种紧压茶。黄茶不仅有黄汤黄叶、滋味醇和的品质特点，且有“养胃、润肺、降糖”之功效，如今，黄茶产业成为了岳阳市的优势产业、特色产业和支柱产业。

第二节 岳阳县饮食文化

岳阳县因位于天岳山（幕阜山）之南而得名，位于湖南省东北部，东接湖北省通城县，东南连平江县，南抵汨罗市，西南以湖洲与沅江市、南县交界，西与华容县、君山区毗邻，北与临湘市、云溪区、岳阳楼区、君山区接壤。东至月田镇钟山村钟家山南麓，南至长湖乡民主村王家寮分水岭，最西、最北均以东洞庭湖湖洲与君山区相接。

岳阳县历史悠久，夏、商为三苗之地。西周、东周属楚。秦属长沙郡罗县。西汉为长沙国下隽县境。东汉下隽县地复属长沙郡。三国时属吴，隶属长沙郡。西晋太康元年（280年）分下隽县西部始建巴陵县，属长沙郡。南朝宋元嘉十六年（439年）置巴陵郡，隋开皇九年（589年）改巴陵郡为巴州，十一年改巴州为岳州，隋大业元年（605年）易名罗州，三年改罗州为巴陵郡，巴陵县隶属随之变更。唐宋巴陵县属岳州（巴陵郡），元属岳州路，明清属岳州府。1913年废岳州府，巴陵县改为岳阳县，后设湖南第一行政督察区，岳阳县属之。

岳阳县有“洞庭天下水，岳阳天下楼”之称，名楼名水兼得，古称巴陵，地处洞庭湖畔，是湖南省的北大门。地貌自东北幕阜山余脉向西南东洞庭湖呈降阶梯状倾斜，农业建成了优质米、优质果、名茶、蔬菜、瘦肉型猪等10大高产优质高效基地。家畜有猪、牛、羊、兔、猫、狗等，家禽有鸡、鸭、鹅、蜜蜂等。果木树种主要有桃、李、梨、橘等，水生植物有芦苇、莲藕、茭白等百余种。主要农作物有水稻、油菜、芝麻、花生、薯类、蚕豆、黄豆、绿豆、湘莲等。

一、岳阳县特色菜点

1．张谷英油豆腐

张谷英豆腐迄今已有600多年的历史，以岳阳县张谷英村制作的豆腐最负盛名，张谷英豆腐具有鲜嫩柔嫩、色白、口感绵滑细腻、浆细质纯、有弹性等特点。其制作采用的是长寿井泉水，泉水甘甜清冽，被古人誉为“长寿圣水”。张谷英豆腐可以加工成多种豆制品，如千张皮、腐乳、香干、油豆腐、白豆腐、豆皮、豆浆、豆腐脑等，目前，已经开发出了张谷英豆腐宴，名菜有一品豆腐、芙蓉豆腐、荷花豆腐、豆腐丸子、豆腐盒子等，其中最出名的一道菜便是张谷英油豆腐。油豆腐主要是将白豆腐进行炸制，用刀把白豆腐划成三角形状，然后放入七成热的菜籽油锅里炸至金黄色，空心酥软，豆腐在油锅中穿上金衣，却依然保持着内心的洁白，是岳阳农家待客的头等佳肴。

2．铁山刁子鱼

铁山刁子鱼是岳阳县铁山水库的特产。铁山水库是人造湖泊，铁山水库的水主要来源于山泉水、地下水，水质干净透澈，没有任何工业污染，因此这里特别适合于刁子鱼的生长。刁子鱼也称"白刁鱼""白佬"，因为此鱼外形如同柳叶，因此称之"刁子鱼"，刁子鱼长约10厘米，重不过二三两，关于刁子鱼吃法有很多，常见的是将新鲜鱼初加工后，用菜籽油煎至两面微黄，放食盐、姜片、蒜瓣、剁辣椒、紫苏等，加水焖熟入味即可，此法做出来的刁子鱼肉质细嫩，鲜美香甜。当地人将刁子鱼清理干净用食盐腌制半天后，捞起沥干盐水，均匀铺在竹折子上，放在太阳下晒干，这样就可以长时间保存，晒干了的刁子鱼一般用来干煎着吃，干香味浓，下酒佳肴。

3．大云山烟竹笋

大云山位于岳阳、临湘两县交界处，群林密集，山区盛产竹笋，品种优良，山民为保存竹笋，把新鲜竹笋挖回家之后，先剥去笋衣，根据大小剖成两半或四瓣放锅里煮熟，然后捞出用竹篾穿起来，挂在做饭的火塘灶上，做饭时利用柴火烧出的烟火进行熏烤，大云山烟竹笋与白笋干的制作方法基本相同，只是多了一道熏烤工序。烟笋与白笋干的味道也是不同的，吃起来别有风味。大云山烟竹笋味道甘美，而笋味显得绵长，属于保健食品，家常做法一般是将其用来烧牛肉或烧猪五花肉，因为烟笋中的植物纤维较粗，与动物油脂结合，口感会变得柔和细嫩，也经常与肉丝、辣椒丝合炒，烟竹笋脆嫩爽口，是当地的山珍美味。

4．大云山蕨菜

大云山蕨菜是岳阳县大云山的特产，主要野生在大云山山区林间、山野、松林内，蕨菜富含人体需要的多种维生素，具有清肠健胃，舒筋活络等功效。蕨菜食用需要沸水烫后，再浸入凉水中除去苦味，蕨菜在当地很受欢迎，湖南人通常将蕨菜与腊肉合炒，口感清香滑润，属于典型的绿色天然食品。

二、岳阳县特色原材料

1．洞庭春茶

洞庭春茶以形、色、香、味四绝闻名，属于绿茶类，曾被评为全国十大名茶之一，洞庭春茶中又以"洞庭春"最为著名。"洞庭春"具有清汤绿叶，香高味醇的特点，"洞庭春芽"（银针）乃茶中珍品，外形条索紧结微曲，芽叶肥硕匀齐，银毫满披隐翠；内质香气高鲜持久，滋味醇厚鲜爽，汤色嫩绿清澈，叶底嫩绿明亮。年产量仅50千克，其氨基酸含量高，且冲泡后可见刀枪林立、游鱼戏水、相互攀缘、青龙吐珠、雨后春笋等奇观。

2．胡柚

胡柚是岳阳县的特产，果实品质优良，内质饱满，脆嫩多汁，酸甜适度，甘中微苦，鲜爽可口。胡柚果实美观，呈梨形、圆球形或扁球形，色泽金黄，营养价值高，富含多种维生素和人体所需的16种氨基酸，以及磷、钾、铁、钙等元素，并具有清凉祛火，镇咳化痰，降低血糖，养颜益寿等功效。

4．糍粑

岳阳县出产的糯米品质优良，是岳阳县特产，农村居民在过年前家家户户都要“打糍粑”。糍粑传统的制作方法是将糯米置于木桶内用冷水浸泡，第二天早上捞起滤干，盛入木制蒸笼用蒸气蒸熟。这样蒸的糯米饭，不烂不焦，气味香浓，粒粒白似珍珠，柔软而有弹性。置于石槽中槌烂，或用石碓舂烂，捏成碗口大小的小糍粑，或盆口大的大糍粑。这样打成的糍粑，滑嫩如凝脂，带有糯米特有自然香味，是年节的佳食，也是送客的礼品。春节期间打的糍粑，农家还习惯晾干后，放进水缸里，经常换新鲜泉水浸泡，可收藏数月。

5．糯米甜酒

糯米甜酒主要选用当地所产的优质糯米酿造而成，糯米甜酒营养丰富，色泽金黄，清凉透明，口感醇甜，风味独特，老少皆宜，农村在农忙季节家家酿有糯米甜酒，是农家妇女“坐月”必饮的酒浆，用于补身，食后奶水充足香甜。如果密封于坛内，或埋在肥堆里让它发酵，过一段时间，取出来食用，酒液黏结成丝，味甜过蜜，醇香异常，十分可口，当地人用糯米甜酒煮糍粑，煮汤圆，口感香甜软糯，沁人心脾。

第三节　平江县饮食文化

平江县位于湖南省东北部，地处汨水、罗水上游，与湘、鄂、赣三省交界，毗邻长沙市。东与江西省修水县、铜鼓县交界，北与湖北省通城县、岳阳县相连，南与浏阳市接壤，西与长沙县、汨罗市毗邻。

平江历史悠久，底蕴深厚。古属三苗国，春秋时属楚附庸罗子国，秦属罗县，东汉末年设县，后唐定名平江相延至今，汨罗江自东向西贯穿全境，承载着屈原、杜甫两位世界文化名人的忠魂皈依，是湘楚文化源头之一，被誉为“蓝墨水的上游”。历代平江人秉承屈、杜骚风，文人蔚起，才士笃生，有“中华诗词之乡”的美誉。

平江资源丰富，是全国粮食、生猪、黑山羊、水果等农产品生产大县，全国生猪百强县，全国品牌茶生产基地，全省大豆产业化、肉牛养殖重点县。茶叶、茶油、五香酱干、山桂花蜜、火焙鱼、金橘等特色农产品深受欢迎。

一、平江县特色菜点

1. 平江十大碗

平江十大碗是平江县传统食文化的代表，具有很强的地域特色。平江十大碗的精髓来自于新鲜地道的食材，烹饪保持了食材的原汁原味，鲜香可口。十大碗的主要原料是炸肉、鸡肉、竹笋、米豆腐、千张丝、百合肉丸汤、粉丝、虎皮扣肉、红烧鱼和时令青菜。烹饪技法采用炸、炒、烧、炖、蒸、焖等，味型以咸鲜为主，食材以家禽、家畜、水产居多，配以时令蔬菜，近年来“十大碗”的内容也随之有些变化。

2. 平江火焙鱼

火焙鱼是平江特色美食，俗话说：“鱼吃跳、鱼吃小”。平江火焙鱼历来走俏，选择个头只有小指头般长短粗细的嫩子鱼，焙火焙鱼也有技巧。火焙鱼用微火长时间焙烘加工，这种制作的火焙鱼不仅香，也便于携带和收藏。不像僵硬的干鱼、盐渍的咸鱼，焙得半干半湿、色泽金黄，口感鲜嫩，平江火焙鱼兼具活鱼的鲜、干鱼的爽、咸鱼的味。青椒炒火焙鱼、豆豉干椒蒸火焙鱼都是下饭下酒佳肴。

3. 清炒北瓜藤尖

平江人至今依然把南瓜称做“北瓜”，清炒北瓜藤尖是一盘特别爽口的时令菜，可以从初夏吃到秋末。北瓜藤尖细嫩，将藤蔓上的粗皮，一一撕掉，清洗时在盆子里反复揉搓，使藤叶上的细毛搓掉，然后拧干水，切成碎末状，锅放猪油烧热，将切碎的红椒和少许姜末下锅煸炒香味后，再将瓜蔓碎末倒入锅中，快速翻炒调味即可，北瓜藤尖滋润清香，味道清爽。

4. 烂熟牛肉

烂熟牛肉最好是选用老牛骨头，炖牛骨要一次性加足水，炖上几个小时，火候不足，牛筋撕不干净，骨髓流不出来，汤就不浓，此菜品尝的是牛骨汤的原汁原味，烂熟牛肉的配菜是本地的小白萝卜，口感沁甜爽脆，是吃烂熟牛肉最好的配菜，将煮熟烂的牛肉切大片状，将生姜、辣椒、大蒜子、萝卜等配菜调料都切好，净锅置火上，加菜籽油烧热，牛肉下锅煸炒几下，放佐料调味，加入牛骨头汤，将切好的萝卜片放进去，烧入味后即可装盘，烂熟牛肉汤香、鲜，原汁原味。

5. 平江毛毛鱼

毛毛鱼是平江的特色风味小吃，一直畅销全国，平江境内无论是大河小溪，还是浅塘深库，总是生衍着无穷无尽的肉嫩子鱼，毛毛鱼形容鱼本身比较小，毛毛鱼火上要焙半干半湿，外黄内鲜，烹制方法一般是在锅内放油，烧热后放入大蒜末煸香，加入嫩子鱼小火煎炒，当嫩子鱼微黄时再放盐，用小火炒匀，再加入香辛料翻炒，期间加入适量的辣椒粉、淋上芝麻油拌匀，出锅前撒上熟芝麻即可，吃上一口，外焦酥味香辣，越嚼越香，回味悠长，为下酒佳肴。

6. 长寿蒸盐菜

长寿街的蒸盐菜是平江县的土特产，其外观油黑发亮，闻之香气扑鼻，做工讲究，长寿蒸盐菜选用当地种植的又大又嫩的青菜，加工时先洗干净，晾干水后切碎，揉挤出菜叶茎中的水分，中途可略放点精盐，再晾晒，干后放在木甑中蒸熟再晒。如此反复蒸晒三四轮，长寿蒸盐菜用来蒸扣肉是绝味，盐菜干香爽口，做汤味道也鲜美，深受当地人喜爱。

7. 炖药猪肚

猪肚配适量药材炖食，具有健脾补气之功效。将猪肚初加工后切成小条，与猪排骨搭配，加入适量的党参、平术（平江产的白术最佳，故称平术）、淮山、大枣等药材，放入加有清水的土瓦罐中炖制1小时，快熟烂时放盐、胡椒粉、葱进行调味，猪肚的香味与轻淡的药香味扑鼻而来，猪肚软烂，汤鲜味浓，是平江人餐桌上的滋补佳肴。

二、平江县特色原材料

1. 平江白术

平江白术又名“冬术”“于术”“平术”，是多年生宿根草本植物，也是一种重要的中药材，在平江县已有400多年的人工栽培历史，久负盛名。明朝嘉靖《岳州府志》记载：“平江产有白术（以紫花者为上）”。清朝同治《平江县志》“物产”篇加载：“平术最著名，自然山地垦阔后，天生述殊不易得”，平江白术的主要药用化学成分是挥发油，在国内白术中首屈一指，被称为“南方人参”，其药性温和，味甘苦，气清香，对人体有健脾胃，助消化，降低血糖，抗血凝，强壮祛湿，抗菌，行气，止泻，利尿，安胎和中等诸多功效。

2. 平江桂花蜜

平江县地处湘东北，境内群山起伏，气候温和，雨量充沛，为发展养蜂业提供了优越的自然条件。平江县境内有蜜源植物80多种，特别是闻名全国的山桂花面积达246万亩，被称之为“山桂花之乡”。山桂花属山茶科，是一种常青野生灌木，在华南、华中一带都有分布，而以湖南平江县最多。平江蜜的蜜源为本地的山桂花，故平江蜂蜜又称“山桂花蜂蜜”。蜜蜂采取山桂花的粉汁所酿的蜜称之为山桂花蜂蜜，是平江著名特产。平江蜂蜜的浓度要比其他蜂蜜大，甜度高，平江桂花蜜呈淡浅琥珀色，味道芳香，一到冬天结晶，变成乳白色。平江蜂蜜的营养成分较高，含葡萄糖、果糖，并含有18种以上游离氨基酸及维生素、酶质、矿物质等多种营养物质，因而被誉为“蜜中之冠”。

3．平江炒米

平江炒米已有200年历史，平江地区多山川河流，地势不是很平坦，过去交通不便，很多人赶路程往往找不到客栈，将便于携带的炒米充当干粮，炒米的做法有多种，最简单的一种是用大米直接炒，俗称“赤锅炒”。赤锅炒就是将锅烧红，将洗好的大米倒入锅内，然后将大米来回不停的翻炒，当大米由白色转为黄后，炒米就做好了，炒好的米不能直接拿来吃，还要把它用盘子摊起来，待炒米冷却后方可食用。

4．平江甜豆豉

甜豆豉是平江的特产，具有颗粒饱满，色泽光亮，豆香浓郁，香味绵长等特点，是平江人常见的佐餐之料，甜豆豉蒸鱼是平江的一款名菜。一般挑选鲜活鲫鱼或草鱼，初加工洗净后，置碗中，先用盐腌制片刻，然后佐以剁辣椒与姜末，淋上山茶油，上面放少许甜豆豉，上旺火蒸熟即可。

5．油茶

油茶是平江的特色物产，种植历史悠久，在明清时期，就成为平江的四大特产之一。油茶是一种亚热带树种，受自然、地域条件限制较强。平江属山地丘陵地貌，山林面积占40%，山地坡度缓和，土地肥沃，土壤酸碱度适合油茶生长，得天独厚的地理环境和气候条件，形成平江人栽种油茶的传统，1942年《平江经济概况》中就有记载“平江茶油3万担”。现在平江是全国34个重点产油县之一，素有“油海”之称。

6．平江香干

平江香干又名平江酱干，起源于湘鄂赣边塞重镇长寿街，故又名“长寿酱干”。酱干是清咸丰年间百岁老人何维丰的首创，民国年间，长寿酱干香遍湘鄂赣边区，成了平江的一大特产。平江香干采用黄豆、山泉水、山茶油等原材料，运用传统卤制与烘烤食品工艺相结合的手法，烧制出具有方寸大小、铜钱薄厚、乌黑油亮、芳香四溢的豆腐干，味道醇美，耐嚼爽口，取名“多珍酱干”，既具备豆干的口感，又具有特别的酱香型口味，咬下一口又筋道软糯，可以作为餐桌上的下酒菜和休闲食品。

7．苦槠豆腐

苦槠豆腐又名栗子豆腐，是平江的土特产，苦槠豆腐来自苦槠树果实的苦槠子，在秋末冬初成熟之季，苦槠子自然掉落于地上，人们捡到果实，将之通过暴晒（晒裂壳取果肉）、浸泡、磨浆（当地人称苦豆浆）、过滤、加热、冷固成块、切割等环节，最后在清水中浸泡，制作好的苦槠豆腐散发出天然的香气，而原始加工的苦槠豆腐会略有涩味，纯正的苦槠豆腐呈咖啡色，口感软糯滑嫩，清香四溢。平江人烹饪苦槠豆腐方法多种，炒、煎、烧、焖都行，苦槠豆腐是保健食品，有降低胆固醇、减肥、延缓衰老、抗癌等功效。

第四节　华容县饮食文化

华容县位于湖南省北陲，岳阳市西境，北倚长江，南滨洞庭。“云梦奥区，章华故址；湖湘之名区，川原之要会”。地处洞庭湖凹陷背缘，地势北高南低，中部丘岗隆起，东西低平开阔，微向东洞庭湖倾斜。华容县北与湖北省石首市、监利县相邻，西及西南与益阳市南县接壤，东与岳阳市君山区毗连。

华容农业独具风采，历史上有名的鱼米之乡、棉麻之乡，是全国的粮、棉、油、鱼商品生产基地县。棉花、油料、水产品及农业生产总值均进入全国百强县行列。粮、棉、油、水产品、蔬菜、苎麻、茶叶、柑橘、湘莲、辣椒、生猪、家禽等产品产量均居全省前列。

华容蒸菜颇具特色。不论荤素，喜用米粉（现也有用面粉代替的，但不如米粉好）拌和蒸制。蒸鱼、蒸肉、蒸鸡、蒸藕、蒸萝卜、蒸茼蒿等。腌菜、酱菜也颇有名，如霉梗腌菜，色褐黄、味香脆带酸，闻之令人垂涎，食之爽口开胃，干鱼、腊肉为华容春节家宴上不可或缺的佳肴。还有糟鱼（以糯米甜酒糟渍熏干鱼）、肉醡（以籼糯两种米爆炸磨粉、拌肉或猪小肠，装坛变味，蒸食）也很有特色。华容公私筵宴菜肴也有特点。宋《岳阳风土记》载：“湖湘间，客燕集，供鱼清羹。”这说明湖乡特色。清光绪壬午《华容县志》记：“以食客，只鸡鱼。”民国期间，开始以“十大芦碗”（用芦花大碗盛菜）为丰盛，其中又以“酥扣”（即酥肉、扣肉）为头菜。华容自古重饮茶。过去，市面茶叶很贵，平日家庭用茶粗淡，尤其农村，丘区农户常以画仙叶（灌木，花可提靛）、棠梨叶代茶叶，湖区则以莲蓬克代茶叶。乡村小茶馆，还卖“回笼茶”（用过的茶叶晾干或焙干后再泡茶卖）、“老幺”茶（茶客喝残了的尾水，再冲开水出卖）。新中国成立以后大办茶场，出产名茶，城乡都讲究喝当年新茶、喝细茶，旧时的各种“代茶叶”逐渐减少。

一、华容县特色菜点

1. 华容十大碗

华容人待宾客或办酒席，以“十大芦碗”为敬。华容地方菜肴汤汤水水较多，所以习惯用碗装菜，按大小划分有盛菜，用来盛菜的大碗称芦碗，因绘有青色芦花而得名。“十大芦碗”寓意十全十美，丰衣足食，因此在乡里民间的宴席中一直延续着“十大碗”，十大芦碗中的十种菜并非固定的，一般按主人家情况、客人爱好和季节而变化。时至今日，粗瓷芦花碗改为精瓷芦花大碗，菜中也增加了大闸蟹、酱汁肘子等菜肴。

十大芦碗中的几道主要菜如下。

三鲜头菜：此菜是十大碗的头菜，用大碗盛装，酥肉垫底，上盖码子。码子一般用蛋卷沿碗口平铺，掺杂鱼丸子、肉丸子或豆腐丸子、鱼糕、肉饺子、酥肉、黑木耳、鱼肚、瘦肉、猪肝等逐一码齐，佐以芹菜、大蒜、葱花等，气味芬芳，色彩诱人，华容头菜在当地寓意独占鳌头，内容丰富、经济实惠，过去一般用来作年夜饭头菜或招待贵客、宴席用。

元宝鸡：将土鸡初加工后，先在沸水锅中焯水，然后整鸡放入炖锅中，鸡腹部向上，头盘向身旁，腿屈于内侧，鸡身围摆煮熟去壳的鸡蛋，加入精盐、姜片、清水和少许料酒调味，用保鲜膜将炖锅封严，先旺火蒸，然后取出，放在炉灶上用中小火炖制软烂，汤鲜香味美，以鸡为凤，蛋作元宝，寓意金凤献宝。

红烧鲫鱼：华容江河环绕，湖泊众多，盛产多种鱼类，特别是田家湖养的鲫鱼，肉鲜味美，明朝时曾为贡品，受到弘治皇帝的赞尝。用此在十大碗中寓意鱼跃龙门。

红烧龟肉：龟肉初加工后，砍成块状，锅中加菜籽油烧热后，放入龟肉块，反复翻炒，再加盐、生姜、葱、花椒、冰糖、酱油、料酒调味，加入适量清水，用小火煨至龟肉熟烂即可，龟肉不仅有鲜美的口感，还具有滋阴补血的功效。

清炖砂锅脚鱼：当地习惯称甲鱼为“脚鱼”，脚鱼初加工后，焯水去腥，再将蒜瓣、生姜、脚鱼块一起放入砂锅中，加适量温水、精盐调好味，周围摆好肉片、冬菇，然后分别摆好脚鱼裙边、脚鱼蛋，将葱盖在上面，盖好盖子，大火烧开后，转小火炖制，菜肴肉质软烂、汤汁浓厚，有清热解毒、滋阴败火等功效。

排骨炖湖藕：藕选择湖藕，淀粉含量足，口感粉糯香甜，排骨砍成段，焯水后，锅内放油，下入排骨煸炒出香后，与生姜片一同放入砂锅中，加入足够量的清水，烧开后加盖转小火炖1小时左右。当肉烂藕粉之时，加适量盐，转中火继续炖制片刻，撒上葱花、胡椒粉即可，汤鲜、香甜，是冬季餐桌的美味菜。此菜因排骨上有肉，湖藕丝缠，故寓意骨肉相连。

其他荤菜为红烧肉、回锅肉、肉丸子，素菜如腊肉炒竹笋、韭菜炒嫩蚕豆、藕尖、鸡莲梗、清炒嫩莲蓬等。华容人的酒宴上蒸菜分清蒸和粉蒸两种，清蒸是将鸡、鸭、鱼、肉等原料，调味后直接上笼蒸制，粉蒸则是将藕丁、萝卜丝、茼蒿、菱角米、菜薹等用米粉、佐料拌匀，入蒸锅蒸熟。

十大芦碗中最后一道是汤菜，银鱼汤或鱼肚汤，银鱼选用的是将干银鱼，味道非常鲜美。鱼肚汤，其实并非鱼类之肚，而是以猪皮为原料的美味。此菜酸香柔软，开胃滋补。

2．老坛酸菜煮鱼

此道菜在全国都很有名气，但是，用老坛酸菜煮鱼，这种美味在华容县最为地道，因为华容县拥有最好的老坛酸菜食材，华容县被誉为“中国芥菜之乡”，芥菜在华容当地，最主要是做酸菜，这里的酸菜都是用芥菜加工制作而成，现在市场上的酸菜风味包、煮鱼用的酸菜，几乎都来自华容，因为华容老坛酸菜保留了酸菜的脆爽，又保持了足够的酸度，用老坛酸菜煮鱼，利用酸菜的弱酸，使鱼肉更加鲜美，华容村民从自家坛子里取出一把腌制酸菜，配上青椒、生姜等佐料，用本地菜籽油煎上几分钟，用清水煮湖鱼，柴火烧煮片刻后，鱼肉细腻嫩滑，汤浓味鲜，酸菜酸爽，品尝一口，食欲大开。

3．华容团子

团子又名团糍，华容团子历史悠久，据说最早起源于东汉时期，与馒头产生于同一个时代。华容人民便采用黏米与糯米为浆，用菜心为馅，做成团子，过去是采用胡萝卜、藕丁、香干为馅儿，现如今馅心更加丰富，采用的是香干、肉丝、莲米、鲜红辣椒和蒜头为馅儿。华容团子表面颜色白亮，味道糍糯软香。华容团子主要有蒸食和煎食两种，每年过年，华容百姓都会准备团子寓意团团圆圆，团子也是华容人日常早餐食品之一。

4．华容蜜肉

蜜肉并非肉类，是以糯米饭为主要原料制作而成，实际为果饭，将糯米选好，经过淘净、蒸熟环节，将蜜饯、红枣、莲米、枸杞、花生、红糖等多种原料与蒸好的糯米拌好，放入蒸笼中蒸熟。出锅时覆扣于碗内翻转，蜜肉上层还点缀着若干粒蜜饯、红枣、莲米等，果香润甜，色香味俱佳，老少咸宜。

5．红糖鹅糕

红糖鹅糕又称碗儿糕，是将黏米磨成米浆，用少部分米浆下锅煮熟制成“熟芡”备用，其余的米浆滤干水后，用布口袋装起来使其自然发酵，糖融化后与“熟芡”调匀后倒入米浆，待发酵后，放少许碱面搅，后舀入碗形模具内，然后撒上果脯或芝麻，放入蒸笼中，大火蒸至“开花”后即成。白糖鹅糕雪白膨松，红糖鹅糕类似荞麦馒头颜色，口感糯软，香甜微酸，深受华容人民的青睐。

6．五味草堂鸡

五味草堂鸡是华容的一道特色菜。相传明朝名臣刘大夏因病辞官，归乡后于华容东山筑草堂，乡邻同宗亲戚将家养的土鸡宰杀，用滋补中药炖制，刘公品尝后，嘱咐家人将农家酸菜摆于碗底，再蒸之，鸡肉浓香四溢，入口不素不腻，大加称赞。后来，刘大夏进京时带去土鸡和卤料，献给弘治皇帝，皇帝品尝后大喜，赐名“五味草堂鸡”，并赞曰：“长品草堂鸡，不忘乡里情。”此菜在华容一直流传至今。

二、华容县特色原材料

1．华容芦苇笋

芦苇笋是华容县的特色食材，是阳春三月刚出土的芦苇嫩茎尖，享有“洞庭野人参”的美誉。芦苇笋富含人体所需多种氨基酸和维生素，具有提高人体免疫力和除寒解毒及防癌抗癌等功效，芦苇笋风味独特，具有特有的天然香气，常见的烹调方法是先将干制的芦苇笋撕成条状，须用清水浸泡、涨发好然后食用，可用作火锅食材或清炒、焖菜。

2．潘家大辣椒

潘家大辣椒是华容县治河渡镇（原潘家乡）的特产，当地种植大辣椒已有70多年历史，被誉为“湘北辣椒之乡”，潘家乡因与外界有水相隔，境内有着相对独立的生态环境，土质是湖区特有的沙性土与沉积土混合壤，矿物质含量丰富。潘家大辣椒果大、肉质厚、微辣、产量高、耐高温。潘家大辣椒做成的醉胡椒是当地餐桌上的特色菜，味道柔和润滑，让人食欲大开。油酥辣椒同样取材于潘家大辣椒，将其与面粉融合晒干后，其色彩金黄，吃起来香辣酥脆，是一道下酒的美味。

3．大湖胖头鱼

胖头鱼又称鳙鱼，华容县境内江河密布、湖汊纵横，拥有东湖、蔡田湖、塌西湖、大荆湖等28处湖泊水库，水资源十分丰富，且水质优良。这里养殖的胖头鱼外形侧扁，头部硕大，肌肉坚实，有弹性，大湖胖头鱼在烹饪中无论蒸煮，口感都具有滑、爽、嫩、鲜的特点，剁椒蒸鱼头、鱼头炖豆腐都是湖南最受欢迎的菜肴。

4．芥菜

芥菜在华容曾被称为家（ga）菜，据县志记载，魏晋时期华容县就开始种植芥菜，现在华容县是全国最大的芥菜生产区，被誉为“中国芥菜之乡”，芥菜的用途广泛，一兜芥菜，既可新鲜吃，又可粗加工制成腌菜，即老坛酸菜，或供应为酒店原材料，也可开发成休闲食品，当地人有二月初二吃芥菜饭的习俗。

5．黄白菜薹

华容黄白菜薹为湖南省华容县地方菜薹特色品种，是白菜薹中的黄薹类型，是华容县秋冬季节的主要蔬菜之一，由于华容肥沃的土壤，温暖湿润的气候，所产菜薹形似当地白菜薹，但叶泛微黄，比白菜薹早一个多月上市，质地细嫩，手感柔软，味甜爽口，味道鲜美，以其独特的风味俏销四方，深受消费者青睐。

6．华容青豆角

华容青豆角的主食部分称豆荚。荚条约长50～80厘米，荚条为嫩青色，经盐渍后立刻变成金黄色，清香扑鼻。华容青豆角产量高、品质好。老百姓用传统方法腌渍的青豆角送给红军，至今华容县还有把酸豆角称“红军菜”。

7．皱皮橘

华容皱皮橘是华容县的特产，此橘其貌不扬，表皮长满大大小小的疙瘩，堆满皱纹，当地人形象地称为“皱皮橘”，也称“丑橘”。皱皮橘味兼有苦、酸、甜感，有回味，颜色金黄，凹凸不平、瓣内橙黄色，柔软多汁，口味独特，富含锌、硒等有利于人体健康的多种微量元素，且具有止咳、补胃、生津、降火等药用功能。

第五节　临湘市饮食文化

临湘北临荆州洪湖，东临咸宁赤壁，是湖南省为数不多的长江沿岸城市，也是京广铁路、京珠高速的湖南第一站，武广高铁的经过地，故有湘北门户之称。

临湘历史悠久，周以前为三苗氏族聚居之地，春秋战国属楚，秦属长沙郡地，西汉为长沙国下隽县地，晋属巴陵县地，五代后唐清泰年间马殷置王朝场，宋淳化五年（994年）升为王朝县，宋至道二年（996年）更名临湘县，1992年撤县设市，由岳阳市代管。

临湘资源丰富，沿江水广洲阔，乃鱼米之乡，境内北部的黄盖湖是古洞庭湖遗址，属洞庭湖水系，是湖南省第二大内湖。北部8个湖区乡镇是粮、棉、水产重要生产基地；南部9个乡镇，林海苍莽，矿产丰富，有近百万亩松、杉、竹、茶、药，尤以茶叶享誉中外。

临湘贡茶名扬古今，唐末五代开始进贡，明洪武二十四年（1391年）朱元璋“罢造龙凤团茶，采芽茶以进贡”“龙窖山芽茶味厚于巴陵，岁贡十六斤”，直至清末废止，贡茶时间延续1000多年。临湘是中国青砖茶的发源地，茶叶产业既是传统产业，又是农业经济的支柱产业，全市共有茶园10.8万亩，年产茶1.6万吨，综合收入11.3亿元。临湘形成了以“明伦炒青”“白石毛尖”“高山雀舌”为代表的名优绿茶，以“明伦黄茶”“龙窖山黄芽”为代表的优质黄茶和以“洞庭”“春意”“三湘四水”为代表的临湘黑茶三大茶类的品牌集群。

一、临湘市特色菜点

1．桃林丰锅

“丰锅一餐毕，忘却天下珍”，这是桃林名仕吴獬老先生留下的赞誉。桃林丰锅历史悠久，据说在唐代开始流传，起源于临湘药菇山区瑶族先民的传统饮食文化，“丰锅”实质上就是火锅，桃林人也称“丰锅菜”。在临湘市桃林镇，人们至今还吃着“田畈上的丰锅团年饭”。大年三十，天还没亮时，一家人将锅架在自己的田土上燃火煮熟，围着锅吃，慢慢吃，天慢慢亮，即使刮风下雪，这种习俗也不改变。“丰锅”的做法是将大块的腊肉放锅底，再在上面一层层的铺上油豆腐、萝卜、香菇、白豆腐、白菜、粉丝、黄花等，营养和荤素搭配，恰到好处，相互补充，荤而不腻。据当地老人讲，这种在田畈上煮团年饭的习俗可能与旧时祖辈们躲避频繁的战乱有关。先辈们把寻到的能吃的东西都放在一锅炖，为不使敌人发现，就将肉等好菜放在锅底，一锅这样的菜煮熟后，有时可吃两三天。后来“丰锅”的“丰”又被取意为“丰富、丰收”的意思，即锅里的菜越多来年越丰收，哪种菜煮得越烂来年哪种庄稼收成就越好。

2．桃林豆腐

临湘桃林镇为历史古镇，桃林豆腐是当地的传统产业，全镇共18个村，几乎村村都有豆腐作坊，桃林豆腐特点是鲜嫩香甜，洁白细腻，软而不碎，挺而不硬，而且没有石膏的酸涩和卤水的气味，营养价值高，制作豆腐的水源选用的是当地有名的清泉，因而也称“桃林清泉豆腐”，临湘人在菜场买豆腐、豆渣，都会习惯性的问一句是不是桃林的，可见桃林豆腐在临湘人心中的地位。

3．十三村酱菜

十三村酱菜历史悠久，闻名遐迩，起源于三国时东吴大将黄盖屯兵之地——黄盖湖畔（今属湖南临湘市和湖北赤壁市），相传黄盖兵营以“村”为建制，共分为十三个村（三国时“村”即“屯”，屯兵之所）。士兵战时行军打仗，闲时开荒种地，种植了大量优质蔬菜，黄盖将蔬菜进行腌制处理，用土坛装好，和黄泥密封，埋于湖畔，经一个多月后取出，其色泽鲜亮，闻之香气四溢，品之口舌生津，味道醇美，别有一番风味。此后，十三村酱菜在当时的湘北地区广为流传。十三村酱菜制作技艺独特，2009年，被列入湖南省第二批省级非物质文化遗产名录，现如今十三村酱菜品种繁多，有香菇酱、八味豆豉、乡里豆瓣酱、红油榨菜丝、精制剁辣椒、香辣腐乳、五香酱干、香辣萝卜条等，是餐桌上开胃的最佳食品。

4．临湘茴坨

茴坨是临湘市土特产，当地人称红薯为茴坨，是指红薯去皮，放在大锅里煮熟，搅拌成糊，过滤去杂，铁盘烫制，晾晒成皮，就成为了茴粉皮，加入炒熟的芝麻、陈皮，晒好的红薯片的吃法有多种，一种是将红薯片剪成小块，放在油锅里炸至金黄色，就成了香脆的炸薯片，入口有淡淡的香、微微的甜、口感香脆；另一种是晒干后的茴块，口感甘甜，有嚼劲，是原汁原味的休闲食品，在农村，老一辈的村民还有坚持做茴坨，在城市里已经很少见。

5．龙窖酱菜

龙窖酱菜因产于临湘龙窖山而得名，历史悠久，最早可追溯到宋代，宋代范致明的《岳阳风土记》中就有记载，在清代，龙窖酱菜就作为贡品进贡朝廷，名气渐大。龙窖酱菜主要包括榨菜和萝卜两个类别，是以当地所产瘤状茎用芥菜、萝卜、山泉水为原料，采用多个环节，最后经窖藏发酵而成，香味浓郁，尝之口感鲜爽脆嫩，咸淡适中，余味绵长。过去，基本上是家家户户都自制酱菜，随着名声越来越大，龙窖酱菜品种也开始丰富起来，有萝卜、榨菜、豆角、白菜等蔬菜，尤以当地盛产的萝卜、榨菜制作而成的龙窖酱菜最受老百姓的喜爱，如今，龙窖酱菜成为当地人每日三餐必备的佐餐小菜。

6．临湘腊鱼

每到腊月，临湘人便开始制作腊鱼，农民习惯于选择鲢鱼，1～1.5千克的鲜鱼从背部剖开，腌透后制成腊皮鱼，即整腊鱼，鱼剖割后用清水漂洗血水，沥干水分，每5千克鲜鱼用0.4～0.5千克盐腌渍，腌三天至一周即可出缸，沥干盐水，放在外面晒干后，悬挂火炕上，让柴火浓烟熏烤，挂在家里阴凉通风地方，收藏待用，临湘人喜欢腊味加辣椒的吃法，用辛辣的腊味菜下饭。烟熏鱼色泽金黄、肉质坚实、咸淡相宜、清香芳郁、易于保藏，民间的吃法一般是把两面煎得金黄，淋辣椒油，再用蒸汽蒸，既清新又柔嫩。

二、临湘市特色原材料

1．临湘黑茶

临湘黑茶是临湘市的特产，品质优、产销量大，自康熙年间起，临湘青砖就远销俄罗斯，在青海、内蒙古等市场，临湘黑茶更是家喻户晓。临湘有着适宜茶叶生长的海拔高度、降雨量、温湿度、土壤条件，特别是高山多云、土壤腐殖质含量丰富、日夜温差较大的高山茶区，所产茶叶持嫩性强，内含物十分丰富，氨基酸、茶多酚等成分含量高，成品茶具有条形壮实、滋味醇厚耐冲泡、香高而持久等特征。

2．千针芦笋

千针芦笋原名“临湘洞庭春”，属于临湘优质绿茶品种。一般在清明前后采摘一茶一叶初展，呈鹊口形，经过摊青、杀青、清风、初揉、初干、整形、提毫、烘干等工序。茶叶条索紧细，挺直，白毫满披，冲泡后，清香，味醇，汤色微绿，叶底嫩绿均匀。

3．桃林粉皮

桃林粉皮是临湘市桃林镇的特产，当地人非常喜爱的一道美食，粉皮就是红薯打浆制作的粉皮，虽然普通，但成为了桃林人餐桌上不可少的一道菜，当地人先将粉皮用少许凉水泡一泡，把上等瘦肉剁成丁，然后加入熬制好的骨头汤进行炖制，吃时加入少许胡椒和香菜。桃林的粉皮质量好，久煮不糊，吃起来嫩滑可口，如今在长沙城里很多的湘菜馆中都可以吃到“桃林粉皮”这道地方菜。

4．坦渡西瓜

坦渡西瓜是临湘市坦渡乡的特产。坦渡乡引进“洞庭一号”无籽西瓜，又名“湘西瓜11号”，坦渡西瓜果肉鲜红，肉质细嫩爽口，纤维少，可食率高，含糖量高，风味佳。近年来，市场竞争力强，备受消费者喜爱。

第六节　湘阴县饮食文化

湘阴位于岳阳市西南部，南滨洞庭湖，湘资两水尾间，紧临长沙，居长沙、岳阳、益阳三市中心，沿湘江水路“通江达海”，自古为湖湘要地。湘江自南向北贯穿全境，把全县分为东西两部，东部为丘陵岗地，西部为滨湖平原。湘阴县是全国粮食生产先进县、全国粮食百强县、全国渔业百强县、全国无公害茶叶生产示范县，素有鱼米之乡的称谓。

湘阴是季风湿润气候区，四季分明，日照长，气温高，夏季长达四个月，降水集中在春夏暖热季节，高温期同多雨期一致。全年主导风向为北风、南风、西北风，适宜农作物和树木的生长，特别是对喜热的水稻、棉花等作物有利。冬季气候也适宜种植油菜、藠头、蚕豆、小麦、绿肥和蔬菜等越冬作物。

湘阴拥有60多万亩耕地良田，30多万亩生态山林，100多万亩河湖水域，这些为湘阴美食带来了品类齐全的原材料，提供了源源不断的有力支撑。湘阴县内各类粮食、畜禽、水产种类蓬勃发展，优质大米、花生、芝麻、油菜、茶叶、蔬菜和淡水鱼、虾、蟹等特色农产品产量丰富。其中，樟树港辣椒、湘阴藠头、鹤龙湖大闸蟹等农产品均享誉全国。

湘阴一般日食三餐。丘陵山区多掺食红薯等杂粮，湖区以大米为主食，湘阴人餐后吃姜盐茶，客来则以豆子芝麻姜盐茶款待。家常菜，除四季“小菜”外，爱熏制腊鱼腊肉和冬水泡菜，多数人家无辣椒不成菜。三餐之内，午餐较讲究，小鱼小虾、豆腐、禽蛋称“小荤”。来客或请工，则加“大荤”（鱼、肉）。款待“稀客”，宰鸡、鸭。讲究菜肴的时鲜和烹调，吃鱼，要求春鲇、夏鲤、秋鲫、冬鳊，三月泥鳅、螺头，四月鳝。三伏天，有逢伏吃姜炒子雄鸡之俗，谓可祛风湿。

一、湘阴市特色菜点

1．瓦窑湾鹅肉

鹅肉质鲜美肥嫩，自古以来流传着“喝鹅汤，吃鹅肉，一年四季不咳嗽”的谚语。瓦窑湾鹅肉为湘阴县名菜，做法是将鹅肉切大块，下入冷水锅，加入生姜片，至水沸腾后捞出沥干水分。将锅放入茶油烧热，下入鹅肉块爆炒出香后，沿锅边淋少许陈醋，再煸炒几分钟后加入适量食盐调味，继续翻炒，一次性加足清水，调味，小火慢煨1小时出锅即可，鹅肉的肉质细嫩入味，口感绵密，香气扑鼻。

2．三井头炖肠

炖肠子产自湘阴老县城一井头带小吃摊，具有汤美味鲜，柔滑可口的特点，配以香菜为辅，味道更加香鲜，肥肠又名猪大肠、猪肠。湘阴三井头传统做法最为地道，猪大肠必须处理干净，无异味，用料酒、白醋剔除油垢，焯水两次，净锅置火上，放入清汤、姜片、猪肠、红枣、莲子、白胡椒粒，用大火烧开后转中小火炖1小时，调味，撒香菜即成，经小火长时间炖制，大肠口感变得软嫩，姜片去腥，胡椒的鲜香微辣透过高汤，味道十分鲜美。

3．湘阴水鱼炖粉皮

湘阴水鱼炖粉皮是湘阴特色菜。做法是将水鱼斩杀，去内脏清洗干净后，剁成块状，沸水焯水，撇去浮沫。锅内放油，下生姜、五花肉煸香，再将水鱼入锅翻炒片刻，放胡椒、盐、鸡精调味，加入清水小火慢炖30分钟后，倒入涨发好的红薯粉皮，再慢炖10

分钟，出锅装盘即成。水鱼肉滑嫩不腻，表皮鲜亮，筷子上的水鱼来回翻弹，可见其柔韧之度，舀上一勺水鱼汤，吃上一口水鱼肉再回蘸一下汤汁，不仅口感新鲜香醇，还有滋阴补肾养颜之功效。

4．荷塘双秀

荷塘双秀主要是选用鱼丸和藕丸两种原料。草鱼和湖藕均是生长在荷塘之中，故而取名。湖藕去皮洗净后，用擂钵碾碎，加盐、面粉、鸡蛋，揉成圆形藕丸，过油炸制成外焦里嫩、色泽金黄，鱼丸的做法是将草鱼肉搅碎，加盐、姜、葱末、鸡蛋清、猪油搅拌上劲，挤成大小一致的鱼丸入锅汆熟，鱼丸和藕丸摆入盘中围上菜心，淋汁即可。双丸口感细嫩，藕丸清新留有甘甜，鱼丸口感细嫩鲜香，二者放在一起，清秀素雅，外形美观。

5．东塘家宴笋

东塘家宴笋是湘阴县特色菜肴，选用的是高山脆笋尖，经冷水浸泡回软，再切丝，开水焯水去异味，漂净挤干水分，净锅置火上留底油，下入五花肉煸炒出油，然后加入笋丝炒香，倒入鸡汤，小火慢煨，调味出锅装盘撒上葱花即可。笋丝鲜香软嫩，入口化渣，鸡汤的加入使得笋丝更加滋润、鲜美。

6．樟树港辣椒炒肉

樟树港辣椒炒肉是湘阴名菜，选用当地种植的樟树港辣椒，净锅上火，油烧至滚烫后放入宁乡花猪肉，再加入鲜嫩的樟树港辣椒、少许大蒜子混合翻炒，以盐、酱油调味，以保证辣椒的清香风味，猪油脂与新鲜小青椒结合，香味更加浓郁溢出，让人食欲大开。辣椒入口清爽软糯、辣而又香，与宁乡花猪肉的鲜甜肥美融为一体，令人流连忘返。

二、湘阴县特色原材料

1．鹤龙湖螃蟹

湖南吃螃蟹最出名的地方是湖湘名镇“鹤龙湖”。鹤龙湖是湘阴县最大的万亩内湖，水质优良，盛产大闸蟹、河蚌、鳜鱼、白鱼等20多种鱼种，鹤龙湖养殖的大闸蟹，蟹黄厚实，肉质细嫩，特点是青背、白肚、金爪、黄毛，年产量近万吨，为湖南省之最。现如今，每年九月底十月初，便到了螃蟹成熟的季节，每天到湘阴鹤龙湖吃螃蟹的游客达数千人之多。鹤龙湖大闸蟹最普遍的做法就是清蒸，味道不仅鲜美，还能最大限度的保留其营养，在清蒸时，可在锅中放入生姜片去除蟹的寒性。

2．湘云鲫鲤

湘云鲫、湘云鲤是新开发的品种，湘云鲫背部青黑色，侧、腹部为白色，湘云鲤外形与鲫鱼相似，头部两侧有比鲤鱼短而细软的胡须，外表比鲤鱼光滑。湘云鲫、湘云鲤的生长速度比普通鲫鱼、鲤鱼品种要快，体型也要大，湘云鲫、湘云鲤体形美观、肉质鲜嫩，因其自身不能繁育，所以摄取的营养全部用于生长，故营养价值很高，而且肌间细刺少，肌肉呈味氨基酸含量高于其他鲫鱼与鲤鱼品种。湘云鲫、湘云鲤具有肌肉厚、细刺少、味道鲜美等特征，所以烹调中多采用红烧、炖、煮等技法，口感与营养俱佳。

3．湘阴藠头

目前，湖南各酒楼餐桌上所吃的藠头，绝大部分来自于湘阴，故湘阴县又有“藠头之乡”的美称，湘阴以“青山藠”品质最佳，藠头在湘阴有近千年栽培史，是湘阴一项传统产业。当地将鲜藠头经过加工，制成美味的酸甜藠头，以洁白、脆嫩、肉紧的特点而出名，酸甜藠头入口有酸中带甜、甜中有酸、清香脆口的口感，不仅风味独特，还有健脾开胃等功能，新鲜的藠头更是餐桌上的美味，有藠头炒香肠、藠头炒肥肠、藠头炒腊肉等家常菜，口感鲜香脆嫩，深受湘人喜爱。

4．樟树港辣椒

樟树港辣椒是湘阴县樟树镇的特产。樟树港辣椒自清道光年间传入当地，在《湖南省地方品种志》《岳阳市志》《罗城县志》《湘阴县情要览》和《湘阴揽胜》中均有记载。樟树港辣椒具有香、软、甜等特征，前期微辣香甜，中期中辣香脆，后期辣而有香，味纯不涩，椒香浓烈，清炒时皮肉不分离，清脆而柔软，同时比其他品种辣椒含有更丰富的辣椒碱、高辣椒碱等成分，是湖南国民菜“辣椒炒肉”中的顶配食材，樟树港辣椒炒宁乡花猪肉，价格比一般辣椒炒肉要贵好几倍，每年当地出产的樟树港辣椒在市场上供不应求。

5．湘阴七彩龟

湘阴盛产七彩龟，其价值主要体现在可食和药用上，湘阴七彩龟具有两个特点：一是色彩斑斓，二是活泼好动，比一般龟速度快。湘阴处于湖区，风寒气湿，易导致疟疾、风痹、体虚不复等疾病。在民间，炖龟肉是高级滋补品和延年益寿的食疗佳品，如清蒸龟肉或用龟肉与多种中药配伍而烹制的人参龟汤、当归龟汤等药膳。

6．兰岭毛尖

兰岭毛尖又名兰岭绿之剑，是湘阴县的特产，曾被评为湖南十大名茶。兰岭毛尖以兰岭良种茶园的优质芽茶为原料，运用独特工艺精细加工而成。兰岭毛尖外形条索扁直，翠绿显毫，全部由单芽制作，分粗、中、细三种规格，压扁后的单芽成品茶根根似剑，去掉白毫显露原有绿色，外形、汤色、叶底均鲜绿明丽，内质汤色绿亮如新，香气清香持久，滋味醇爽回甘。

第七节　汨罗市饮食文化

汨罗市地处湖南省东北部，紧靠南洞庭湖东畔、汨罗江下游，属幕阜山脉与洞庭湖之间的过渡地带，地势由东南向西北倾斜。东部和东南部与长沙县毗连，南与望城区接壤，西邻湘阴县和沅江县，北接岳阳县，东北与平江县交界。有汨水、罗水，其下游汇合处名汨罗江。

秦始皇二十六年，以罗子国移民领地设置罗县，隶属长沙郡。西汉高祖五年徙衡山王吴芮为长沙王，长沙郡改为长沙国，罗县随隶。东汉建武七年恢复长沙郡，隶荆州，罗县仍隶长沙郡。东汉熹平年间，划出罗县东部置汉昌县（平江县）。东汉建安十三年十二月，荆州牧降刘备，罗县随隶。东汉建安二十年五月，刘备与孙权议和，划湘江为界，分荆州而治，罗县属吴国，直至三国末年。晋太康元年（208年），西晋灭吴，罗县仍隶荆州长沙郡。南朝宋元徽二年（474年），析罗县、益阳、湘西三县的沿江沿湖地区设置湘阴县。境内分隶罗县和湘阴县。梁大通二年至太平元年置罗州。析罗县南部置湘滨县，析罗县东部、吴昌县西部置岳阳县，析罗县北部置玉山县，建岳阳郡，岳阳郡辖罗县、湘阴、湘滨、玉山、岳阳、吴昌6县，分隶罗、湘阴、湘滨、玉山、岳阳5县。唐武德四年（621年）十一月，行军总管李靖在攻降萧铣后设置巴州。两年后改巴州为岳州，罗、湘阴两县先后随隶。唐武德八年（625年）撤罗县并入湘阴县，隶岳州。1966年2月，析湘阴县东部置汨罗县，隶岳阳地区。1987年9月，撤销汨罗县，改设汨罗市。

汨罗全市气候温暖，四季分明；热量充足，雨水集中；春温多变，夏秋多旱；严寒期短，暑热期长。汨罗的农特产十分丰富，主要有优质稻米、高油玉米、茶叶、西瓜、生猪、黄牛、鱼类等。尤其是传统产品长乐甜酒，新产品无公害蔬菜、加华牛肉等，特色鲜明。

一、汨罗市特色菜点

1．汨罗粽子

公元前278年，伟大的爱国诗人屈原在汨罗江边悲壮一跃，投江而去。据《汨罗市志》记载，东汉开始，每年农历五月初五，屈原忌日改投箬叶裹黍米的粽子于汨罗江，由此演变发展成汨罗江两岸人民独特的端午习俗，汨罗粽子也成为了独具特色的端午节食品。每逢端午节，汨罗人家家户户都会包粽子，汨罗人选用的糯米、粽叶、馅料非常讲究，粽子的包法也有不同，汨罗粽子一定是牛角粽形状，同时，汨罗粽子要放碱，口感更加香糯，不腻。2006年5月，以汨罗牛角粽子制作为主要习俗的汨罗江畔端午习俗被国务院列入首批国家级非物质文化遗产名录。

2．长乐甜酒

长乐甜酒历史悠久，属于汨罗市长乐镇的特色美食，关于其故事有很多种说法，据传是乾隆皇帝下江南，在长乐镇品尝甜酒后，赞不绝口，御笔亲书“长乐甜酒”，自此长乐甜酒声名远播。长乐甜酒的制作工艺并不复杂，但用料及容器、窖藏要求极为讲究。糯米须用本地特产的“三粒寸”桂花糯，要求米粒饱满、色白有光，水须用深井井水，酒曲须选用本地所产曲花籽制成的，同时用陶器、竹木制品作为酿酒工具。酿出的甜酒，晶莹可鉴，闻之馥郁芬芳。长乐镇的居民，家家户户都会制作甜酒，每到过年、中秋等团圆节日之际，还会在甜酒中加入汤圆，寓意团团圆圆。如今甜酒更是成为当地人日常的风味早餐、饮品，甜酒冲蛋、甜酒枸杞汤圆老少皆宜，备受当地人喜爱。

3．汨罗八大碗

“八大碗”是汨罗民间宴席中的八个菜肴组成，当地人称“土八道”，是当地人长期以来形成的款待宾客的宴席习惯，特别是在汨罗农村，逢年过年或喜庆宴饮，会制作八大碗，可以说，八大碗是当地最具代表性的家常美味。八大碗由八个菜肴组成，上菜顺序比较讲究，在当地，菜是一碗一碗的上，客人把头一道菜吃完了，再接着上第二道菜；第二道菜吃罢，上第三道菜……。从第四道菜开始，就要拿走一个碗，所谓转碗，直到第七道菜后就停止了转碗。八大碗主要选用当地常用食材，以家畜、家禽为主，水产、瓜果蔬菜都有。最常见的八大碗的先后顺序是油熟丸子、炖皮粉、虎皮扣肉、土鸡汤、腊味合蒸、红烧猪脚、肉汤笋、蒸鱼等。涉及炸、炖、蒸、烧、炒、焖等多种烹调方法，味型以咸鲜为主，追求食材原汁原味。

4．汨罗红薯粉条

汨罗红薯粉条又称红薯粉丝、粉皮，是汨罗一种传统特产，利用红薯为原料，将红薯内的淀粉提取出来，经过洗浆、漂浆、调浆、烧水、烫皮等一系列工序制作而成的一种食材。汨罗桃林地区特有土质和临近湖区水质，生产出的红薯粉条久煮不烂，清香可口，红薯粉条能与许多食品搭配，食法多样，在汨罗，称“做粉皮”为“烫粉皮”，称“烫粉皮”的原料“红薯”为“肥坨”，粉皮是汨罗传统宴席上不可缺少的一道菜。

5．姜盐豆子芝麻茶

汨罗人有饭后吃茶的习惯，倘若家中来客人，主人总得沏一壶滚烫、清香可口的“姜盐豆子芝麻茶”来待客。所谓“豆子芝麻茶”是用茶叶、姜、盐、豆子和芝麻冲开水配成的一道香喷喷的可解渴的茶。炒熟的黄豆和芝麻格外香，再佐以磨细的姜丝，此道茶喝起来有盐味、有姜味、还有香味。汨罗人吃“姜盐豆子芝麻茶”多用绿茶，一般用本地出产的纯净鲜嫩的茶叶，沏茶用的豆子，选用青豆、黄豆、绿豆、杂豆都可以，沏茶用的芝麻，一般选用质地上乘口感好的白芝麻，而且要炒熟。茶中要放多少豆粒、芝麻，则因各人口味而异。

二、汨罗市特色原材料

1．玉池山土笋

玉池山是汨罗市境内最高山，也是湘北第一高峰，每年清明前后，是竹笋一年中最适合采摘的季节。当地人将新鲜的竹笋挖出来，将外壳剥掉，放在锅里焯水，之后再放进冷水里浸泡两天，随后再将水压干，放置在屋外晾晒一段时间，肉质就紧实了，做好的干笋带着一股天然的清香，为了长时间的保存，玉池山土笋一般都会采用干制方法，食用前须经过清水涨发，涨发后的土笋口感细嫩清香，当地人吃笋方法以炒、焖为主，酒店里则常将土笋与辣椒、腊肉等多种食材合炒，也有将土笋用来焖肉，口感鲜美脆嫩。

2．三江板栗

三江板栗是汨罗市三江镇的特产。三江镇板栗具有果实个大，色泽白，口感好，不裂瓣，易加工的特点，富含有人体所需的蛋白质、维生素、矿物质等营养物质，具有补肾益气之功效，在三江镇，家家户户都栽种了板栗树，少的十来亩，多的达百十亩，秋季是食用板栗的最佳时节，当地人习惯用三江板栗炖排骨或炖鸡食用，汤非常鲜美，板栗软糯香甜，为滋补佳肴。

3．龙舟毛尖

龙舟毛尖是汨罗市的特产，属于湖南名茶，是绿茶系列，龙舟毛尖外形比较细直、圆润光滑，冲泡出来的茶汤颜色碧绿，茶叶舒张开来，慢慢沉入杯底，茶叶片片匀整，柔嫩。龙舟毛尖颜色鲜润，清香高雅，味道鲜爽，回甘，曾多次获的省部级金奖。龙舟毛尖已编入《中国名茶大词典》。

第七章　洞庭粮仓　常德味道

常德市地处中国中南部，长江中游，湖南省的西北部，东临洞庭，西接黔渝，南通长沙，北连荆襄。常德古称武陵，又称柳城，是著名的鱼米之乡，地处长江中游洞庭湖水系、沅江下游和澧水中下游以及武陵山脉、雪峰山脉东北端，是湖南第三大经济市。常德东据西洞庭湖，与益阳南县、沅江市湖汉交错；西倚湘西山地，与张家界慈利县、永定区及怀化沅陵县的武陵山脉相承；北枕鄂西山地和江汉平原，与湖北恩施土家族苗族自治州鹤峰县、宜昌五峰县的山地以及荆州松滋市、公安县、石首市的平原相连；南抵资水流域，乌云山脉是常德市与益阳市资阳区、桃江县、安化县之间的分水岭。

常德历史文化悠久，人文鼎盛，是湘楚文化的重要发祥地。30万年前，常德有原始人群在沅、澧流域的平原山川生活、聚居。9000年前，常德原始人掌握了石器磨制和陶器制作技术，有河卵石加工磨制的斧、凿等砍伐用具和鱼网坠，掌握原始制陶技术，生产简单的饮食器皿。

秦昭襄王三十年（公元前277年）蜀守张若建筑城池，设黔中郡史称武陵、朗州、鼎州，曾是七朝郡治、七朝军府、七代藩封之地，辖区远及湘西北、鄂西南、黔东北、桂东北，素有“西楚唇齿、黔川咽喉”之称。1988年元月，建立省辖常德市。常德山水风光秀美，属湿润季风气候区，境内山区、丘陵区、平原区、湖区地貌俱备，生态环境优良，湖光山色秀丽，名胜古迹繁多。

第一节　常德市区饮食文化

常德城乡以大米饭为主食，无论老少，有嗜辣习惯，爱吃糍辣椒、油炸辣椒、辣子酱、白辣椒。常德有腌制坛子菜、腌腊鱼腊肉的习惯。常德盛产稻米，久而久之，形成了以大米为主要原料的大众化小吃食品。在20世纪80年代后，米粉逐渐成为常德城镇居民早餐的主食。发糕、油粑粑、煎米茶作为早餐，一般是边吃油粑粑，边喝煎米茶。常德人喝茶很讲究，除一般泡茶外，还盛行擂茶待客。相传喝擂茶起源于东汉初年，当时马援征“五溪蛮”，兵困壶头山，瘟疫流行。土人教以用生姜、盐、茶叶、煎米制作此茶，饮后瘟疫即除，遂沿袭至今。

常德自古有鱼米之乡的美称，春鲶夏鲤秋鲫冬鳊，饮食资源得天独厚，制作方法上自成一派，无论炖、炒、卤、炸、烩，还是蒸、烤、醉、炙、熘都能体现浓厚的常德特色。常德菜口味浓厚，十分注重原材料的选择，鱼皮、蛋边、豆腐末，回水湾里汤好喝；财鱼仔、鳜鱼花，鲫鱼脑壳不吐渣，取材本地的土特产品，讲究鱼吃跳猪吃叫，口感更加鲜美，辣是常德菜的一大特色，生姜、大蒜、辣椒为佐料，“姜辣口，蒜辣心，辣椒辣到做不得声”。

常德人爱吃火锅，无论是大小宴会，还是好友聚会，不管是在滴水成冰的严冬，还是在炎炎烈日，餐桌上少不了火锅，吃着热气腾腾的火锅，喝着美味的啤酒，十分惬意。常德人吃米粉历史悠久，可以追溯到清代光绪年间，米粉又细又长，形如龙须，象征着幸福吉祥。有免码粉与油码粉两种，米粉油码分汉、回两大类，汉族油码主要有肉丝、肉片、红烧、红油、三鲜、炸酱、菌油、酸辣、卤汁、酱汁、蹄花、排骨、鸡丁、鳝鱼等10多种，回族油码更为丰富，主要有牛肉丝、牛杂、羊肉片、卤蛋、羊肚片、鸡丝、鸭条、卤汁、三鲜、炖牛肉、牛排、牛筋、红烧牛肉等10多种。酱板系列是常德一绝，根据常德人自身的口味推出酱板豆腐、酱板毛豆等系列。

一、常德市区特色菜点

1. 麻辣肉

麻辣肉是常德市区的一种特产，它用优质的黄豆磨浆，精制加工而成，黄豆经高温膨化为植物蛋白肉，又经油炸，调入辣椒粉，热油、食盐、味精、孜然、白胡椒麻油等调味料搅拌而成，制作的麻辣肉软硬适中，口味麻辣鲜美、香甜可口、口感独特，回味无穷。

2. 钵子菜

常德钵子菜又称炖钵炉子菜、炖钵菜、常德火锅，是采用小火烧锅，以水汤导热来煮涮食物的一种饮食方式。常德的钵子菜是将烹制好的原材料用陶制的炖钵、砂锅或金属小锅盛装起来，随火炉上桌，边加热边食用。钵子菜在常德为什么如此盛行，是因为常德地处湘北处洞庭湖区，地势低洼，夏秋湿热，炎热时达38摄氏度以上，钵子菜正好能驱寒祛湿，增进食欲。

二、常德市区特色原材料

柳叶鲫

常德柳叶湖出产的鲫鱼，个体肥厚，背呈青色，体型似糍粑，俗称糍粑鲫鱼、青壳鲫鱼，肉质细嫩肥美，先煎后煮，汤汁乳白色，营养丰富，味道鲜美无比，吃后回味甘甜清爽。

第二节 津市饮食文化

津市位于湖南省西北部，澧水中下游，历来是湘鄂边际的工业重镇，享有“江南明珠”之美誉。津市属武陵山余脉向洞庭湖盆地过渡地带，处在富庶的澧水流域山区和肥沃的洞庭湖结合处。地形以澧水为天然分界线，澧水西南岸为武陵山余脉，东北岸为长江中下游平原的边地，整个地势由南向东北倾斜。

津市东濒洞庭湖，西连武陵，南临沅水，北近长江，西北道水、涔水、澹水回绕，澧水干流横贯全境，九澧在此汇流，河岸长达76千米。有“七省孔道”“南北皇华驿道”之称，由于优越的水陆交通条件，过往舟筏商旅傍津设市，津市由此得名。津市历史悠久，是孟姜女的家乡、车胤的故里。孟姜女哭长城、囊萤夜读的故事流传千古、家喻户晓。津市城内山清水秀，环境恬静，山、河、湖、城浑然一体，城市特色堪称一绝。

清咸丰、同治年间，津市为澧州所隶四镇之一，是时已是“舳舻蚁集，商贾云臻，连阁千里，炊烟万户”，形成初具规模的水运枢纽、流通商埠的城市格局，迨至清光绪三十一年（1905年），与长沙、湘潭、衡阳、常德、洪江并称“商务繁盛之区”。1938年，津市始称津市镇，归澧县管辖。1950年由澧县析置津市市。1963年撤销津市市，1979年恢复津市市。

津市物产资源丰富。卤水储量、食盐产量居湖南之首；附近的雄黄储量、品位和产量为全国之冠；粮食、棉花、水果、芦苇、蚕丝等农副产品资源富足。津市的卤菜，津市的腌菜，津市的小钵只能让津市人以挑剔的味觉，常带点抱怨地去品评其他地方的菜肴。津市的糖果、糕点历史悠久，有麻蓉酥糖、桃酥、焦切、寸金糖、狗鸡红、灰福来、芝麻梗等。

津市的早餐品种繁多，除了牛肉粉、锅饺好吃，汤包、烧卖也有自己的品牌店，花色繁多的米制食品像面儿，江薯面儿，包着绿豆的油糍儿、筋骨条、白糖酥、娃儿糕、汽水粑粑、甑蒸糕恐怕也不是各地都能全部吃到的。夏季的消暑佳品很多，冰凉粉、冰葛粉等比较常见。罐头系列有水果罐头系列、野生菌系列、果蔬罐头系列、蔃果罐头系列等。

一、津市特色菜点

1．津市米粉

津市牛肉粉的米粉是采用早籼米用传统的工艺制作出来的湿米粉，其特点是筋道足，弹性好，一烫即透，清爽滑口，也耐煮耐炖，配制着鲜美的高汤，香辣咸鲜的浇头，一口下肚，粉条与浇头汤汁在口中留下一滚二净三香四鲜五辣的独特风味。津市刘聋子和贺记米粉最为出名，具有辣、热、香、鲜的特点，仅仅是牛肉粉，就分为清炖、红烧、麻辣三种。此外，还可以品尝到酸辣、肉丝、牛肉、排骨、鸡肉、三鲜、肥肠、猪蹄、墨鱼，甚至水鱼等各种码子的米粉。

2．炖粉

炖粉是米粉火锅，常德人将其当做一道菜，当地人每逢节假日，都喜欢邀上三亲四友，找一家小餐馆坐下，架上一炉炭火，将一钵子由十几种中草药搭配熬制而成的汤汁置于火上，等待着汤汁咕噜咕噜的时间，便是等待着美味酝酿的时候，待汤汁烧开，下粉条，中草药的加入不仅仅是增加汤汁的鲜味，还能够有效的去除肉类腥膻的味道，达到补而不腻，润而不燥。经过炖煮过后的粉条被醇厚的汤汁紧紧的包裹着，柔韧筋道，再夹上一块炖得酥烂入味的肉，香辣咸鲜，馥郁而不油腻。

3．津市饺子

津市饺子皮薄馅多、味美可口，以“王娇儿”和“左妈妈”为代表的水饺系列，以“路记”和“望江楼”为代表的锅饺系列以及大桥下油炸肉饺、藕饺最为出名。王饺儿是津城百年老字号，早在民国时期就享誉九澧，当年澧州太守贺龙就常以王饺儿为宵夜，如今已在津市澧县开有多家分店。

4．津市包子

津市包子最出名的是国立汤包和望江楼煎包。国立汤包以猪肉为馅，皮薄馅多汁浓，馅料滑嫩，一口咬下去汤汁流出来，口味咸鲜，风味独特。望江楼的煎包馅料以肉丝粉条为主，将铁锅置于煤火上将包子煎至底部金黄，蘸料即可食用，外脆里嫩、口味多样。

5．牛肉干

牛肉干是津市一大特色美食，以张老头牛肉干最为出名，初入口时觉得味道平淡，再过几秒，用八角、桂皮、花椒等传统作料加上传统工艺制成的牛肉干开始展示其独特的香辣口味，同时保持了牛肉的原味，韧劲十足。

6．香酥鱼

香酥鱼主料选用当地的鲢鱼、草鱼等淡水鱼类，通过刀工处理，腌制，过油后，锅内放入蒜子，姜末，辣椒油炒香后，倒入炸好的鱼，翻拌均匀，成品口感酥软、味道香辣，色泽酱黄，回味无穷。

二、津市特色原材料

1．木子腐乳

木子腐乳又称湖南十八子腐乳，是一道经久不衰的美味佳肴，属于传统发酵豆制品，具有黏口清香、纯正圆畅、麻辣香溢、回味悠长等特点，可以作为火锅蘸料、烹制菜肴调味或直接食用，开胃促进食欲。

2. 藠果

藠果是津市农业的一大特色产业，种植在西毛里湖的沿湖坡地，具有得天独厚的土壤条件和小气候。藠果结构紧凑、皮层多、长卵形、洁白晶莹，新香嫩脆，可以作为主料制作“酸藠头”，也可以作为配料制作“藠头肉片”“藠头炒腊肉”等菜肴。

第三节 石门县饮食文化

石门历史悠久，人杰地灵，风光秀丽，资源丰富，交通便利，经济繁荣。石门是湘西北门户，呈现弯把葫芦状，地势自西向东南倾斜，西北部群山叠翠，东南部平岗交错。石门位于湖南省西北部，处湘鄂边陲，东连澧县、临澧，南接慈利、桃源，西抵桑植、鹤峰，北毗五峰、松滋。西北层峦叠嶂，高峻多山，东南丘陵起伏，渐趋平坦。属中亚热带向亚热带过渡的季风气候区。

石门自南北朝置石门郡开始，为荆楚之地，秦隶黔中郡慈姑县；汉属武陵郡零阳县；三国吴永安六年，改隶天门郡；晋属天门郡澧阳县；南北朝时天门郡治由今大庸县境下迁石门；陈武帝永安二年，后梁肖察罢天门郡，更置石门郡，隋文帝开皇九年，废石门郡，置石门县，划归澧州管辖，此后虽隶属有变，而县名未易。石门在清末即已被归为“湘西十三县”之列。

石门县特色原材料

1. 石门柑橘

石门自古产橘。唐代弘文馆校书郎、著名诗人李群玉（湖南澧县籍）在《石门韦明府为致东阳潭石鲫鲙》诗作中，有“隽味品流知第一，更劳霜橘助茅鲜”诗句，对石门柑橘给予了“品味第一”的赞誉。得天独厚的自然环境，孕育了品佳质优的石门柑橘。石门柑橘果形端庄整齐，色泽靓丽，果皮细薄光洁，肉质红嫩化渣，汁多，酸甜可口，风味浓郁，品质极优。

2. 云雾茶

石门是湖南最大的茶叶生产基地，现有东山峰、白云山、壶瓶山、太清山4大茶叶生产基地。《荆州土地记》载：“武陵七县通出茶，最好”。隶属武陵郡的石门就是优质茶叶主产区，有石门三山茶生金之说。云雾茶外形紧细，卷曲秀丽，开水冲后色绿香浓、味醇、形秀。

第四节　澧县饮食文化

澧县古为澧州，位于湖南省西北部，澧水中下游，洞庭湖西岸，是湘西北通往鄂、川、黔的重镇，素称“九澧门户”。东南西三面分别与津市、安乡、临澧、石门接壤，北与湖北省毗邻。

澧县因澧水贯穿全境而得名，始见于《尚书·禹贡》：“岷山导江，东别为沱，又东至于澧。”春秋、战国属楚，秦属黔中郡，汉属武陵郡零阳县，三国、西晋、东晋、南朝属天门郡，梁敬帝绍泰元年（555年）始置澧州。隋开皇九年（589年）罢天门郡，置澧州，新置澧阳县。隋炀帝大业三年（607年）废澧州置澧阳郡。唐高祖武德四年（621年）改澧阳郡为澧州，隶属江南西道。唐玄宗天宝元年（742年）复改澧阳郡。唐肃宗乾元元年（758年）又改为澧州，受武贞军节度。澧州治澧阳，唐初辖6县，同隋。宋代澧州治澧阳，隶属荆湖北路。元代在澧水流域置澧州路，隶属湖广行省江南北道，澧州路治澧阳。元至元十二年（1275年）置澧州安抚司，十四年改为澧州路总管府。明太祖洪武九年（1376年），澧州府降为澧州，并裁澧阳县入州治，属常德府。清康熙九年（1670年），澧州隶岳常道。清雍正七年（1729年）升澧州为直隶州，与常德府同级，隶属岳常澧道。1912年，改直隶澧州为澧州行政厅。1913年九月，废州为县，始称澧县，隶岳常澧道。

澧县属于中亚热带湿润季风气候向北亚热带湿润季风气候过渡的地带。气候温暖，四季分明，热量丰富，雨量丰沛，春温多变，夏季酷热，秋雨寒秋，冬季严寒。适宜水稻、棉花、油料作物生长，主产大米、棉花、渔业，葡萄是近年来新开发项目，俗称南方的吐鲁番。

一、澧县特色菜点

张公狗肉

张公狗肉即张公无骨香腊狗肉，采用张公庙独特的传统制作工艺，加入12味中草药配方烹制而成。张公狗肉由于经过“张公十三香”的调理，盛入瓷钵文火熬制，香味四溢，由于香味纯正地道，深受广大食客们的喜爱。

二、澧县特色原材料

1．苹果柚

苹果柚果实扁圆似苹果，故名苹果柚，品质好、果汁多、果面光滑，柚胞细密，果色金黄，果肉淡翠绿或米色半透明，脆嫩多汁，酸甜适度，化渣，风味独特。果实12月中下旬成熟，减酸较慢，耐储藏。柚肉多做果实食用，柚皮可作为止咳化痰药用，也可加工成柚皮糖作为零食食用。

2．澧县葡萄

澧县葡萄又名澧州葡萄，有红地球、美人指、红宝石无核、维多利亚、粉红亚都蜜等品种，并具有果形优美、果色鲜艳、果味香甜、无公害和无激素等特点，含有丰富的维生素和氨基酸，经常食用具有软化血管，滋润肌肤，减肥防癌的功效，深受广大消费者青睐。

3．双龙无籽西瓜

双龙无籽西瓜汁多味甜，质细性凉、食之爽口，消暑解渴。1993年开始引进无籽西瓜，经过多年努力，形成了一套完整的栽培技术措施，瓜果圆整、无病黄斑、瓜瓤鲜艳、果皮薄、不空心、无籽性能良好、含糖量高。

4．澧县蜂蜜

澧县蜂蜜是经种蜂金喀蜜蜂及蜂王的繁育，主要产品有蜂蜜、蜂王浆、蜂花粉，澧县蜂蜜纯度高，味道蜜甜，可直接用来泡水、泡茶食用。

5．蛾公酒

蛾公酒是以柞蚕雄蛾加上桑葚、山茱萸、茯苓、杜仲等10多种中药材，利用传统的酿酒技术蒸馏酿制而成。具有补肝肾、壮阳、养精、美颜、抗衰老的功效，蛾公酒所用到的柞蚕雄蛾、桑葚在《本草纲目》中便有记载，具有调节生理的功能。

6．太青云峰茶

太青云峰茶汤色鲜绿明亮，滋味鲜爽醇厚，有地域香气，长期饮用可解毒、清心、明目、提神。太青云峰茶主要的工艺分为杀青、做形和烘干三道程序，用来固定形状、增进香气，水温采用85摄氏度的热汤冲泡，冲泡过后的茶叶展叶吐香，芽叶朵朵直立，上下浮沉，栩栩如生。

第五节　临澧县饮食文化

临澧位于湘西北，澧水中下游，东、西、南三面环山，东邻津市，南接鼎城、桃源，西与石门毗邻，北抵澧县。

临澧历史悠久，人杰地灵，是楚文化的重要传承地，现存宋玉墓、宋玉城、申鸣城等文化遗迹，以九里楚墓群气势恢宏，声名远播。春秋战国属楚。秦始皇三十六年隶黔中郡慈姑县。清雍正七年（1729年），裁九溪卫、永定卫和澧州地一部分，取安福旧所设安福县，1914年改称临澧县，以临澧水为名。

临澧地处武陵山余脉与洞庭湖盆地过渡地带，属中亚热带向北亚热带过渡的湿润季风气候。气候温和，热量丰富，无霜期长，冰冻较弱；日照充足，春季寒潮频繁，秋季寒露风活跃；雨水充沛，但分布不匀，春末夏初雨水集中，并多暴雨，伏秋干旱常见；四季分明，季节性强。

临澧山川秀美、水土膏腴、物产富饶，地形地貌以丘陵为主，粮、棉、油等农产品在全国、全省占有重要位置。临澧形成“杨树、果蔬、畜禽”三大主导产业，培育了杨板西瓜、官亭牌脆蜜桃等多个绿色食品品牌。临澧特产有临澧黄花鱼、杨板西瓜、官亭牌脆蜜桃、临澧柑橘、傅大姐食品、赵家葡萄、临澧红枣、杨板千张、伍大姐野生重阳菌、百味美食品、太浮中华猕猴桃、清水肉鸭、浮山香菇等。

一、临澧县特色菜点

1．和渣

和渣是在制作豆腐的时候浆汁过滤后的黄豆渣，清淡中带有乳香，色味皆具，营养丰富。掺入切细的青菜叶并用温火煮熟处理成为一道美味菜肴。在寒冬，将酸和渣放入辣椒、猪油、盐、大蒜等调料，架在柴炉上边熬边吃，比起吃麻辣豆腐、臭豆腐，别有一番风味。

2．杨板千张

杨板千张花样众多、可荤可素、营养丰富，深受人们喜爱。千张即豆腐皮，杨板千张讲求豆好水优，杨板桥有一小溪常年不歇，源自古老的泉井，甘甜滋润。当地人所制豆腐、千张等制品就是选用此溪之水，千张白如玉、薄如绢，清纯细嫩，鲜美可口，具有独特的风味。在清朝时，曾作为贡品。

3．杨板腊豆腐

杨板腊豆腐与杨板千张齐名，同是临澧传统名吃。将已做好的豆腐切成四方块状，放入清水中煮好后捞出晾干，撒上盐经熏、晒等几道工序即成风味独特、色香俱佳的干腊豆腐。杨板腊豆腐食用时既可素炒又可干炸。杨板腊豆腐便于携带和贮藏，无论远在他乡的游子还是亲朋好友，总忘不了带上点家乡的杨板腊豆腐招待家人。

4．娃儿糕

娃儿糕又称发糕，是常德民间的传统小吃。一般为圆形或长方形。圆形的，长得白白胖胖，中央鼓起来，像小娃儿吃撑鼓起的圆肚子。方形的，像一块周身布满了小洞的白砖头，看似沉实，吃起来却蓬松柔软。娃儿糕圆润洁白，形如寿糕，象征吉祥，食用方便，经济实惠，随买随吃，冷热皆宜，味甜可口，营养丰富。早在清初年间，就有了娃儿糕的家庭制作坊和专营店。

5．米儿糖

米儿糖是传统的零食食品，很有名气。以前每逢春节，每家每户或制作或购买，既可给家里的小孩当零食，又可招待走亲访友的客人。米儿糖的主要原料是白糖糯米，先把糯米煮熟，晒干后在锅里炒焦，然后将白糖放在锅中，用温水熔化成稠状，将炒好的糯米放进锅中搅拌均匀，捞出后放于木框中加盖木板压缩冷却，最后用刀切成长方形的糖块，有的还放些橘皮、枸杞、花生、芝麻，撒些香喷喷的糯米粉，吃起来又香又甜又脆。

6．凉拌麻辣藕

凉拌麻辣藕是临澧家喻户晓的凉菜，做法是将鲜藕去皮洗净后，整节放入锅中，用水煮熟，切成薄厚均匀的小片，再与花椒油、辣椒末、盐、生抽、蒜末、葱花、陈醋、香油等佐料拌匀，冷却后即可食用。麻辣藕，色泽亮丽，麻辣鲜香。

7．牛蹄火锅

牛蹄火锅又称牛海底火锅，是临澧的一道古老而又长盛不衰的风味火锅。牛蹄火锅是乡间野吃，俗话有咬牛筋之说。牛蹄火锅味香诱人，肉蹄糯而不腻，既有丰富的脂肪和蛋白质，又有除湿祛寒的药用功能，经过临澧当地厨师的不断改良，牛蹄火锅逐渐成为当地的一道经典菜肴。

8．羊蹄火锅

临澧县羊蹄火锅选用当地放养的黑山羊蹄，这种天然放养的黑山羊，肉质富有弹性、胶质丰富，将羊蹄的脚指甲去除后，斩成块冷水下锅撇去血沫，捞出冷水洗净，锅中加入姜蒜辣酱爆香，下羊蹄翻炒均匀，倒入高压锅中，加入八角两颗，盐、味精、酱油调味上色，压25分钟后捞出，加入白萝卜同煮，萝卜软烂入味，也可以加入土豆、青菜，吸收羊蹄汤汁，味道香辣下饭。

9．羊肉大面

羊肉大面是临澧县特色面食，将羊肉剔骨，洗净，置锅中煮至八成熟，呈淡白色后捞起，再将干红辣椒末（不能用辣椒粉）、姜末、大蒜末、花椒、豆瓣酱各放入适量。化猪油、化羊油、香油各等份，炸成红油，然后将八成熟的羊肉片倒入烩熟，置于文火之上待用。汤置于火上保温待用。当客人要食用时，便将碱水面条煮熟捞起，盛于碗中，配上羊肉汤和羊肉臊子，放上一点芫荽即成。羊肉大面集香鲜麻辣为一体，食客品尝后回味无穷。

二、临澧县特色原材料

1．黄花鱼

黄花鱼色泽黄艳，头小、含肉率高，肉质细嫩，清香味美，为鱼类中的上品。临澧黄花鱼不仅肉质细嫩、鲜美、具有独特的清香而且含有丰富的营养物质，享有“水中瑰宝”的美誉。临澧黄花鱼在当地经常用来清蒸，此外还可以制作为醉香黄花鱼、平锅黄花鱼、干煎黄花鱼、手撕黄花鱼等美味佳肴。

2. 猕猴桃

猕猴桃是山野藤本植物，味酸甜、色如桃、形似梨，但和桃、梨无亲缘关系。以前称毛桃、羊桃、猴仔桃。临澧太浮猕猴桃果大汁多味美，无病虫害，做出来的猕猴桃酒色泽微黄，略带绿，透明亮晶，具有细雅悦人的猕猴桃果香，果香与酒香搭配协调，醇和爽口，酸甜适当。

3. 野生重阳菌

野生重阳菌是临澧的地方风味特产，采用野生重阳菌与天然茶籽油混合煎制而成，工艺流程独特，配料考究，是餐桌美味佳品，含有人体所需要的多种微量元素和氨基酸，具有增强食欲等多种保健功能，可以做米粉面条的调味，味道鲜美。

4. 红枣

红枣既可作为鲜枣食用，又可吃经过加工的干枣、蜜枣、乌枣。营养丰富，受当地的日照光热的影响，当地的红枣肉厚核小，口感脆嫩，味道清甜。在临澧，以太浮、官亭、文家等地生产的红枣为代表。枣树之所以备受人们青睐，一是它属于长青树，二是它属于经济作物。

5. 白毛尖绿茶

白毛尖绿茶色绿光润，汤澄碧翠，香味隽永。临澧绿茶由来已久，自唐朝就有种植，遍布全县乡镇。临澧绿茶系列中最为闻名的要数白毛尖绿茶。采摘在清明前，精选纤嫩如玉，白毛显露，一芽一叶的莲芯茶叶。茶形美观，用玻璃杯冲沏，芽头冲向天空，悬空竖立，上下游动，徐徐沉入杯底，茶味清醇。

6. 临澧柑橘

临澧地处中亚热带向北亚热带过渡的季风湿润气候区，适宜种植柑橘。色泽亮丽，果皮较薄，橙红色，果肉汁多肉脆、清甜，耐储存。

7. 七重堰甜酒

七重堰甜酒由来已久，相传每年端午节来临时，为纪念屈原举行龙舟赛，一作拜祭之用，二作饮酒驱寒之用。甜酒酒精度不高，似酒非酒，味甜可口。七重堰甜酒采用当地优质的糯米，上好的酒曲加热发酵而成，色泽清澈，味甜鲜美，醇香诱人，营养丰富，由于度数不高既可以作为餐后饮料，还可以作成甜酒蛋花汤作为餐后甜点。

第六节　安乡县饮食文化

安乡位于湖南北部，北顶湖北公安县、石首市，南抵汉寿县，东连南县，西界鼎城区、澧县、津市。

安乡属中亚热带向北亚热带过渡的季风湿润气候，四季分明，降水集中，阳光充足，热量丰富，无霜期长，气候地域差异小，适宜工农业生产。也有寒潮、大风、暴雨、干旱、冰雹、冰冻等灾害性天气，给工农业生产和人民生活造成严重影响。

安乡素有“鱼米之乡”的美称，境内气候温和、雨量充足、河网密布、土地肥沃、物产丰富，是全国商品粮、商品鱼、商品棉、商品油和禽蛋、珍珠生产基地，还有大量的芦苇、林业资源可供开发利用，其他农副产品如家禽、黄麻、苎麻、亚麻、食用菌、莲藕、蜂蜜、黄花菜等质优量足。

一、安乡县特色菜点

1．宫廷鱼糕

宫廷鱼糕是湖南洞庭湖区村姑渔妇的传统名菜。鱼糕以白鲢鱼、草鱼为主要原料加工而成，却没有鱼腥味。风味独特，口感鲜香脆嫩，可以用来煲汤、蒸、煮、炸、涮火锅，鱼肉经过宰杀制鱼糜后，肉质细腻有弹性，容易消化，清朝时，鱼糕出现到乾隆皇帝的菜单中，乾隆食用后有“食鱼不见鱼，可人百合糕”的赞扬，故明清时期一直作为朝廷贡品秘而不传。

2．酱板鸭

酱板鸭选用洞庭湖区蛋鸭为材料、配以30余种中成药材、经过10多道工序精制而成，有着麻辣香脆，回味悠长的特点。目前，这道菜经过厨师的多次改进，在制作过程中又增加了烘烤工序，使成菜更显酥香味美，别具一格。

3．多味鱼丸

安乡制作鱼丸有着悠久的历史，早在明清之际，在宴席上就有了鱼丸做的菜肴。多味鱼丸是经剖片、制糜、调料、搅拌、成形、油炸、杀菌几道工序制作而成，鱼丸大小一致，外形美观，色泽金黄。多味鱼丸加盐、葱、姜、酒、生粉、胡椒粉等多种调味品，顿觉香气四溢，五味俱全，鲜美可口。在安乡流传“请客不做鱼肉丸，十二大碗也不爱”的说法。

二、安乡县特色原材料

1．糯米甜酒

糯米甜酒虽然名曰“甜酒”，实质上不含糖精，是经酒曲中多种微生物和糯米发酵而成的天然营养食品，既可食之饱腹，又可饮用消暑解渴，保暖祛寒，无论老幼，四季皆宜，食用方便。

2．黄山头绿茶

根据西晋古籍《荆州土地志》中记载：“武陵七县通出茶，安乡最好”。黄山头茶树经过一个冬季的休养，养分充足，春雨绵绵过后的初晴，采茶人背上茶篓将第一茬优质鲜嫩嫩尖采摘，经制茶工艺处理精制加工而成，汤色碧绿，滋味鲜嫩，芳香持久。

第七节　汉寿县饮食文化

汉寿位于湖南北部的洞庭湖西滨，被命名中国甲鱼之乡，北濒洞庭湖，境内沅水、澧水通江达海。古为“西楚唇齿，云贵门户”。东濒沅江、南县，南界资阳、桃江，西接鼎城，北抵西湖农场，与安乡隔河相望。

汉寿历史悠久，西汉为索县地。东汉阳嘉三年（134年）改索县为汉寿县，取“汉朝江山、万寿无疆”之意。三国吴改汉寿为吴寿，赤乌十一年（248年），拆吴寿县置龙阳县。宋大观年间改为辰阳县。绍兴三年（1133年）复名龙阳。1912年更名汉寿县。

汉寿地处雪峰山脉向洞庭湖平原过渡地带，南部丘陵属雪峰山余脉，全境地势由南向北呈阶递状下降，以平原为主，水系发达，水域广袤，境内沅水、澧水、沧水、浪水、酉水等30条河流纵横交织，目平湖、太白湖、安乐湖等70多个湖泊星罗棋布，水产品生产一直在全省居领先地位，尤以甲鱼、珍珠闻名于世，傍水而生的芦苇享誉三湘。汉寿是国家确认的重点商品粮、棉、油、鱼大县，瘦肉型猪基地县，优质农产品基地县。汉寿盛产中华鳖，占全国商品鳖的三分之一。

汉寿城区以大米为主食，兼食红薯、豆类，农户忙时日食三餐，闲时日食两餐，皆以大米饭为主。丘陵区农户有时在饭中拌些干红薯或鲜红薯，湖区农户杂以蚕豆、豌豆。荒时暴月，吃稀粥或菜拌饭。无论老少，有嗜辣习惯，爱吃糟辣椒、油炸辣椒、辣子酱、白辣椒。有腌制坛子菜、腌腊肉腊鱼的习惯。城乡居民喜吃糯米汤圆，春天爱吃蒿子粑粑，三月三用地菜煮蛋，端午节包粽子，中秋节做糍粑，过年过节做甜酒，喜用荷包蛋、姜盐茶、擂茶款待宾客。水产丰富，爱食糟辣椒糊鱼、黄鳝下面条等。

五月初五为小端午节，十五为大端午节。家家户户门框挂艾蒿、菖蒲，吃盐蛋、粽子，饮雄黄酒，以粽子、绿豆糕、折纸扇等物馈赠亲友。八月十五中秋节合家团聚会餐，吃糍粑。入夜，边品尝月饼、糖果边赏月。九月初九为重阳节，乡间喜于此日酿酒，称重阳酒。

蒿子粑粑是汉寿人民喜食的一种具有独特风味的食品。每年三月，采来粑粑蒿的嫩叶洗净，拌以黏米和糯米粉，放入锅内，用旺火蒸熟，再用石碓舂烂，并掺入适量的芝麻和辣子酱，切成小块，放在雕有各种表示吉祥图案的木模内，做成扁平溜圆的粑粑，蒿子粑粑黏性很强，吃起来香甜可口。农历三月初三，各家各户都做蒿子粑粑，边做边唱：“三月三，蛇出山，做粑粑，塞蛇眼。”

一、汉寿县特色菜点

1．珍珠烧卖

旧时湘人有冬至吃炒糯米饭的习俗，汉寿人制作的珍珠烧卖外皮莹白透黄、润泽光亮，馅心腴滑咸鲜，新煎猪油与胡椒组合成的特殊浓香。皮薄光亮，白中带黄，馅料软滑油亮，味糍糯带咸，最能打动湘人的味觉。

2．年粑粑

年粑粑在汉寿最盛，每到春节前夕，农村每家每户便热火朝天地赶制粑粑。粑粑用糯米和黏米混合制作而成。年粑粑的原材料是黏米和糯米，按一定比例混合，用清水浸泡，经磨浆、成形、干燥等工序，粑粑口感绵黏甜糯、筋道十足，煎烤、蒸煮、油炸，香甜软糯的年粑粑成了过年的象征。

二、汉寿县特色原材料

1．汉寿玉臂藕

汉寿玉臂藕是湖南省汉寿县特产，相传，明朝有位皇帝在吃这种藕时，见藕白嫩脆爽，清甜，一节节如同宫女的手臂一样嫩白，十分喜爱。于是便命名为“玉臂藕”。汉寿玉臂藕体大、节长、壮硕，每根长达1米，重3～4千克，具有藕质脆嫩、口感香甜、无丝少渣、淀粉含量高的特点。汉寿当地人食用汉寿玉臂藕，生食时喜欢加些生姜、辣椒凉拌，熟食时喜欢清炒藕片、藕丁。不少餐饮店以汉寿玉臂藕为食材，制作成“金峰归巢”“孔雀开屏”“玉啄银塔”等各式的美味，深受食客欢迎。

2．九溪湘莲

九溪湘莲是湘莲中的佼佼者，有肉嫩味鲜、甜软可口的特点，能滋润心肺，有补脑养身之功能，在清朝被作为贡品。湘莲品种主要有湘潭寸三莲、杂交莲、华容荫白花、汉寿水鱼蛋、耒阳大叶帕、桃源九溪江、衡阳乌莲等，九溪湘莲作为湘莲的代表之一，具有颗粒饱满，洁白粉嫩的特点。取一颗新鲜的九溪湘莲放入口中就有种清香脆嫩的口感，常用来与禽肉类原料煲汤食用。

3．汉寿甲鱼

汉寿甲鱼具有体薄片大，裙边宽而厚，腹内脂肪呈蛋黄色，体质健壮，爬行灵活，免疫力强，生长速度快，成活率高等特点。其肉质纯正，细嫩鲜美，具有很高的营养价值和药用价值。1995年，汉寿县被评为“中国甲鱼之乡”。2011年原国家质检总局批准对“汉寿甲鱼”实施地理标志产品保护。

第八节 桃源县饮食文化

桃源位于湖南西北部，桃源县历来被誉为世外仙境，西与怀化沅陵县、张家界慈利县、永定区交界，东与常德临澧县、鼎城区接壤，北枕石门县，南抵益阳安化县。

春秋战国时期，桃源地域属楚国洞庭郡；秦朝时，属黔中郡；西汉为武陵郡临沅县的一部分。东汉建武二十六年，桃源地域从临沅县析出，置沅南县，隶属武陵郡。三国、两晋、南北朝时期县名均为沅南县。隋文帝开皇三年（583年），合临沅、沅南、汉寿三县为武陵县，隶属朗州。唐五代时期，今桃源地域均为武陵县的一部分。宋太祖乾德元年（963年），转运使张咏根据朝廷析武陵县之政令，在实地考察之后，建议置桃源县。理由是其地有一风景秀丽、道观雄伟的胜地，因陶渊明所作《桃花源记》传颂于世而得名桃花源。早在晋代，桃花源的桃源山即建有道观，名桃川宫。

一、桃源县特色菜点

1．擂茶

桃花源一带流行喝擂茶，相传东汉时伏波将军马援率兵南征到桃源时，士兵水土不服，瘟疫流行，民间献五味汤（用茶叶、生姜、茱萸、绿豆和食盐研末熬汤），服后痊愈，擂茶即由此演变而来。擂茶制作方法是首先将洗净的生姜、经水泡后的上好绿茶、炒至五成熟的大米备齐，放在陶制的擂钵里，用山苍籽树木棒将其慢慢擂成浆汁状“擂茶脚子”。由于山苍籽树本身具有一种特殊的芳香，所以，由它擂成的“脚子”中，便渗透着特有的芳香气息，“脚子”也因此不会存放数日而变质变味。冲泡擂茶也有讲究，必须待宾客入席之后才放上茶碗。其次，在碗里放半汤匙“擂茶脚子”和少许食盐或者糖，再用少量开水倒入碗内将“脚子”及盐（或糖）化淡。接着壶高提，水快冲，让水在碗里冲成漩涡，使“脚子”在漩转的水中自然冲匀。此时，整个碗面冒起的缕缕清香扑鼻而来。趁热喝上两口，顿觉心胸开朗，肝脾舒适。然后，细品慢咽，香、辣、咸（甜）、涩四味俱全，异香绵长。一碗擂茶下肚，顿时筋骨舒展，精神抖擞。

2．酢粑肉

酢粑肉是桃源县的有名美食之一，历史悠久。以炒熟的大米磨成粉，并拌上红曲、八角茴香粉、花椒粉和食盐。将用做酢粑肉的猪肉切成块，然后拌上和好的大米和料子，放进坛子里，用黄泥封住坛口。到次年春插前后即可食用了。酢粑肉在坛子里腌制半年时间，随着香料的发酵，味正香浓，食之满口余香，深受当地人喜爱。

二、桃源县特色原材料

1. 野茶王

野茶王叶片肥大、叶质柔软、叶色深绿、芽头硕壮、茸毛较多、汤色翡翠、气味芳香、余味悠长。野茶王是桃源县特产，为濒危的山地野生大叶茶品种。按加工工艺和产品品质分为桃源大叶芽茶、桃源大叶毛尖、桃源大叶绿茶。枝条粗壮，芽头肥硕，茸毛较多，叶片大而富有，叶色深绿，叶质柔软。

2. 鲁胡子辣酱

鲁胡子辣酱以桃源瓦儿岗独有的七星椒为主要原料，辅以茶油、蜂蜜、麻油、生姜、大蒜、白砂糖等，采用传统工艺剁制而成。七星椒又名七姊妹，是桃源瓦儿岗著名的特产，生长在海拔600米以上的高山，曾被列为清朝贡品。常德人经常用来蒸鱼头，或者配汤粉，拉面、做饺子的蘸料均可。

3. 桂花糖

桂花糖产于桃源，深受人民喜爱。原名陬市洋糖，起源于明末清初，前身为桃源乡下的管子糖，外粘芝麻，内为实心，淡淡的桂花香味，味道香甜，口感酥脆，过去送县令和抚军，并作为贡品转呈宫内，被列为佳品，受到嘉奖，从此名声大哗，并随商人漂洋过海，远销国外，洋糖也因此得名。

4. 延泉黑猪

延泉黑猪产于桃源延泉，有号筒嘴、螳螂颈、蝴蝶身、鲫鱼肚、鲤鱼尾之称。具有早熟易肥，蓄脂力强、味道鲜美、肉质细嫩的特点，当地人经常将延泉黑猪猪肉，拌上香油、辣椒、香菜根、胡萝卜制作成香拌黑猪肉，也会作为小炒肉与辣椒，蒜子同炒，香辣下饭，还可以将猪肉用橘皮、木屑烟熏腊制，用来延长猪肉的保质期，烟熏腊制后的猪肉品质更佳。

5. 桃源鸡

桃源鸡产于桃源县，为全国著名鸡种，又名铜锤鸡，颜色金黄，鸡腿形似铜锤，故名。据《桃源县志》记载，桃源喂养这种鸡已有300多年历史。桃源鸡为肉用型鸡，肉嫩味美，体内脂肪不多。适用于烧、炒、炖、煨等多种烹调方法，代表菜肴如桃源三杯鸡、滑炒桃源鸡丁、黄焖桃源土鸡、清炖鸡、红烧鸡块等。

6. 桃源牛

桃源牛眼大而圆，毛色深棕，品质优良，肉味鲜美，皮肤较厚，富有弹性。根据不同的部位采用不同的烹饪方式各具风味，里脊部分筋膜较少，可以与辣椒、香菜、蒜片同炒作为小炒牛肉，肉质鲜嫩，香辣下饭。作为筋脉较多的腿部腱子肉，可以焯水后，加酱料卤制入味切片食用，卤香四溢，嚼劲十足。

第八章　民族饮食　张家界味道

张家界位于湖南西北部，澧水中上游，属武陵山脉腹地，为中国重要的旅游城市之一。张家界市东接石门县、桃源县，南邻沅陵县，北抵湖北鹤峰县、宣恩县。

张家界历史悠久，商周时期地属荆楚，春秋战国为楚之黔中地。原名大庸，是古庸国所在地。早在原始社会晚期，先民就已开始在澧水两岸繁衍生息。到了尧舜时代，舜放欢兜于崇山，以变南蛮，秦始皇设郡县，张家界一带属黔中郡慈姑县，在澧、沅流域建立了现今湖南境内第一个行政区黔中郡。西汉高祖五年分黔中郡为武陵郡，析慈姑县为孱陵，充县。三国吴景帝永安六年（264年），嵩梁县被命名为天门山，设置了天门郡，至两晋、南北朝，均属天门郡溇中、临澧县。唐高祖武德四年（621年）下令置澧州、澧阳郡，属山南道，统辖六县，慈利与崇义县归其所辖。宋太祖乾德元年（963年）将今张家界市全境划归澧阳郡，曰慈利县，设安福寨、武口寨、索口寨。明朝设置大庸县，明崇祯三年（1630年），张万聪的第六代孙张再弘被赐团官，且设衙署于此。这一带成为张氏世袭领地，被叫成了张家界。清雍正十三年（1735年）设永定县。1988年5月18日，国家批准建立地级大庸市。1994年4月4日，国务院批准大庸市更名为张家界市。

张家界溪河纵横，水系以澧水和溇水为主，澧水干流在桑植县南岔以上有北、中、南三源。北源为主干，发源于桑植县杉木界；中源出八大公山东麓；南源出永顺县龙家寨，三源在龙江口汇合后往南经桑植县、永定区、慈利县，最后流入洞庭湖。

张家界农业以稻谷、棉花、黄豆、茶叶为主。农产品有稻谷、七星椒、黄豆、菜油、茶叶、苎麻、木材、中药材、湘西黄牛等。

第一节　张家界市区饮食文化

土家人主食以苞谷、大米、高粱、红薯、杂豆、洋芋为主。加工花样颇多，吃法也很讲究。菜肴讲究酸、辣、香味。腌制泡辣子，吃起来又辣又麻，别有滋味。酸辣子，既可油煎，又是上等佐料。糯米酸辣子、苞谷酸辣子，可算是土家族妇女的绝技。秋冬后，每家都要制作几坛各种辣品，以备冰封时节、农忙时节、蔬菜淡季吃。夏天，天气炎热，不宜吃荤腥，鱼、猪肉又易腐，拌上糯米粉子，腌制成酸鱼肉，既不油腻、腥臭，又防腐、上口，是招待宾客的佳品。和渣也是土家人极喜欢的菜肴。以黄豆粉掺青菜叶温火煮，味美易咽，营养丰富。

豪饮品茗也是土家人的一大嗜好，饮酒煮酒由来已久，古代巴人就已豪饮成习，这些传统土家人继承下来。土家酿酒工艺精湛且种类繁多，如五谷杂粮酒、葛根酒、药材酒等。饮酒也有讲究，明清时期，土家族有特殊饮酒习俗，谓之咂酒。咂酒始于明朝士兵按时奔赴抗倭前线，将酒坛置于道旁，内插竹管，每过一人咂酒一口，以此传习成俗。茶是土家族生活必需品，有凉水甜酒茶、凉水蜂蜜茶、糊米茶、姜汤茶、锅巴茶、绿茶、灯笼果茶、老叶茶、茶果茶，还有炒米茶、蛋茶等。凡来人、来客主妇必视其对象筛茶，层次级别颇有讲究。常客筛一般茶，贵客筛蛋茶、甜酒茶。夏天，天热口渴，山民用葫芦、竹筒提来沁凉清冽山泉，冲糯米、高粱甜酒，连酒糟一起喝。土家族喜养蜂，蜂蜜为居家珍藏，客来茶中加放蜂蜜，这是客人的口福。冬天，喜喝熬茶。茶用大瓦罐置火坑间熬煮，常年不离，是土家火坑中的不倒翁。熬茶多用老茶叶或茶果，汤色深红，香气扑鼻。糊米茶是将米炒成焦块，用布扎紧，放至开水中，待冷却后喝，有止渴解暑的功能。

白族饮食与土家族有相通之处，仍以苞谷、大米、高粱、红薯、洋芋及杂豆为食。他们喜吃酸冷辣味食品，也喜喝茶嗜酒。凡贵宾上门，必筛一碗三蛋茶并待之以酒。白族人民喜制苞谷酒、高粱酒。待客时大碗喝酒大块吃肉，很有豪气。白族尤以待客大方著称。

三月三日吃蒿子粑粑，称蒿子节。端午节，凡附近寺观，必印送张真人图像，至节日必悬挂堂中，小儿辈则以雄黄涂额，以避邪毒。食粽子饮菖蒲，系艾蒿悬于门楣。永定及慈利九溪等地，喜于澧水赛龙舟。中秋节土家族不兴赏月，吃月饼则是土汉共有的习俗。土家人过中秋别有特色，他们披着皎洁的月光，去冬瓜园里偷瓜，给无生育之夫妇送子。

张家界夜宵中有甜酒汤圆、臭豆腐、烤豆腐干、烤牛肉串、烤羊肉串、烤鸡腿、烤鸡翅、猪尾、猪舌、烤鸡脚、酸鲊肉、风味土家辣萝卜、泡菜、烤茄子、豆角、马铃薯、烧辣椒、油炸香蕉等，还有传统菜肴石耳炖鸡鸭、泥鳅钻豆腐、酸酢鱼、土家三下锅、夫妻萝卜、十八子魔芋干、土家和渣等。

一、张家界市区特色菜点

1．酸酢鱼

酸酢鱼是以新鲜的小鱼为食材，破肚洗净，裹上米粉，放进菜坛中进行长时间腌制发酵而成的腌制品，居住在张家界的土家族、苗族民众，喜食酸食，家家户户都设有酸坛，荤素原料皆可放进酸坛进行酸制，非常有特色。酸酢鱼也可作为各种菜肴的主配料。通常采用煎、炸、炒等烹调方法，苗人、土家人习惯用茶油或菜籽油煎熟食用，煎后的酸酢鱼色泽金黄，酸香浓郁，下饭佳肴。

2．三下锅

三下锅是当地最具代表性的特色美食，吃法有干锅与汤锅之分，干锅无汤，麻辣味重，不能吃辣的人最好别吃。三下锅做法多样，主要是原料的选择有差别。一般来说，一份“三下锅”里的菜品可以达到10多种。这些原材料我们要通过三次下锅，才能到客人的桌上去。所谓“三次下锅”，意思是要把食材处理三次，就是工序至少要有三次。制作干锅式“三下锅”的主要步骤，其实就是将各种食材根据各自的特色，分别做焯水、腌制等处理后，再加入干辣椒、花椒油等调料后，混合在一起炒制。三下锅的原料为肥肠、猪肚、牛肚、羊肚、猪蹄或猪头肉等选其中两三样或多样。

3．和渣

和渣又称菜豆腐，是土家族人常吃的一道菜。和渣制作简单，土家人称“推和渣”，先将黄豆泡涨，然后磨成豆浆，再兑水放进锅里，放入切细的韭菜、青菜或萝卜菜叶等菜丝一同煮沸，就制作成乳白色带绿的“和渣”。在酷暑，喝一碗和渣，既解渴又消暑。磨出来的和渣放置几天就变成“酸和渣”了，这又是另一番滋味。

4．土家十大碗

土家十大碗历史悠久，作为土家族人迎宾、宴客的美食大餐，是土家族的一种文化，一种乡俗。土家十大碗源于当地民间节庆及办酒席时惯用的方式，其最大的特点是半荤半素、一菜两味、油而不腻，餐桌上看不到盘子，吃饭及装菜全部是蓝边大口碗。民间广泛传承的土家十大碗共六荤四素。“六”代表六畜兴旺、六六大顺，“四”代表一年四季、四季发财，每碗菜也各有寓意。

5．土家扣肉

土家扣肉是张家界土家人待客的一道主菜，过去一般只有在当地的人们办酒席才会用作主菜。扣肉用猪五花肉制成，味道鲜香软烂，肥而不腻。把五花肉带皮洗净，等水烧开后放入煮熟，为了更好入味，煮好后，需要在肉皮表面插些小孔，还要趁热抹上老抽。锅中放入油烧热至八成熟，将带皮一面炸黄起皱后控油；再放入沸水中浸泡，沥水切片，与加工好的咸菜、渣辣椒等装入土碗中，再用柴火灶和铁锅蒸，蒸熟后覆扣于盘内即可。

6．风味辣萝卜

风味辣萝卜是将萝卜洗净切成片或条状，放入自制的酸汤内，加白糖浸泡，再加食盐、花椒贮于盆内。食用时，取出已泡过一天一夜的萝卜，蘸上油辣椒等调味品，吃起来甜、酸、脆、辣尽在其中，其味真是妙不可言。

7．土家腊菜

土家腊味为土家人的席上一珍。土家人在冬季腌制腊肉，家里宰杀肥猪后，把带皮的猪肉洗干净。用盐腌制一两天，盐要多，把肉腌透，腌制后挂到屋檐下，晒一个月到晒干晒透后，美味的腊肉就可以吃了。

8．血豆腐

血豆腐是将豆腐和鲜猪血、猪肉丁及花椒、辣椒等佐料拌成泥状，捏成卵形，以竹筛置于火坑上，烟熏烤至腊黄，切片用大蒜、辣椒炒，吃起来耐嚼味香，是土家人们的特色菜，堪称佐酒上品。

9．粑粑

打粑粑在土寨苗乡普遍流行，土家人素有"二十八，打粑粑"的说法。每逢春节来临，农历腊月末，家家都要打糯米糍粑，是过年的习俗。粑粑有纯糯米做的，有小米做的，也有糯米与小米拌和做的，还有苞米与糯米拌和打成的。此外，还用黏米与糯米磨成粉，倒在一种用木雕模做的，模内刻有图案花纹的模具内，俗称脱粑。有些爱讲究的土家人，还用蓼竹叶包成一对一对的，在粑粑内放有芝麻和糖，吃起来又甜又香，俗名称蓼叶子粑粑。

10．团年菜

团年菜又称合菜，为土家族过年家家必制的民族菜。将萝卜、豆腐、白菜、火葱、猪肉、红辣椒条等合成一锅熬煮，即成"合菜"。除味道鲜美，还别有深意。它象征五谷丰登，合家团聚，其乐融融。

11．团馓

团馓俗称糯米馓子，是苗族、土家族、白族和汉族都爱吃的一种特产。将地道的土家糯米蒸熟，倒入一种特制的木板做底，围篾做圆圈的模子内，将熟糯米压平并用一种农家栽种的紫果水或食用色素在上面画"喜"字等吉祥图案，等冷却后取出来，晒干、储藏，逢年过节时送亲友或是招待贵客，吃时用食物油炸酥，膨胀后比原来的面积大两三倍，味道香脆可口。

二、张家界市区特色原材料

1．罐罐菌

罐罐菌又名荞巴菌、猫儿菌，属真菌类，性喜温凉湿润，农历八月为生长旺季。它多生于松树、茶树等杂木混交林中。有灰白、黄褐和黑色三种颜色，但采回晒干后均呈黑色，色泽光亮者最佳。鲜嫩味美，乃桌上珍品。

2．岩耳

岩耳是张家界特色食材，又称石耳，石木耳，地耳，岩菇，脐衣，石壁花，是石耳科植物石耳的地衣体，体呈叶状，背面大都为灰色或黄褐色，形状像黑木耳，具备惊人的锁水能力。《永定县志》记载："岩耳系民间珍品，食中佳肴，并有去热清火滋补之功能。和肉作羹或炖鸡，味道鲜美"，古代被列为贡品。岩耳可以凉拌、热炒、熘烩、作汤、作馅，可荤可素，味道均佳，可鲜食，也可制成干制品。代表菜肴有岩耳糯米粥、岩耳炖鸡汤、岩耳炖排骨、岩耳炖猪蹄等。

3．茅岩莓茶

茅岩莓茶又名土家神茶、长寿藤，其有效成分主要是黄酮，同时含有亮氨酸、异亮氨酸、蛋氨酸等人体必需的8种氨基酸和钾、钙、铁、锌、硒等14种微量元素，其中黄酮最高检测含量为9.31%，是目前发现的所有植物中黄酮含量最高的，被称为酮之王。

4．龙虾花茶

龙虾花茶产于张家界永定区境内的一碗水、三岔、黄坡等茶场，生长在海拔450米至1000米的山腰，是全国名茶之一。造型独特，外形扁曲呈龙虾状，银毫满枝，色泽翠绿。冲泡后，茶条彼起此伏，内质芬芳馥郁，茶液碧绿明净，滋味甘爽醇美，叶底嫩绿光洁，饮之芳香留舌，醒脑爽身。

5．猕猴桃

张家界猕猴桃，山里人称“羊桃”，也称“藤桃”“基维果”，有果中之王的美称。果肉风味独特，香甜鲜美，酸中带甜，细嫩多汁，吃后满口芳香，余味无穷。皮黄绿色或黄褐色，皮薄，果肉淡绿色。《本草纲目》记载：“其形如梨，其色如桃，而猕猴喜食，无中生有叫猕猴桃”。武陵源风景区盛产野生猕猴桃，有中华猕猴桃、毛花猕猴桃、草叶猕猴桃等5个品种。

6．湘西板栗

板栗为山毛榉科，多年生落叶乔木，主要含淀粉、糖等营养物质，在武陵源各景区有广泛分布，一般树高3米到10米左右。有大庸栗、油板栗、米板栗、毛板栗、旋栗等。果肉黄白，清香脆甜，营养丰富，湘西板栗炖鸡，汤菜一绝。

7．菊花芯柚

菊花芯柚，原名“大庸菊花芯柚”，产于永定区胡家河村，为清朝同治年间永定县西溪坪人胡春阶培育，因柚子脐部有铜钱大一圈菊花芯状纹而得名。每个重1千克左右，皮色呈翠绿色，肉瓣透红，嫩脆多甜汁。

8．金香柚

金香柚有很久的栽培历史，果实风味深获消费者的普遍青睐，为中国五大名柚之一，在武陵源至今有200多年的栽培历史，分布广、产量高，外形呈长圆形。果皮金黄、光滑、香气浓郁、果肉白色或米黄色，清脆柔软，汁液丰溢，香甜可口，品质极佳。

9．张家界椪柑

椪柑又名芦柑、白橘、勐版橘、梅柑。张家界生产的椪柑素有“橘中之王”之美称。果实具有大小适中，呈扁圆形，果色橙黄，果皮易剥离，色泽鲜美肉质脆嫩化渣，汁多味浓，风味浓郁，可溶性固形物高等特点，张家界椪柑种植历史悠久。为历代朝廷贡品，1949年后曾大量出口，享誉甚高。

10．土家苞谷烧

土家苞谷烧以苞谷为原料，是土家山民常饮的一种自制酒，酿制的原料为当地农产品苞谷（玉米），又因这种酒酒性较烈，入口烧喉，所以土家人称之为“苞谷烧”。湘西人逢年过节都饮苞谷烧，度数高，酒很纯。

11．青岩茗翠

青岩茗翠是全国名茶之一，产于张家界国家森林公园的表岩而驰名中外。外形美观，条索紧结，圆浑弯曲，白毛显露，色泽翠绿。从肉质看，清香馥郁，味醇回甘。冲水后，汤色绿明，叶底均匀，饮后顿觉神爽。

12．葛根茶

葛根茶采用张家界高山区的野生葛根加工，是一种纯天然、无任何污染、未加任何化学物质的绿色饮品。长期饮用，有补元气、预防和治疗心血管疾病的显著疗效，还有养血安神、滋阴壮阳、健脾益胃、活血通脉、降压减肥、养颜美容之功效。

13．武陵源岩鸡

武陵源岩鸡又可以称作嘎嘎鸡，它收声的时候，会发出“嘎嘎”的声音，因此而得名嘎嘎鸡。岩鸡的羽毛一般呈灰色，每只岩鸡大概重2～2.5千克，大的可达3.5～4千克重。在湘菜中经常使用，可做热菜、冷菜、汤菜，也可做火锅、小吃等，代表菜肴有岩耳炖岩鸡、野生菌烧岩鸡、干锅岩鸡等。

第二节　慈利县饮食文化

慈利位于湖南西北部，地处武陵山脉东部边缘，澧水中游，东北与石门县毗连，东南与桃源县接壤，西北与桑植县相邻，西南与永定区连接，是一个“七山半水分半田，一分道路和庄园”的山区县。

春秋末周楚平王之孙白胜筑城于零水之畔，即白公城。在黔中郡下置慈姑县。汉高祖十二年更名零阳县，属陵郡。隋开皇十八年（598年）改称慈利县。取“土俗淳慈，产物得利”。元贞元年（1295年）升为慈姑州，旋改为慈利州。明洪武二年（1369年）降慈利州为县，沿袭至今。

慈利属湘西山区向滨湖平原过渡地带，地势自西北向东南倾斜，武陵山余脉在境内分为三支东西走向的山脉，澧、溇两水纵贯全境，蜿蜒于西北部和中部。地势西北高、东南低，地貌类型多样，以山地、山原为主。农业以粮、棉、油、烤烟、苎麻为主。甑山银毫茶和江垭九溪金香柚为名产。

一、慈利县特色菜点

1．榨辣椒

在慈利，无论男女老少都能吃榨辣椒，炎炎夏日里收获的辣椒大约有十几种做法，其中最受推崇的大约就是榨辣椒。它是将晒干的辣椒切碎加入了粳米制成，不仅可以炒着吃享受它脆脆的口感，还可以加水做成糊糊状，是极为下饭的佳肴。

2．炒米

炒米的制作与团馓部分相同，先将上等糯米淘洗，浸泡，然后过滤，蒸熟，倒地竹簟上用手捏散，制成阴米晒干。吃时，小火炒熟使其膨胀，便成炒米。可以直接干食，也可以用开水放糖泡食，其味又酥又甜又香。

3．醋萝卜

醋萝卜是将白萝卜切成薄薄的片或细长的条，置入瓷坛中，不出半月，一小坛香脆可口的醋萝卜就让人垂涎三尺。慈利山区一到寒冬腊月，土家的许多主妇就会将早已准备好的瓷坛洗净，往里面倒些夏日里自制的剁辣椒，加点切得细碎的蒜或姜，再放入一小匙醋，这样醋萝卜的调料就全放齐了，放入白萝卜即成，体现了当地人喜酸好辣的一种饮食习性。

4．腊肉炖黄鳝

腊肉炖黄鳝是将腊肉切片，鳝鱼切段。同时将青莴笋斜切片，高汤、小米椒、大蒜子、生姜和葱都要准备好，用做调料。锅中加入适量的油，倒入鳝鱼煸炒，直到鳝鱼起泡，成金黄色，出锅控油。锅中再次倒适量的油，将腊肉入锅煸香，加入煸好的鳝鱼段和姜片，翻炒一下后加入高汤，煮开。加入调料，煮开加入莴笋片、盐和鸡精，搅拌均匀，大火煮开后加入适量酱油，搅拌均匀即可出锅成菜。

二、慈利县特色原材料

1．杜仲

张家界市的慈利县拥有全国第二大的杜仲林生产基地，栽培面积八千多亩。采用杜仲为原料生产的杜仲茶、杜仲酒等系列产品，具有降血压、安胎、补中、益精气、补肝益肾的功效，深得人们所爱。

2．洞溪七姊妹辣椒

洞溪七姊妹辣椒“上汗不上火，辣口不辣心”，因七个一簇，朝天生长，形似七个姊妹成团拥抱而得名。因外形细小匀称，颜色大红夺目，色泽鲜活油亮，辣味厚重持久，营养含量丰富等优异品质而名扬四海。

第三节　桑植县饮食文化

桑植地处湖南西北部，风光旖旎，文物荟萃，山峦起伏，溪河纵横，风景秀丽。地形复杂，地处武陵山脉北麓，鄂西山地南端。武陵山脉从贵州云雾山分成三支，自西南向东北延伸入湘西、鄂西南，其北支和中支延伸到桑植全境，形成40条主要山脉，多呈东北至西南走向。

桑植历史悠久，上古史籍称古西南夷地，夏、商属荆地，西周属楚地，春秋属楚巫郡慈姑县，西汉时置县，西汉至宋，相继属武陵郡充县、天门郡县、临澧县、崇义县、慈利县等。宋仁宗年间，桑植推行土司制度，设桑植宣抚司。因司治桑植坪而得名。元、明、清因袭宋制，至清雍正五年改土归流，七年（1729年）设桑植县，沿袭至今，县名以县境内遍植桑树得名。

一、桑植县特色菜点

1．魔芋干

魔芋干用优质深山魔芋和土家传统方法制成，由于口味独特，具有辣条的鲜香刺激口感而又不失肉干的丰厚嚼劲，已成为桑植一绝。

2．猪血稀饭

猪血稀饭为土家人祭祀、祭祖等特定场合具有特殊用途的特殊食品。每年三月，是“白蒂天王”的生日，届时土家人杀猪祭祀。庙祝时煮“猪血稀饭”祭于神前。凡祭祀之人，都要分吃猪血稀饭一碗。此外，过年杀年猪祭祖，也煮猪血稀饭。寨子里逢人都可舀一碗吃。有远道来客，更要请一碗“猪血稀饭”，是湖南张家界桑植有名的特色小吃之一。

二、桑植县特色原材料

1．桑植盐豆腐干

桑植盐豆腐干属于豆腐的加工制品，在制作过程中会添加食盐、茴香、花椒、大料、干姜等调料，具有咸香爽口，硬中带韧的特点，早在清咸丰年间，桑植县城豆腐行业制作的盐豆腐干，畅销长沙、武汉、广州等地，且曾列为贡品，适用于炒、焖、烧、蒸等多种烹调方法，也是制作馅心和各种小吃的原料。

2．大庸毛尖

大庸毛尖又称茅坪毛尖，中国著名绿茶之一，属不发酵茶，产于大庸市，茶品外形茁壮圆浑，银毫显露翠绿叶色，有高山区天然的清香，滋味浓郁甘爽。早在西晋以前就已生产优质茶，明朝曾作为贡品，清朝仍为贡茶，成茅坪贡尖。茅坪毛尖属毛峰型特优绿茶，条索苗秀，满披白毫，色泽翠绿润亮。

第九章　鱼米之乡　益阳风味

益阳市位于长江中下游平原南岸的湘北洞庭湖区域，自古是江南富饶的鱼米之乡。东西最长距离217千米，南北最宽距离173千米，像一头翘首东望、伏地待跃的雄狮，威踞于湖南省中北部。北近长江，同湖北省石首县抵界，西和西南与常德市、怀化市接壤，南与娄底市毗邻，东和东南紧靠岳阳市和长沙市。

益阳市在新石器时代晚期即有人类繁衍生息。五千年前安化县马路口、江南，南县北河口，赫山区邓石桥和沅江市漉湖等地就已形成村落。青铜器时代桃江县马迹塘、灰山港、沅江市莲子塘以及赫山区赫山庙、龙光桥、笔架山一带，聚居村落已趋密集。东周以前，属荆州管辖。战国时期为楚国黔中郡属地。秦属长沙郡。益阳之得名，据东汉时应劭说："在益水之阳，当为县名。"益阳的名字，几千年来无论辖地怎么频繁变化，它一直没有改过名称。三国吴太平二年（257年）分长沙西部都尉设置衡阳郡，益阳属于衡阳郡。南朝宋时（420年）改衡阳郡为国，益阳属于衡阳国。南朝齐时（479年）复改衡阳为郡，直到梁时仍属于衡阳郡、药山郡、武陵郡、巴陵郡、南平郡。隋朝时分属潭州、岳州、朗州和澧州。唐贞观元年（627年）分全国为10道，开元中分为15道，道下州郡并称。益阳随潭州、长沙郡时更所属，变迁不定四次之多。五代，十国割据，湖南属楚国。北宋太祖建隆元年（960年），益阳属湖南路潭州长沙郡。元成宗元贞元年（1295年）以益阳县有万户升为益阳州，属潭州路。天历二年（1329年）随潭州路改为天临路属。明朝，益阳属湖广行省长沙府。明朝洪武初复降益阳州为益阳县。清朝，益阳属湖南省长宝道长沙郡。

益阳属亚热带大陆性季风湿润气候，境内阳光充足，雨量充沛，气候温和，具有气温总体偏高、冬暖夏凉明显、降水年年偏丰、7月多雨成灾、日照普遍偏少，春寒阴雨突出等特征。益阳东北部的南县、沅江市和赫山区东部，湖泊众多，河港交织，水草丰茂，盛产鱼虾和龟、鳖、鳝、螺等小水产。滨湖平原由河湖冲积而成，土壤肥沃，适宜种植多种作物，是全国粮、棉、麻、油重要生产基地，素有"鱼米之乡"的美称。

益阳美食除了辣，就是鲜，资江鱼、沅江银鱼细小味鲜。家庭盛宴有团年饭、年饭、接年饭，季节食物有荠菜蛋、谷雨茶、立夏蛋、粽子、年糕等。特色美食有排糖、玉兰片、银鱼、香草蛋糕、资江鱼、松花皮蛋、豆浆晶、金花腐乳、安化腊肉、千家洲荸荠、沅江辣妹子、酥糖、南县辣椒、山楂、朱砂盐蛋、安化工夫红茶、安化松针、安化银毫、银币茶、千两茶、益阳砖茶等。

益阳境内古俗，多以凉茶为常饮料。益阳人喝茶很讲究，除泡茶外，还盛行擂茶待客。好来客，必先以开水泡热茶相敬。节日和婚丧喜庆，宾客临门时无不置茶水相待。桃江、安化两县喝擂茶早已成俗，几乎家家户户备有陶制擂钵、擂钵架、擂茶棒。甜酒茶俗称煮茶，逢节气、婚礼或办三朝酒、寿酒，用甜酒冲蛋以待客，甜酒中煮红枣、荔枝、桂圆，再加圆鸡蛋。

大年三十全家欢聚，饮屠苏酒，吃团年饭，晚上通宵不熄灯火守岁。春节期间亲友之间还互请春酒，叫吃年饭。元宵节吃汤圆习俗流传至今。端午节家家户户均有吃粽子和绿豆糕的习惯，有的还饮雄黄酒，有的还用艾叶煮水给小孩洗澡，或用夏枯草煮蛋吃。每到插秧季节以换工或雇请方式找插秧把式，三餐以甜酒、白酒、腊肉、鸡、鱼、盐蛋等佳肴款待。云台、烟溪一带以糯米粑粑招待称吃秧粑，工价也从优付给。

安化历代以大米、玉米、红薯为主食，多杂以各种面食。以蔬菜为主，佐以肉、鱼、禽、蛋。平日多蔬食，节日及来客则添荤菜。人人喜辣椒，每餐不缺，每菜必掺。干辣子、干萝卜片、干茄皮、酸腌菜、干豆角等为常备干菜。玉米粉拌红辣椒腌辣子粉，红白相间，好看又可口。春节前杀年猪，熏腊肉，供一年食用，农村待客，多用腊肉。过年时以猪血、豆腐、碎猪肉、花椒、五香粉、红辣椒粉等拌和，制成圆饼，烘干称猪血粑粑，香辣可口。用黄豆霉作酱豆，城乡已为常见。农村宴客离不开猪肉、牛肉、豆腐、干鱼等，贵客登门则杀鸡，一般九至十二个菜，鱼放各菜之中，称鱼不走边，有蒸鸡、肚片、墨鱼、肉丝、肉丸、扣肉、蹄花、鲜鱼、炒猪肝、炖牛肉等十多样。

南县人爱吃辣椒，天天青椒炒肉吃不腻。自己做剁辣椒、辣椒粉、白辣椒、泡椒等。

沅江人一日三餐，早晚两餐正规吃饭，中午只吃点零食，称为过中。以大米饭为主食，为弥补大米不足，山区农户杂以玉米、红薯，湖区农户杂以蚕豆、豌豆。遇灾荒，吃稀粥或菜拌饭。无论老少有嗜辣习惯，爱吃坛子辣椒、白辣椒。有腌制坛子菜、腌腊鱼腊肉的习惯。元宵节吃糯米糖心汤圆；三月三日吃地米菜煮鸡蛋或者煎粑粑，称塌蛇眼；端午节吃粽子、盐蛋；六月六日吃羊肉；七月吃黄焖子鸡；八月吃月饼、菱角、桐子叶粑粑；九月吃重阳菌；十月吃湘莲；腊月吃腊八豆；春节吃粑粑、甜酒。食鱼有春鲢、夏鲤、秋鲫、冬鳊，适时食用，味道更佳。以大米为主要原料的大众化小吃食品有米粉、发糕、油粑粑、蒿蒿粑粑等。

第一节　益阳市区饮食文化

一、益阳市区特色菜点

1．凉拌皮蛋

益阳自古盛产松花皮蛋，凉拌皮蛋也成为益阳当地的常见凉菜，做法是将皮蛋剥去壳，一分为四小块，呈圆形摆在盘内。也有将皮蛋蒸熟再切，锅中热油，加入蒜、辣椒酱爆香，盖至皮蛋上，淋上生抽、陈醋、麻油即可，现在酒店配烧红椒切丝，与皮蛋搭配，颜色好，口感脆嫩香甜。凉拌皮蛋口味香鲜软嫩，非常开胃。

2．凉拌香椿

凉拌香椿枝肥质嫩，椿香浓郁。将香椿去蒂，洗净，大的撕开，投入沸水中焯一下，迅速捞出，盛入盘中，加入陈醋、精盐滗去水。把陈醋、精盐、姜末、酱油、味精、芝麻油调匀成汁，淋在香椿上面即成。香椿鲜嫩，投入沸水中一焯即出，涩味尽去，椿香四溢，酸辣爽口，细细品味，鲜香宜人，是报春时菜。

3．红煨八宝鸡

红煨八宝鸡的选料精当，制作考究，采用了传统的红煨技法，选用一年左右的老母鸡，采用整鸡去骨的加工方式，保证鸡肉外皮完整，八宝包括香菇、金钩、猪肥膘、冬笋、火腿、薏米、大葱、白莲，八种原料切成丁用猪油炒香，塞入鸡腹，将鸡用针缝好，表面抹上甜酒水，下入六成油温的锅中炸至红色捞出，再下入砂锅内，加入黄酒，白糖，葱，姜，水加上盖小火煨2小时，鸡肉中的油脂与馅料的清香紧密的融合，口味咸鲜，色泽红亮，体形丰满，滋味醇厚，油润鲜美。

4．捆肘卷

捆肘卷形状美观，质地脆嫩，咸鲜可口。将肘肉残存的毛挟去，刮洗干净，抹干水分。先用锅把花椒炒热，下入盐炒烫，倒出晾凉，葱、姜拍破，同时用竹扦在肘肉上扎眼，用盐、糖、花椒、酒、葱、姜在肘肉上搓揉，放入陶器盆内，腌约5天。把腌好的肘肉，用温水刮洗一遍，抹干水分，用净白布裹成圆筒，再用绳捆紧，装入盆内，用旺火沸水蒸2小时取出。解开绳布，重卷裹一次，再蒸半小时取出，凉透解去绳子和布，刷上香油，以免干燥。食用时，切成半圆形，切薄片摆盘，淋香油即成，口味咸鲜，色泽红润，质地脆嫩，咸鲜可口。

5．刮凉粉

刮凉粉是益阳街头一种传统的风味小吃，用蚕豆粉加工而成，是人们在夏日里最喜欢吃的一种清凉风味食品。刮凉粉是用蚕豆做的，先要用水浸泡蚕豆，将蚕豆打成水浆，过滤以后，剩下来的就是蚕豆浆，就像糯米浆一样，然后与水按比例调成水糊，在火炉上加热，加热时要不停的用筷子搅动，让其由白色的水糊慢慢变成透明的颜色，只有当凉粉搅得恰当好时，使其自然冷却，冷却凉透后，倒扣在一个器皿上，此时的凉粉如同一块玉石，晶莹剔透，刮下来的凉粉配上生抽、陈醋、辣椒油、蒜泥、花生碎、鸡粉、糖、味精，搅拌均匀，最后撒上一点香菜，酸甜辣咸鲜多味融合。

6．白粒丸

白粒丸是用大米磨浆搅糊，制作成的圆粒形的米豆腐，原本是益阳街头一种普普通通的民间小吃。20世纪80年代初，经过郭老倌的精心研究制作，成了益阳一种独具地方特色的名牌风味小吃。白粒丸通常同酸菜配以清汤加上辣椒粉熬制入味，白粒丸滑嫩，入口即化，汤酸辣开胃。

7．兰溪牛杂烩

兰溪牛杂烩是当地名菜，采用牛的肠肚心肺，牛鞭蹄筋，不同部位的原料，采用相应的烹饪技法使之成熟。兰溪牛杂烩的吃法是“肠肚心肺一锅煮，牛鞭蹄筋一锅烩”，因此称之为兰溪牛杂烩。开餐时，客人四边坐，矮桌放中间，桌子中间挖个孔，孔下放个火煤炉，孔上架上火锅，把牛杂烩倒入火锅，让炉火煮得翻滚，旁边放几盆如猪血、薯粉、黄菜、青菜一类的下火锅的菜，待火锅中的牛杂吃得所剩无几时，牛杂烩汤汁变得非常鲜美，再将盆中菜依次下入火锅，牛杂大烩做出来浓香扑鼻，鲜美可口。早在明清时代，兰溪牛杂烩便名扬水乡，誉饮洞庭。

8．虾米辣椒糊

虾米辣椒糊是益阳市赫山湖乡农民喜爱的一道家常风味菜，酸、甜、鲜、辣、香、色齐备，吃起来格外鲜美爽口，开胃增食。赫山农家以辣椒糊作菜，是在秋冬和青菜淡季吃的一种方便风味菜。在青菜缺乏的秋冬季节是下饭的菜肴，在早餐吃粉条时加入调味。

二、益阳市区特色原材料

1．松花皮蛋

益阳松花皮蛋已有500多年的历史，体软有弹性，滑而不黏手，蛋白通明透亮，能照见人影，上面有自然形成的乳白色的松枝图案。蛋黄呈墨绿、草绿、暗绿、茶色、橙色五层深浅不同的色彩，味道鲜美，清腻爽口，余香绵长。嘉靖《益阳县志》记载：“皮蛋业，此为邑人独擅长乾，湖鸭所产之蛋既多，制成皮蛋销路甚广，东门外贺家桥以此为业者数十家。”

2．朱砂盐蛋

朱砂盐蛋又名西湖咸蛋，煮熟一剖两半，蛋白蛋黄，红白相映，中间那橘红色的蛋黄，油亮而带浸色，颗颗朱砂露黄间，故名朱砂盐蛋。有500多年的制作历史，20世纪20年代，沙头镇出产的咸蛋甚多，益阳的朱砂盐蛋，蛋黄红，泛朱砂，质量味道与众不同。洞庭湖区水面宽，沟港多，而生长在湖汊沟港中的食鱼虾螺蚌的鸭子，生的蛋才能加工成朱砂盐蛋。现在一般采用草灰拌盐包裹，不再用盐水浸泡。食用时刮掉蛋外草灰，洗净煮沸即可。春夏两季吃盐蛋的人居多，尤其在端午节，吃盐蛋已成习俗。俗话说："端午吃盐蛋，脚踩石头烂"。

3．金花腐乳

金花腐乳为传统名特产品。相传唐宪宗元和年间白鹿寺主持广慧久日化缘未归，寺中香积厨中吃剩的豆制素菜长出了一层霉毛，众僧品尝后，觉得味道很好，于是按僧人习惯取名佛乳，因形而名毛乳，因益阳方言猫与毛同音，所以又称猫余。

4．大通湖大闸蟹

益阳大通湖大闸蟹有"青背、白肚、黄毛、金爪"等特点，如果是放养蟹，味道更鲜美，可以用来直接清蒸，螃蟹性寒，体寒的人群可以在食用后配以姜茶驱寒，湘人擅长烹制香辣蟹。

5．茯砖茶

茯砖茶最受西北少数民族喜爱，尤其是新疆人民，对益阳砖茶更是情有独钟。早在清朝道光年间，左宗棠率湘军入疆戍边，士兵拿随身带去的家乡茶叶，招待少数民族同胞。益阳生产的特制茯砖茶，选用上等黑毛茶，经蒸煮压砖发酵，待茶砖里冒出朵朵金花后，再用牛皮纸包好发运。"茶好金花开，花多茶质好"，茶中金花为谢瓦氏菌，能溶解脂肪，减肥健美，是衡量茶质好坏的标志，益阳砖茶几十年来行销西北五省。

6．志溪春绿

益阳志溪春绿形美汤绿，香高味醇，色翠俏美，茶叶新秀。由手工采摘、人工选叶、高温消毒、精心炒制而成，是十分难得的天然绿色茶叶，具有清痰止渴、怡神醒脑、清肺益脾、延年益寿之功效。代表品种有志溪银针、志溪银毫、志溪春毫等。

第二节　南县饮食文化

南县地处湘鄂两省边陲，湖南北部、益阳市东北部，洞庭湖区腹地，地处长江中下游，系洞庭湖新淤之地。南县可以用一马平川来形容，那是一种令人费解的平坦，站在土地上，没有任何障碍物，除了远方的大堤高于视野内的大片平地。

南县气候适宜，属亚热带过渡到季风湿润气候类型，冬凉夏暖，四季分明，热量充足，雨水充沛，日照时长，有霜期短，为农业生产提供优越的自然条件。土地肥沃，五条自然江河流贯其中，域内河渠纵横、湖塘密布，水域面积占总面积的三分之一以上，有洞庭明珠之誉。

一、南县特色菜点

1．酱板鸭

南县酱板鸭选用的是半年以上的水鸭，将鸭子沿腹部剖开放入盐水中浸泡，沥干水分用炭火烟熏，配合着用盐、茴香、蜂蜜、酱油等20多种调味料调制的汁酱，将鸭子涂抹全身放入烤炉中烤制30分钟即可，酱板鸭味道香辣，色泽棕亮、皮肉酥香，酱香浓郁，滋味悠长。

2．辣椒炒肚片

辣椒炒肚片色艳味美，将猪肚刮洗干净，放入高压锅中煮熟，捞出冲凉切片，青红椒切开去筋去籽洗净，用开水汆一下，捞出切成小段，炒锅倒油烧热，下入姜蒜煸香，倒入肚片翻炒，加入青椒、红椒、盐、料酒、味精，翻炒均匀，用水淀粉勾芡，淋上熟油，出锅即可，猪肚软嫩鲜香，味道香辣下饭。

3．当归黄芪鸡汤

当归黄芪鸡汤是益阳人餐桌上的滋补名菜，采用乌鸡、当归、黄芪等烹制而成，先将乌鸡初加工，剁成块状，锅中放油烧热，放入姜片煸香，倒入乌鸡块稍微煸炒，然后烹料酒，放入清水，加入当归、黄芪、枸杞，大火烧开，转成小火慢炖约1小时，色、香、味俱全，药食同源，是食补佳品。

4．灌汤蒸饺

南县的灌汤蒸饺皮薄软润，馅料鲜嫩汁浓。面皮采用精白面粉、糯米粉、淀粉和白糖冲入开水，趁热揉捏成团，擀成面皮，馅料选用当地新鲜的猪前腿肉和汤冻，用盐、味精、酱油、葱姜汁调味搅拌均匀，包入面皮当中，上蒸笼蒸十来分钟，趁热咬开，汤汁顺着舌头流入口腔，葱姜味伴随着肉香让人为之一振，无论是做成柳叶状的饺子，还是做成月牙状的饺子都包不住馅心的鲜香，灌汤蒸饺也因此深受当地人民的喜爱。

二、南县特色原材料

1．辣椒

南县辣椒品种主要有大辣椒和尖辣椒。大辣椒主产乌咀、明山头和中鱼口等乡镇；尖辣椒盛产牧鹿湖乡。南县辣椒具有味纯、色鲜、存放期长等特点。尤其是大辣椒，果大呈牛角形且较扁平，青熟时浅绿，老熟时色鲜红。肉心甚厚，微辣稍甜、味鲜，是一种营养丰富的蔬菜。

2．湘安仙笋

湘安仙笋用野生小竹笋通过传统工艺及现代化加工技术相结合制作而成，笋清香味，鸡肉、猪肉等新鲜的原料与鲜笋为伍，可制作凉拌、拌炒、清蒸、温汤等各种美味佳肴，脆嫩鲜美。

第三节 安化县饮食文化

安化地处湘中偏北，资水中游，雪峰山脉北端。安化古称梅山蛮地，土著多为瑶族，是闻名遐迩的梅山文化发祥地，宋神宗熙宁五年（1072年）置县，有近千年历史。安化历史悠久，人杰地灵。安化为古梅山之域，汉属益阳县地。唐僖宗光启二年（886年），梅山峒蛮断邵州道，不与朝廷通。直至宋神宗熙宁五年朝廷收复梅山，置安化县。

安化地形地貌多样，各类资源丰富。属亚热带季风气候区，土地肥沃，适宜各种作物生长。地势从西向东倾斜，高山叠嶂，峰峦挺拔，资水横贯县境中部。安化县为湖南省产花生、茶叶最多的县。

一、安化县特色菜点

猪血粑粑

猪血粑粑香辣可口，安化人过年时以猪血、豆腐、碎猪肉、花椒、五香、红辣椒粉等拌和，制成圆饼，烘干称猪血粑粑。当地人民常用的做法是切片配大蒜叶、新鲜辣椒合炒，香辣下饭，或同腊肉合蒸，腊味扑鼻。

二、安化特色原材料

1. 荞麦

荞麦又名乌麦、花麦或三角麦，属廖科。安化荞麦生产历史悠久。清嘉庆年间《安化县志》记载“刀耕火种为生业，攀缘悬崖峭壁，种植荞麦、高粱、粟米一类作物”。荞麦也会晒干研磨成粉，制作荞麦粑粑，是一道餐桌上不可缺少的主食，也可以泡制成荞麦茶，麦香浓郁。

2. 安化松针

安化松针是利用安化高山云雾中的细嫩牙叶精制而成。外形挺直、圆细秀丽，状似松针、白毫显露、翠绿均整、香气馥郁，冲泡的茶水具有滋味甜醇、汤色彻亮、叶底嫩匀、可耐冲泡等特点。

3. 安化工夫红茶

安化工夫红茶是湖南红茶的代表，与安徽的祁红，福建的建红鼎足而立，品质好的安化红茶应具备条索紧细，色泽乌黑油润，内质香气馥郁，汤色红浓，滋味醇厚，叶底干净鲜活。安化红茶是一种可以长期储存的红茶，越陈越香。

4．安化银毫

安化银毫外形紧细卷曲、白毫显露、色泽翠绿、汤色明亮、叶底鲜绿嫩匀、香气高锐持久，饮后回味悠长，清香犹存。安化银毫1994年被省农业厅评为“湖南名茶”。

5．求喜银币茶

求喜银币茶由安化求喜茶厂1995年研制生产，白毫显露，香高持久，滋味醇厚，形似银币，故名银币茶，单颗重约1克，属于中国第一代紧压绿茶，色泽绿润，白毫显露，香味纯正浓厚，汤色杏绿，回甘力持久，叶底黄绿嫩匀，冲泡后芽叶逐步散开，像紧包的花蕾慢慢盛开。

6．山楂

山楂俗称黄果、红果、山里红，属灌木或半乔木类，为安化县特产。山楂梗洼浅，果顶内凹，萼片缩存，底呈黄色，阳面彩红，果面光滑，味酸甜，营养价值和药用价值均高，近年来，加工成山楂片、山楂糕、山楂皮、山楂应子、山楂汁、山楂罐头等产品。

7．黄金菜

黄金菜生长于安化辰山深处，极为珍稀。自古在深山岩壁中，寻而采之，烘晒贮藏，黄金菜可以作为炖汤食用，与新鲜家禽为伍，赋予黄金菜充足的呈鲜物质，香味浓郁，口感脆嫩。

8．安化腊肉

安化腊肉色泽金黄，不同于一般市面上的腊肉。安化有习俗，过年杀猪，所得肉全部腌制挂于灶上，烟火熏染长达数月。味浓味厚，无论蒸、炒、煮，都好吃。炒辣椒、做土钵，都是餐桌美味。山区农家的腊肉有厚厚的黑烟，热水洗后切片，一蒸即食，腊香浓厚，肥而不腻。

9．魔芋

安化栽培魔芋历史悠久，适宜种植在海拔400米以上的树阴山地，以安化苍场乡等高山区为多。品种多为麻杆魔芋，扁球形，紫褐色，内质洁白，富含淀粉、蛋白质等营养物质，益阳人民主要是将魔芋加工成魔芋豆腐，用来做麻辣烫，独特的魔芋香味，入口滑嫩。

10．桃溪贡茶

桃溪贡茶采摘、炒制讲究，在湄江上游海拔800多米高的山岭上有个桃溪村，桃溪岭上有十多株老茶树，茶树采摘制作的桃溪茶自明朝以来就是安化县的贡品。一年之内，仅“谷雨”前后3天为采摘期。采摘标准为初展的新芽，新芽长要求为3厘米左右，下雨天及有露水时不能采。桃溪茶为茗中精品，汤色清亮明澈，略带一点绿色，滋味甘甜纯爽。

11．茯茶

茯茶是安化黑茶中的一种，内含金花，降脂降压降糖，被称为黑金，媲美于黄金。茯茶采用手工筑制，并有专门的发花工序。所谓发花中的花就是指的金花。茯茶最早被称为湖茶，采用原料主要来自湖南，因主要在伏天生产，又称伏茶，后来因茯茶香气和功效似土茯苓，又得名茯茶。茯茶已在历史上流传千年。约在1644年前后，安化黑茶远销西域，成就了茯茶的声名。

第四节　桃江县饮食文化

桃江地处湖南省中部偏北、资江中下游，有桃花江而得名。古为楚地，自秦汉起一直是益阳县的一部分，1951年9月从益阳县析置。桃江县东与益阳市区相接，西与安化县相连，北抵汉寿县，南靠宁乡县，区位优势十分明显。

桃江是个美丽的地方，以山水秀美、人杰地灵、人文荟萃闻名遐迩，“桃花江是美人窝，桃花千万朵，比不上美人多”，20世纪30年代著名作曲家黎锦辉先生一曲《桃花江是美人窝》使桃花江的美名蜚声海内外。

桃江属于雪峰山余脉向洞庭湖过渡的山丘地带，属亚热带季风性湿润气候，全年日照时间长，降水量丰富，气候温和。自然资源丰富，素有中国竹子之乡、茶叶之乡的美称，国家确定的商品粮基地县、瘦肉型猪基地县、油茶示范林基地建设县。桃江盛产大米、红薯、蔬菜、水果、花卉、药材等优质农产品，特别是葛类食品销往全球，武潭鱼誉满三湘，羞女山泉品质甘甜，雪峰山生态有机茶屡获金奖。

桃江的民俗风气，古尚俭朴。五道茶是桃江的待客之道，贵客临门，主人都会献上五道茶，即清茶、蛋茶、擂茶、面茶、盐姜茶来相迎。桃江盛产茶叶，自己家都有茶园、茶树，很多茶叶都是农家手工制作，味道特别，尤其以每年春的头茶为最。城镇居民，多从就近乡间向农民购买新茶，饮茶之风盛行。有客到，必奉茶。

一、桃江特色菜点

1．蛋茶

蛋茶在桃江县很多地方风行，有贵客临门招待客人坐下后，家里的女主人就开始招待客人喝茶。取农家的土鸡蛋，放入白水中煮熟，剥壳放入事先准备好的干净的碗内，加入干桂圆、红枣等，再加红糖煮的糖水，营养丰富，也有加甜酒等，各地稍有不同，茶味清甜。

2．甜酒茶

益阳桃江一带盛行甜酒，在春节时常喜欢用甜酒待客。当有比较贵重客人到来的时候，用甜酒加开水放糖煮沸后，再冲鸡蛋，俗称“甜酒茶”。既代表主人家的热情好客，也寓意宾主之间关系甜蜜。

3．面打茶

面打茶是桃江茶俗之一，先将鸡蛋煎成荷包蛋多个，再煮切面放佐料调味装碗，上加一个或两个荷包蛋，俗称面打茶。平常来不及做甜酒茶时，以面打茶代之，特别在做寿酒时必用面打茶，也有用面打茶作早餐者。在早市吃早点，面打茶口味咸鲜，也有在面条、米粉上加荷包蛋的。

4．擂茶

桃江的擂茶较常德的擂茶有些不同，桃江的擂茶以细茶叶为原料，在制作擂茶时，先将细茶叶、芝麻放入擂钵中，以擂茶棍作棒为杵，不断擂磨，再加食盐、炒黄豆、绿豆、花生仁，放适量山泉水、深井水或冷开水用力擂碎，擂成乳白色浆液，越细越好。同时还可根据不同用途、不同季节加入不同的配料，擂茶冬天加热开水冲饮，夏天加白糖用冷开水调均饮用，香、辣、咸（甜）、涩四味俱全。

5．锅贴鱼

桃花江中的水草丰富，河水清澈，盛产鱼虾，当地的人民以种植水稻、打渔为生，将捕捞上来的大鱼卖掉补贴家用，将剩下的小鱼自家使用，锅贴鱼最初是船家为了省事，把主食和鱼同锅做的一种方法，即锅底炖汤鱼，锅四周贴上面饼，饭菜一锅出，面饼吸收了鲜美的炖鱼汤汁，特别美味，渐渐的这种做法流传开来，成为一道极具特色的地方菜品。锅贴鱼色泽金黄闪光，食之蘸上椒盐，更显味道特佳。

6．干锅带皮牛肉

干锅带皮牛肉口味香辣，色红亮，质软糯，汁浓稠。选用带皮的腿肉部分，将牛肉烙去毛，刮洗干净，煮至断生，冷水冲凉，切成长4厘米，宽2.5厘米的块，加入茶籽油将牛肉炒至肉皮起小泡，加入八角、桂皮、辣椒酱、高汤、盐、味精调味，然后放入高压锅压12分钟出锅，挑出香料、干辣椒，留原汁备用。再将锅中放油，下入姜片、红椒、牛肉，原汤入锅收汁即可，当地人制作干锅带皮牛肉会在干锅底部垫上白萝卜片，边吃边煮，让白萝卜充分的吸收牛肉汤汁的鲜香味，牛肉的软糯汁浓，搭配萝卜的鲜香，一口下去满口留香。

二、桃江特色原材料

1．雪峰山毛尖

桃江县位于雪峰山的余脉向洞庭湖过渡的环湖丘岗地带，境内山丘环绕，岭谷并列，素有全国产茶大县之称。种茶树春季初展的一芽一叶为原料，经鲜叶摊放、杀青、初干、做形、整形、烘焙等工艺精细加工而成，汤色绿亮，滋味鲜爽甘醇。

2．桃江竹叶

桃江竹叶是桃江县茶科所于1988年研制成功的湖南名茶。以湘波绿、福鼎大白、福安大白等良种茶树春季初展的一芽一叶为原料，经鲜叶摊放、杀青、初干、做形、整形、烘焙等工艺精细加工而成，外形翠绿、扁平似竹叶，体现了桃江茶竹之乡的风格。

3．桃江春毫

桃江春毫采取精湛的加工工艺精制而成。即在清明前后，以茶叶优良品种的一芽一叶为原料，通过多道工序加工而成。具有外形条索紧细圆直，白毫满披，色泽翠绿，汤色嫩绿明亮，滋味鲜醇爽口，叶底嫩绿均齐的优良品质。

4．茗笋钵

茗笋钵脆嫩甘鲜、爽口清新，可谓是荤素百搭，春笋是春天的菜王。选用桃江特产大笋，色白，口感鲜嫩。用鸡汤在干锅中煨，放入少许剁椒，充分吊出了笋的鲜美味道，越吃越入味。

5．武潭鱼

武潭鱼原指产于资水武潭一带的鳊鱼，因水质优良，出产的鱼类品质高，现一般将武潭一带产得草鱼、鲫鱼、鲤鱼、鳙鱼、鲢鱼也统称为武潭鱼。烹制方法多样，比较出名的有水煮活鱼、黄焖武潭鱼、武潭鱼炖水豆腐等。

6．村姑油豆腐

村姑油豆腐用马迹塘独特山泉水，所产油豆腐香嫩酥软，别具风味。用料讲究，制作精细，它选用优质山乡黄豆作原料，用温水浸泡，再用石磨磨浆，用传统方法制作成豆腐，再脱水压快，切成立方体充分冷却，盐制，然后进行油炸。油炸时，要特别注意掌握火候，使之生熟细嫩，色泽金黄恰到好处，炸好的油豆腐冷却后用丝串成圆环，挂在街旁出售。马迹塘油豆腐或炒肉片，或下火锅，既保肉之鲜，又去肉之腻，叫人贪食不厌。

第五节　沅江市饮食文化

沅江位于湖南省北部，濒临洞庭湖滨。东北与岳阳县交界，东南与汨罗市、湘阴县为邻，西南与益阳市接壤，西与汉寿县相望，北与南县、大通湖区毗连。地势西高东低，西南为环湖岗地，沿湖蜿曲多汊湾。东南部为南洞庭湖的一部分，万子湖、东南湖等大小湖泊星罗棋布，淤积洲滩粼粼相切。东北部为沼泽芦洲。

沅江是流经益阳地区的沅江，以“流水归宿之地”而得名。东周以前沅江属荆州管辖。春秋战国时期，沅江成为湘楚文化的重要发源地之一。战国时期为楚国黔中郡属地。秦属长沙郡。西汉属益阳县，南朝梁武帝（522年）置药山县为沅江市境置县之初。隋改为安乐县，因沅江在县境注入洞庭湖而改名沅江县，宋改名为乔江县。宋乾德元年（963年），复名沅江县。1988年7月，撤销沅江县，成立沅江市。沅江是洞庭湖区最早的县治之一。市区湖泊清澈，有东方威尼斯之称，南洞庭湖湿地自然保护区拥有亚洲最大的天然芦苇荡。城区附近有胭脂湖、浩江湖，岸芷汀兰，鱼翔浅底，春夏秋冬景色各异，晴雨风雪各有情致。

沅江属亚热带湿润季风气候，具有湖区特色，光热充足，降水适中。温暖湿润，四季分明，多洪涝灾害天气。水稻土、红壤土、潮土、紫色土等适宜水稻、苎麻、柑橘、芦苇、豆类、林木的生长。沅江主要产品有粮、棉、猪、鱼、橘、苇、麻等，素有鱼米之乡、苎麻之乡、芦苇之乡的美誉。鲜鱼、柑橘、鸭蛋产量在全省居领先地位。沅江种植业以稻谷生产为主，粮食作物主要有水稻、小麦、红薯、马铃薯、蚕豆、黄豆、绿豆等，经济作物主要有棉花、苎麻、黄麻、甘蔗、土烟、枳壳、土药材等。油料作物主要有油菜籽、芝麻、花生等。

沅江鱼类资源十分丰富，渔业历史悠久，鱼类蕴藏量大，共有各种鱼类品种200多种，其中青鱼、草鱼、鳙鱼、鲢鱼、鲤鱼、鳊鱼居多，遍布沅江的各湖、河、港、汊、沟之中。沅江的集体渔场很多，加上个体渔业养殖户，构成了非常壮观的渔业生产队伍。近年还发展了网箱养鱼，使养鱼成为了仅次于稻谷生产的一门主业。

一、沅江特色菜点

1．肉末酸豆角

益阳人民钟爱浸坛子菜，浸黄瓜、浸藠头、浸豆角、浸辣椒，一坛的浸菜能够满足一个家庭几天的开胃菜，各种原料在坛子中经过几天的发酵，打开坛盖，酸香扑鼻，让人不禁口水吞咽。肉末酸豆角就是选用浸豆角，将豆角切成小段，选取肥肉100克，瘦肉250克剁成肉末，锅中加入油将肉末、干辣椒段煸香，加入酸豆角，盐、味精调味翻炒均匀即可，酸辣下饭、脆嫩咸鲜。

2．火方沅江银鱼

火方沅江银鱼是将火腿和银鱼的味道结合，老火腿配上新鲜的银鱼，火腿醇香，银鱼鲜嫩，汤清味美，先将火腿用碱水浸洗，再用清水洗净，上蒸笼蒸熟，银鱼去头尾，同火腿，菜心加入汤盅，加葱、姜、盐调味，料酒去腥，加入清鸡汤，放入鸡油煮熟，银鱼鲜嫩，无磷无刺，细如发丝，红白绿相间，令人垂涎欲滴。

3．糖醋沅白

糖醋沅白是沅江地区传统名菜。沅江所产银鱼色白如银，故称沅白。用剪刀剪去银鱼的头、尾，冷水浸泡10分钟，清洗干净。将银鱼盛入大瓷盘里摊开，撒上面粉和百合粉，用手拌匀，使银鱼均匀粘附一层面粉和百合粉，放入六成油温的锅中将银鱼炸至金黄，调上糖醋汁即可，此菜颜色金黄，外表微脆，味道酸甜，香气袭人。

4．豉椒划水

豉椒划水是当地特色菜肴，划水就是青鱼的尾巴，用盐腌约10分钟，用湿淀粉、鸡蛋液调糊裹匀。起锅放油烧至八成热，下入划水炸至金黄色捞出。锅留底油，放干辣椒爆香，放豆豉划水，配料，加调料煸炒，加入清水，大火烧开，用微火焖至入味，划水豆豉香味突出，口感酥脆，味道香辣下饭，是下酒好菜。

5．麻香糕

麻香糕位居湖南四大名糕之首，与湘潭的灯芯糕、湘乡的烘糕、宁乡的砂仁糕齐名，在当地老百姓心目中有着特殊的地位。从前有首民谣唱道："后湖里的水，陈义盛的女；锦林的鸡狼毫，億昌的麻香糕。"后湖的水就是做麻香糕的水，陈义盛家的闺女据说个个都漂亮，鸡狼毫是当地的毛笔，億昌字号的麻香糕最为有名。麻香糕色泽微黄、粉质细腻、疏松香甜、燥脆爽口、落口消溶，更兼成形规整、包装精致、图案醒目，一时在洞庭湖周边地区声名鹊起、销量大增，声誉波及全省。

二、沅江特色原材料

1．银鱼

银鱼是沅江传统名贵特产。体小而透明，喜栖于湖、港汊及清浑两水交江的敞水区，属珍贵食用鱼类。这种鱼含有丰富的蛋白质、脂肪、碳水化合物、维生素、矿物质等，肉味美，可以作为主料、配料使用，主要的烹饪方式有煎、炸、煮，煲汤、煲粥、同面粉鸡蛋合煎成饼，味道鲜香酥脆。

2．资江鱼

资江鱼又名贡鱼，也称梅鱼，鱼体形细小，头大，身着黄色花纹，可鲜食，其味鲜美。晒干成淡干鱼，和蛋烹食，味道更佳。做法是将蛋搅成汁液，掺入少量资江鱼调拌混合，蒸熟后，碗内一条条小鱼浮停蛋汁中，头上尾一，亭亭玉立，并无侧眼，也不下沉。资江鱼成群浮游水面多在黄梅季节出现，故称梅鱼。

第十章　农耕文明　郴州味道

郴州位于湖南东南部，别名福城，楚粤孔道、南北通衢，具有重要的战略交通枢纽地位，“林中之城，创享之都”，对接粤港澳的“南大门”，地处南岭山脉中段与罗霄山脉南段交会地带，东界江西赣州，南邻广东韶关、清远，西接永州，北交衡阳及株洲。郴州的地势自东南向西北方向倾斜，呈东高西低、南高北低的山字箕形。南岭山脉的几条主要山系在郴州呈东北至西南向走势，对北方南下的冷空气起阻挡抬升作用，对西南暖湿气流起屏障作用，郴州气候除了有亚热带湿润气候外，还有明显的地方性小气候。即具有光、热、水同季而且配合良好的四季分明的大气候，因地形地貌影响，使光、热、水等气候要素重新分配，形成气温的南高北低、西高东低和降水的山区多、平地丘陵区少、局地存在暖区和降水集中区的小气候。冬春两季，受蒙古高压控制，郴州市盛行偏北的大陆季风，多冷空气活动；夏秋两季，受西太平洋副热带高压和印度低压控制，盛行偏南风的热带海洋性湿润季风，冬冷夏热，春雨多，夏季暑热期长，秋高气爽，有时也秋雨绵绵。四季分明，平地丘陵区的冬夏季长而春秋季短。山区则冬季长，而春、夏、秋季短。

郴州历史悠久，秦置郴县、临武邑、鄙邑、耒县。西汉元鼎四年，桂阳郡辖郴、临武、南平、便、耒阳、桂阳、阳山、阴山、曲江、含洭、浈阳十一县。新始建国元年，王莽称帝，改桂阳郡为南平郡，改郴县为宣风、临武为大武、便县为便屏、曲江为除虏、浈阳为基武，并移郡治于耒阳，改名南平亭。东汉建武中还郡治于郴县，恢复郡县原名。1983年5月，耒阳县划归衡阳市。1984年12月，资兴县改为资兴市。1988年，郴州地区辖2市9县。

“鲜”是郴州菜的第一元素；“辣”是郴州菜的第二元素。不鲜不韵味，不辣不地道，土鸡、活鱼样样鲜活、香辣。郴州传统菜肴油重色浓，多以辣椒、熏腊为原料，口味注重香鲜、酸辣、软嫩。郴州特色美食有桂阳坛子肉、玉兰片、东江鱼等。

嘉禾人讲究吃与酒文化有一定联系，无酒不成席，客不饮醉主不乐。嘉禾人做菜除用油上乘、选料精细外，在制作上特别讲究，代表作有油炸肉、子姜炒血鸭、血灌肠、牛崽肉、馅豆腐、赖糍粑等。

第一节　郴州市区饮食文化

郴州市位于南岭山脉北麓，资源丰富，是我国香港农产品供应基地之一，临武鸭、东江鱼、裕湘面、永兴冰糖橙、桂东玲珑茶等农副产品享誉海内外。

一、郴州市区特色菜点

1．酱辣椒蒸鱼头

酱辣椒蒸鱼头是在剁椒鱼头的基础上演变而来，酱辣椒与剁辣椒相比，有不同之处，酱辣椒一般形状完整，把辣椒洗净，加入盐，腌5天后出缸，晾干后投入酱油缸，酱7天即可食用（时间越长越好），鲜美爽口，香辣开胃，鱼头精选雄鱼头，上面铺上一层酱辣椒，再加点豆豉，辣而不燥，食之，鱼肉鲜美入味，胃口大开。

2．郴州头碗

老郴县人称酒席上的大烩为“头碗”，即宴席中的第一道菜，当地的厨师几乎人人都会做，也做得好。郴州头碗是用多种食材烩在一起，高汤是做好头碗的关键之一，此外，郴州头碗原料非常丰富，与其他地方的头碗做法有区别，要用到猪肉，鱼肉，鸡蛋，风干猪皮（油炸），猪心，猪肚，猪肝，猪腰，老母鸡，猪筒骨，火腿，玉兰片，香菇，木耳，黄花菜，将高汤去浮沫，煮开，加猪肉蛋卷（或蛋饺）、鱼肉丸子、油炸猪皮、去壳熟蛋煮开；续加玉兰片、香菇、木耳、黄花菜、姜片、蒜子；再加猪心、猪肚、猪腰、猪肝，敞锅煮10分钟，加盐，撒葱花、起锅装盘。菜肴鲜美，口感丰富。

3．白辣椒炒腰花

将新鲜的青辣椒在开水里烫过后晒干就变成白色的了，故名白辣椒。这也是一种干辣椒，便于长期保存。郴州市各地都有，本地人大都爱吃，吃法很多。用白辣椒炒猪腰花是特色菜肴，先将白辣椒入油锅煸炒，炒出微微焦香，起锅待用，猪腰细细洗净，利刀片掉表层腰骚，剖猪腰为两片，一面打花刀，再改切成二指宽长条，用盐、姜、酱油码味。锅中放油烧至七成热，投猪腰片，用旺火爆炒，此时将已煸炒出香的白辣椒倒入，加葱、蒜子，快速翻炒均匀即可，出锅时，猪腰香鲜脆嫩。

4．麸子鱼

麸子鱼是郴州传统菜，“麸”字带“麦”，其实与麦无关，是用粳米和糯米混合的米粉，先将米放干锅内小火煸炒出香味，出锅。冷后用石磨磨成颗粒稍粗的米粉，加水、盐、酱油、胡椒粉调匀，即为“麸子”。将草鱼或鲤鱼初加工完，剖边切成瓦状块后，先以料酒、盐腌制入味，裹以“麸子”，摊铺在竹帘、筛子上。待晾晒风干后，用铁筛平盛，在柴火上文火烘焙，三至五天即可，即为“麸子鱼”。食用时加少量猪油清蒸，或茶油稍煎后黄焖，或油煎后加辣椒、大蒜炒制，其香无比，回味悠长。

5．老鸭芋头汤

老鸭芋头汤是郴州的特色菜，选两年以上生长期的老鸭为最好。老鸭宰后褪毛洗净，切成大块，清水洗净，先焯冷水，洗去浮沫，然后取砂锅加清水，加大量姜块，下入鸭块，大火烧开，转小火炖1小时以上。汤好后，将已切块的芋头块，投入汤锅，煮沸后两三分钟加盐、葱花起锅。老鸭汤清澈鲜美，芋头块入锅三滚，汤汁香浓，软糯滋润，口感甚佳。

6．鱿鱼焖笋

鱿鱼焖笋是郴州地区的传统名菜，过去乡里办酒席，这是一道不可或缺的经典菜。笋是从山上采摘的春笋，有的是将笋干用清水先涨发好，然后切成细丝，加入肉丝，用干货鱿鱼，经涨发后，也切成细丝，选猪前腿肉切成丝，先将笋丝煸干水分，倒出，肉丝用盐、酱油、生粉进行上浆处理，正式烹调时，先在锅中放油烧热，下入鱿鱼丝、笋丝煸炒调味后，再放入肉丝、韭黄、葱段，调盐、味精，大火翻炒均匀即可，肉丝的鲜嫩、笋丝的脆爽和鱿鱼的干香组合而成，味道非常鲜美。

7．大奎上黄牛肉

大奎上黄牛肉自清代起便开始闻名，民间有“东江的鱼，临武的鸭，大奎上的牛肉顶呱呱。”的顺口溜。大奎上位于郴州市苏仙区境内，平均海拔800多米，气候温和，山高林密，四季长青，风景秀丽，境内非常适合放养黄牛。用黄牛肉做的干牛巴色泽红褐发亮、肉质纹丝紧密，味道香醇。大奎上牛肉以其肉香、味美、回味悠长而闻名，为家庭、休闲、馈赠亲友的最佳食品。

8．栖凤渡鱼粉

郴州城北几十里，有一处地方名为“栖凤渡”。据传三国时期，庞统先生曾在此隐居。因庞统号为“凤雏”，所以便有了“栖凤渡”这个名字。对于郴州人来说，除了历史故事之外，这里最有名的就是鱼粉，鱼粉对于郴州人来说可谓是“宁可三日无肉，不可一日无鱼粉”，栖凤渡鱼粉具有进口觉辣，辣中带鲜，鲜中有甜，鲜香沁人，唇齿留香等特点，在郴州人的印象里，栖凤渡鱼粉的味道、名称、制作工艺已成为郴州市的一张文化名片，郴州苏仙区也被誉为“鱼粉之乡”。

9．郴州烧鸡公

郴州烧鸡公是一道家常菜，制作方法并不复杂，家家户户均会制作，以湘阴渡、栖凤渡的最为正宗。在湘南地区，房屋落成上梁时，自古有宰杀雄鸡祭祀的习俗，以祈求五谷丰登、人兴财旺，然后烹制成菜肴款待匠工。烧鸡公的主料是“公鸡”，且以老而大的为上品，将3千克以上的公鸡宰杀洗净，斩成小块，高压锅上汽后压制3至5分钟，热锅上火烧油，放入老姜；将压制好的鸡肉入锅，加盐、干米椒爆炒5分钟，放酱油、味精，加原汤焖制入味，最后加葱段、淋茶油出锅即可，菜品颜色红亮，口味鲜辣浓郁，皮酥肉嫩，回味无穷。

10．泡泡豆腐焖草鱼

泡泡豆腐焖草鱼的吃法是寒冬腊月多见的吃鱼方法。“泡泡豆腐”是冻豆腐经水煮或油炸后呈现的蜂窝状的泡泡豆腐。“泡泡”在郴州方言中有念pāopāo（同“抛”音）的，过去郴州人称“吃鱼”，指的是吃草鱼。冻豆腐解冻后切片或用水煮，或入油锅煎炸到微黄，盛碗备用。此时，整块泡泡豆腐周身均布满米粒大小的空洞。草鱼初加工，切块，投入茶油锅中，双边煎炸成微黄，再与泡泡豆腐加青红椒、姜片、蒜籽、紫苏叶加米酒50克焖烧10分钟，出锅盛碗。汤鲜柔嫩，冻豆腐鲜美多汁。

二、郴州市区特色原材料

1．贡菜

贡菜又名薹干、响菜、山蜇菜，莴苣属。清乾隆年间曾进贡朝廷，故称之为贡菜。其色泽鲜绿、质地爽口、味若海蜇，食用价值极高，是郴州名贵特产，栽培历史有2200多年，是纯天然的绿色高档脱水蔬菜，可以烧菜、烩汤、配制多种素菜，制成不同风味，独具特色。

2．神农春蕨粉

神农春蕨粉为郴州土特产，蕨粉又称“山粉”，因其原料来源于大山中而得名，俗称芽粉，呈白色，蕨粉为蕨类植物蕨的根茎中所含的淀粉经加工而得。蕨粉做法多样，当地人习惯用以开汤、用早餐、做火锅，过去人把它做成蕨根糍粑，充实米饭。

3．银杏粉

郴州银杏树多，产的银杏果除了炖汤食用外，还可加工成银杏粉，也是近年来的新产品，是新鲜银杏经加工而成的银杏制品。该产品既可以作为添加剂加入饮料中去，也可以加到老年人食用的奶粉中，具有降低血压、调节血脂等作用。

4．五盖山米茶

五盖山米茶产于郴县的五盖山，用清明前后采摘的嫩芽。采回后经过拣剔、摊青、炒茶、清风、烘干五道工序加工而成。其中炒茶和烘干对五盖山米茶品质有决定性的影响，炒茶烘干技艺独特，炒茶中还辅以锅铲，用“翻、按、扬”等手法，工艺颇为别致。五盖山米茶外形细嫩匀称，色泽银光隐翠，全系芽尖，茸毛贴身，内质嫩香持久，汤色清澈，滋味鲜而甘醇，叶底嫩匀明亮。

5．禾花鱼

郴州是我国南方稻田养鱼的重要发祥地，境内“禾花鱼”品质优良，风味独特，历史上颇有名气。稻田养鱼文化延续至今，已经深度融入到当地百姓的风俗传统中，据1988年版的郴州《临武县志》记载：农民在插秧后，即放鲤鱼入田，收割前退水捕鱼，名为禾花鱼。鲤鱼因生命力顽强、肉质细腻、营养丰富，成为郴州禾花鱼的传统放养品种。

第二节　资兴市饮食文化

资兴位于湖南东南部，湘江流域耒水的上游，罗霄山脉西麓，茶永盆地南端，湘、粤、赣三省交会处。东邻桂东、炎陵，南接汝城、宜章，西连苏仙区，北界永兴、安仁。

资兴以山地为主，丘、岗平地交错，地表起伏不大，地势东南高西北低，高差明显。水资源丰富，有东江、程江、永乐江、船形河四大水系，蓄水量相当于半个洞庭湖，人称湘南洞庭。

东汉永和元年（136年）建县，称汉宁，县治设凤凰山前。后数易县名，先后称阳安、晋宁、晋兴、资兴、泰县。南宋理宗绍定二年，改县为兴宁，治所设管子壕。民国三年（1914年）因与广东省兴宁县同名，复称资兴县。1984年12月24日，资兴撤县建市。

一、资兴特色菜点

1．孜然寸骨

孜然寸骨选用猪后腿上的寸骨，每头猪只有两根寸骨，经过腌、蒸、炒而成，肉质脆嫩爽口，香而不腻。在制作的过程中需先用生抽、盐、料酒腌制入味，然后隔水将寸骨蒸熟，再用八成热的油将寸骨炸至表面金黄，最后爆香蒜蓉、孜然、红椒和寸骨，加入调好的汁，翻炒收完汁即可，香味浓郁。

2．手撕农家鸡

手撕农家鸡皮脆肉酥，撕而食之，别有风味。土鸡用湘式卤水卤熟备用，再将卤熟土鸡拍断大骨，用手撕成小拇指粗的丝备用，油温烧至七成，将土鸡丝放入过油捞出，锅内加少许油，放入干红椒段、花椒碎、大葱、洋葱炒出香味，放入土鸡丝，加入蚝油、十三香、味精、红油、芝麻、孜然粉，炒香入味后装入干锅即可，鲜香酥软，回味无穷。

3．米粉鹅

资兴人对米粉鹅有着独特的情感，米粉鹅是各家各户款待来客贵宾的佳肴，米粉鹅选用的是放养肥鹅，初加工后洗净斩件，选用当地山茶油，自酿米酒，锅烧热，生炒鹅肉，煸干水分，将肉盛出，另起锅，热锅凉油，煸香姜、蒜、香料，下鹅肉与大料急火同炒，烹米酒；待到油脂溢出，调味，加水加锅盖焖至入味；再拌裹上米粉，上蒸锅或者高压锅，蒸锅上汽30分钟，高压锅上汽10分钟便可出锅享用。

二、资兴特色原材料

1．杨梅

杨梅以旧市、龙溪、天鹅山境内的质量最佳，又以糯米杨梅品种为上品，其果大，核小，成熟时呈紫黑色，味甜汁多。资兴杨梅历史悠久、个大、色乌、清香而味甜，摘下来保质期比普通杨梅要长得多，杨梅外表颜色有紫黑色、乌红、白色几种。

2．狗脑贡茶

狗脑贡茶产于罗霄山脉南端的汤市乡境内狗脑山一带。狗脑贡茶属绿茶，外形条索紧细、巧曲奇卷、银毫满披，色泽绿润灵雅；内质经冲耐泡、汤色嫩绿明亮，香气高锐持久，滋味鲜厚醇爽、回味悠长。

3．东江鱼

东江鱼指生长在东江湖和东江流域范围内的鱼类总称，主要包括鲜活翘嘴红鲌和鲢鱼。以这些鱼类为原料经传统烹饪技艺，结合现代食品加工工艺制作出来的东江鱼制品，肉质鲜香，软硬适度、无泥腥味，有嚼劲、香辣咸淡适口。

4．滁口柑橘

资兴市盛产橘子且品质优良，滁口地处东江湖畔，受东江湖特殊的气候影响，此地生长的橘子的口味更加鲜美可口，具有形美、色艳、汁多、香醇、味浓、无核、耐贮运等特点。

5．芋艿头

芋艿头形如球型，外表棕黄，顶端粉红色，单个重1千克以上，个大皮薄，肉粉无筋，糯滑可口，既是蔬菜，又是粮食，可蒸、烤、炒、烧汤，若蒸食，其香扑鼻；若煮汤烧羹，双滑似银耳，糯如汤团，芋艿头不但食味佳，而且是一种营养丰富的保健食品。排骨芋艿煲就是资兴一道特色菜肴。

6．白露米酒

白露米酒中的精品是程酒，因取程江水酿制而得名。程酒古为贡酒，闻名遐迩。兴宁、三都、蓼江一带历来有酿酒习俗。每年白露节一到，家家酿酒，待客接人必喝土酒。其酒温中含热，略带甜味，称白露米酒。制程酒须掺入适量糁子水，然后入坛密封，埋入地下或者窖藏，也有埋入鲜牛栏淤中的，待数年乃至几十年后才取出饮用，埋藏几十年的程酒色呈褐红，斟之现丝，易于入口，清香扑鼻，后劲极强。

7．碑记大辣椒

碑记大辣椒具有肉厚质脆，个大滚圆，辣中带甜，味道鲜美等特点。果形有牛角形和纺锤形两种，因形似灯笼称灯笼辣椒，有的硕长嘴尖，形似牛角故取名牛角辣椒。根据碑记大辣椒的品质特征和加工特性，一般将其制作成剁辣椒，制成的剁辣椒具有色艳、质脆、味鲜甜、酱香浓郁的特点。

8．羊尾笋干

春季来临，雨后春笋争相出土，春笋出现在家家户户的餐桌上，吃不完就晒干。有一种竹笋煮熟后晒干，其形如羊尾，人称羊尾笋干。羊尾笋干又脆又嫩，鲜美无比。将雪菜与竹笋共同制成干菜笋，笋的味道更好，清香扑鼻，煮汤或烧肉吃都可以。

第三节　桂东县饮食文化

桂东位于湖南东南部，湘粤赣三省的接壤地带，罗霄山脉南段。

南宋嘉定四年（1211年）析桂阳零陵、宜城二乡置桂东县。清康熙十七年（1678年），吴三桂在衡州称帝，避其讳改桂东县为阳平县。次年二月，复名桂东县。1958年11月，桂东与汝城合并为汝桂县。1961年6月，恢复桂东县建置。

桂东气候宜人，风光秀丽，属于亚热带季风性湿润气候，一年四季，冬无严寒、夏无酷暑，温暖湿润，四季分明，享有“天然氧吧、自然空调城”的美誉。山水旷野间，村寨竹屋零星点缀；春有花红柳绿，夏有杨梅野果，秋有红叶如荼，冬有银装素裹。春夏秋冬，阴晴朝暮，山岚雾嶂，时地不同，景观迥异，席地野餐，尽享回归自然的情趣。

桂东资源丰富，可供养牛、羊、兔的草山面积57万亩。桂东高山台地多，昼夜温差大，云雾缭绕，温暖湿润，具有发展无污染、无公害、反季节蔬菜、茶叶、药材等独特有利条件。“生在高山上，长在云雾中”的桂东玲珑茶，1994年获第五届亚太地区国际贸易博览会金奖，纯天然生黄菌唯桂东独有，甜玉米被誉为“湖南一绝”。在桂东可尽享天然美食，饱餐绿色食品，驻颜养容，延年益寿。名优特产还有香菇、玉兰片、花豆、白扁豆、薏米、藠头、金橘等。

六月六城乡人家都要买一两只仔鸭，邀亲呼友煮酒烹鸭而食。六月初六这一天，家庭长辈用细篾丝粘上毛边纸做成纸幡，宰鸭时将鸭血淋于纸上，将这些纸幡插到门前屋后每一垅田的首丘或大丘田的田角，俗称祭禾官子，以期禾苗茁壮成长，当年来个大丰收。民谣云“熟不熟，且看六月六,六月六晴，猪狗不食粥。”

一、桂东特色菜点

1．桂东板鸭

桂东板鸭是由本地一种叫洋鸭的鸭子宰杀后初加工洗净，用砂姜、食盐粉搓遍，腌制两天后，置于太阳底下暴晒成干。由于桂东生态良好，所产鸭子肉厚个大，再加上传统的秘制方法，板鸭具有香、脆、甜等特点，外形美观，回味深长。食用时，蒸、煎、炒均可，是桂东传统待客佳品。

2．油炸扫把草

油炸扫把草的主料是产自郴州桂东县清泉镇的扫把草，过去农民生活条件艰苦，用扫把草裹米粉然后油炸当菜吃。老百姓将长在田里的扫把草摘下来沾上米粉，蒸一下，晒干后，放进油锅炸一下，顿时成了人间美味。轻轻咀嚼，齿颊留香，再嚼香味沁人心脾。

3．黄糍粑

桂东黄糍粑是郴州的传统点心之一，每逢过年，桂东人家家户户都要做黄糍粑。黄糍粑是用金黄籽（一种中药材）烧制成灰熬成水，再加入热水大河香米浸泡精制而成。色泽金黄透亮，口感柔韧香滑。可用炒、煎、煮、蒸等方式烹饪成美味佳肴。

二、桂东特色原材料

1．玲珑茶

玲珑茶是桂东县八面山茶树嫩芽精制而成，条索紧细卷曲，头状若环钩匀整，色泽隐翠油润，银毫显露闪光，香气高纯持久，汤色杏绿明亮，滋味醇原鲜爽。相传在明末清初年间，当地县令用玲珑茶进贡。玲珑茶产地的茶树品种，具有萌芽早，叶色绿，白毫多，芽叶细长等特点。

2．冰糖橙

冰糖橙因其甜似冰糖而得名，果型端庄。冰糖橙果实皮薄核少、汁多肉脆、质香味浓、甜润爽口，是秋冬季节养生润肺的好水果。

3．薏米

桂东栽培薏苡历史悠久。薏米是薏苡去壳后种仁的俗称，桂东薏苡有黑壳、白壳两种，去壳后薏米粒大、色白、实重，薏米含有蛋白质、脂肪、糖分、维生素等多种营养，可煮食，可磨粉制糕点、酿酒，为消费者所喜爱。

4．花豆

花豆又名相思豆、花纹豆，只有桂东的部分山上能培植长豆，其他地方只是开花不结果。桂东人民种植花豆历史悠久，种出的花豆饱满而富有光泽，是桂东久负盛名的特产之一，在民间享有“豆中之王”的美称。

5．桂东高山笋

桂东高山笋质嫩味鲜，清脆爽口，并具有一定的食疗作用。高山笋既可生炒，又可炖汤，其味鲜美爽脆，是桂东县非常有特色的生态食材。当地农户将刚刚割下的竹笋尖用铁锅煮至熟透，再用山泉水浸泡，然后将泡好的笋尖捞出切片，放在焙笼上用炭火烘干，由于制作讲究，所以笋干保留了鲜笋的鲜嫩质感和清香气味，而且笋干的颜色还特别洁白。烹调时只需要将笋干充分涨发，再配上好的高汤和五花肉长时间焖制，就可以做出上佳的美味。

6．桂东黄菌干

黄菌是桂东深山老林区的山珍，因全身黄色故名黄菌。黄菌产于夏秋相交之际，数量相当少，肉质肥厚细嫩，又香又脆，被郴州的各大宾馆视为山珍。黄菌干有很高的药用价值，对抗老防癌，降低血压有显著的功效，是桂东的三件宝（玲珑茶、黄菌干、花豆）之一，是由一种较为稀有的野生食用菌日晒而成。黄菌无法进行人工培植，很多专家为此进行过各种实验，都未成功。

第四节　汝城县饮食文化

汝城位于湖南东南部，与广东、江西两省接壤，有“毗连三省，水注三江（湘江、珠江、赣江）”之美称，是镶嵌在五岭山麓的一颗璀璨明珠。东邻江西崇义，南界广东仁化、乐昌，西接宜章，北连资兴、桂东。

春秋战国时期，为楚南边境地，设汝邑。秦属长沙郡，为郴县地。西汉高祖五年分长沙南部置桂阳郡，汝城属桂阳郡郴县地。东汉顺帝永和元年（136年），析郴县置汉宁县，汝城为桂阳郡汉宁县地。三国时，汉宁县改为阳安县，汝城为阳安县地。西晋初，阳安县改称晋宁县，汝城属晋宁县地。东晋穆帝升平二年（358年），始分晋宁县地置汝城县，辖今汝城、桂东县地，属桂阳郡，汝城县之名始见于史籍。南朝陈武帝永定三年（559年），废汝城县置卢阳郡。陈文帝天嘉元年（560年），置卢阳县。隋开皇九年（589年）废卢阳郡，卢阳县隶属郴州。唐玄宗天宝元年（742年），改名义昌县，辖今汝城、桂东县地，属桂阳郡。五代后唐庄宗同光三年（925年）因避庄宗李存勗的祖父李国昌之讳，楚马氏秦准改义昌县为郴义县，属郴州。宋太平兴国元年（976年），因避宋太宗赵光义之讳，改郴义县为桂阳县。宋嘉定四年（1211年），析桂阳县之零陵、宜城两乡置桂东县，自是桂阳、桂东各为一县。元、明仍为桂阳县，属郴州路。清康熙十七年（1678年），吴三桂举兵叛清，在衡州称帝，号周王，避讳桂字，曾一度将桂阳县改为义昌县。次年（1679年）二月，吴三桂病死，兵败，复称桂阳县。1913年，因撤州建道，把郴州、桂阳州撤销，两州各县统一划归衡阳道，原桂阳州改为桂阳县，为避免两县同名，复称为汝城县，属衡阳道。

汝城多丘陵和山地，概称“八山半水一分田，半分道路通庄园”。属亚热带季风湿润气候区，温暖湿润，热量丰富，雨量充沛，光照充足，春暖多变，夏无酷热，冬少严寒，无霜期长。

一、汝城特色菜点

1．瑶家茶香鸡

瑶家茶香鸡的做法是将仔鸡去内脏、漂净血水，入锅掺清水加精盐、八角、三柰、小茴香、花椒烧沸至熟，捞出控干水分，取铁锅一只，底部放入茶叶、花生壳末，上面摆放铁丝网架，将锅置旺火上烤至熏烟初起时，即将鸡放于网上，加盖烟熏，并注意在熏制过程中适时翻动，待鸡熏至色黄油亮时取出，一道金黄油亮，茶香浓郁，肉质松嫩、爽口的瑶家茶香鸡便制作完成。

2．汝城米粉

汝城米粉是当地特色风味小吃，米粉洁白，圆而细长，形同龙须，把米粉买回去后，只要用水烫热，加上佐料，即可食用。米粉最讲究油码制作，有肉丝、红烧牛肉、三鲜、炸酱、卤汁、酱汁、蹄花、排骨等多种。米粉烫好装碗后，调以各种佐料，再盖上油码，餐食时，味美可口、独具风味。

3．汝城大禾米糍

大禾米糍因用叶子宽宽的大禾稻米为原料制作而得名，是汝城热水、集龙一带的传统佳品，历史悠久，早在明朝正德年间就被列为贡品。春节前夕，当地居民把捣大禾米糍当成盛事，春节期间，客人登门，必先煮糍一碗，加肉数块，以示款待，客人必须全碗吃完，方算不违盛情。

二、汝城特色原材料

1．瓜箪酒

瓜箪酒是瑶家招待客人的特制酒，酿制瓜箪酒以杂粮为原料，如玉米粒或碎玉米、小米、旱禾米、红薯丝等混在一起蒸饭，然后将农历八月十五上山采集的山药制成的特种酒曲药粉撒在酒饭里拌匀。拌酒药时对温度特别讲究，拌好酒药后，盛入缸中，压个半实。然后在酒饭中开一个小碗深的酒井，将缸加盖，并保好温。两天后酒即酿成，揭开缸盖，酒井中已是满满的“香泉”。这时又将酒拌匀，盛入坛中腌放，保存期延长至数月或半年，这酒便是瑶家的“老窖”。饮用时用瓜瓢舀出倒在碗里，连液带渣一起喝下，酒度不高，香甜可口。

2．汝城香菇

汝城香菇是处于罗霄山脉的汝城县的一种山珍，因其呈黑色，伞状，被人们亲切地称为“黑美食伞”。具有个大、肉厚、色深、味浓等特点，据《汝城县志》记载，从明朝起，这里便出产香菇进行售卖。

3．茶树菇

茶树菇又名茶薪菇，在自然条件下，生长于小乔木类油茶林腐朽的树根部及其周围，菇薄柄长，茶菇味在柄，浓郁中得清气，尤胜香菇。所产不多，不胜装载。自古以来，汝城民间称为“神菇”。

4．猴头菇

猴头菇是一种菌类，产于深山里，经过大自然的风吹日晒之后形成了成熟的猴头菇。常吃猴头菇对人体延缓动脉硬化，减少胆固醇，防癌抗癌有明显疗效。它的食用方法及其广泛，可根据个人喜爱的口味选择，凉水冲洗，淡盐水浸泡10～20分钟，捞出挤干，可用来制作燕窝猴头汤、干贝拌猴头、猴头炖鸡肉、猴头排骨汤等名菜。

5．硒山茶

汝城县的硒山茶历史悠久，该茶叶生长在泉水镇旱塘村海拔850米以上的高山上，硒山茶香纯持久、汤色明亮，饮后甘甜爽口，是一种纯天然、无污染的绿色食品，内含多种微量元素，其中含硒量每千克高达29毫克，深受广大消费者青睐。

6．汝城白银针

汝城白银针茶场群山环抱，终年峰峦叠翠、云雾缭绕，夏无酷暑，冬少严寒，是全省名茶产地之一。白银针茶用嫩茶芽叶精制而成，峰苗挺秀，白毫显露，翠绿油润，色泽明亮，滋味醇香，具有清心、提神、去腻消食、生津止渴等功能。

7．汝城玉兰片

玉兰片的生产技术始创于明末清初。玉兰片因其色泽蜡黄、半透明，形状似玉兰花的花瓣而得名。按玉兰片质量区分，“宝尖”最佳，“冬片”次之，“桃片”第三，“春花”为下。玉兰片是利用未出土或刚出土的幼嫩冬笋、春笋，经蒸煮、切片、熏磺、焙干等工序精细加工而成的一种高级笋干。

8．马桥花豆

花豆又名多花花豆，别名又称祛湿豆、荷包豆、红花菜豆、龙爪豆、大白芸豆、看花豆、雪山豆等，因种子褐红色间白色花斑，俗称花豆。马桥花豆是郴州市汝城县马桥乡的特产。马桥乡花豆是绿色保健、炖汤佳品，加上耐贮运，日益受到经营商和消费者的青睐，成为走俏的商品。

9．白毛尖茶

白毛尖茶又名毛茶，白毫满披，嫩香高长，浓爽馥郁。其采用珍稀汝城白毛尖一芽一叶初展精制而成。泡之，汤色杏绿明净，芽朝上，柄朝下，上下起落浮动，如春笋出土争奇斗艳，观之赏心悦目；香气纯正，滋味鲜醇回甘，饮之心旷神怡。白毛尖茶天生丽质，久负盛名。

10．白云仙云雾茶

白云仙云雾茶产于汝城县小垣瑶族镇大塘村白云仙，白云仙云雾茶生长在白云仙高山一带，平均海拔高度1100多米，属典型的高山云雾茶。白云仙云雾茶的种植历史已经有300多年，这里的老百姓用云雾茶接待客人已经成为了习俗，云雾茶具有滋味厚、香气足、颜色鲜、口感好的特点，汤色鲜绿明亮，叶层奶白整齐。

11．苦丁茶

汝城苦丁茶是郴州市汝城县的特产，年产量非常大，曾荣获国际、国内大奖。苦丁茶从严格意义上来说，算不得是茶叶，而是一种凉性药物。苦丁茶加工成品后，风味独特，先苦后甘，其性凉，有生津止渴，清热解毒，杀菌消炎等功效，是一种纯天然珍稀药用植物饮料，常饮可降压减肥，美容益寿。

12．汝城板鸭

汝城板鸭是湖南省汝城地区传统名菜，历史悠久，县志记载有200多年历史。相传当年乾隆皇帝巡游江南时，曾御用过板鸭，因享其香浓味美，即兴赐名祝家村板鸭以示嘉奖。汝城的上祝村，每到年底，家家户户的屋顶上都会挂满板鸭。在汝城人眼中，板鸭是招待客人最好的食物。它肉质细嫩，香味可口，肥瘦适宜，食而不腻，不用调味，蒸熟即可食用，具有独特的风味。

第五节　宜章县饮食文化

宜章位于湖南东南部湘南边陲，邻接广东，地处楚尾粤头，居七泽之末，联五岭百粤之徽，进可制韶关，退可蔽衡湘，固南北之咽喉，势险要之当防，素为兵家必争之地，是湖南的南大门，史称楚粤之孔道。东界汝城、资兴，南邻广东乐昌、连州、乳源、阳山，西连临武，北靠郴州。宜章古称义章，取大、小章水交汇之意。

宜章建治于隋炀帝大业十三年，萧铣始析郴置县。唐长寿元年（692年）分义章、高平两县，开元二十二年（734年）废高平，徙义章于高平。北宋太平兴国元年（976年）因避太宗光义讳，改名宜章，沿用至今。元朝，宜章县属湖广行中书省岑北湖南道郴州路。明朝，宜章县属湖广布政司郴州直隶州。清朝，宜章县属衡永郴桂道郴州直隶州。1959年3月撤临武县，并入宜章县。1961年7月恢复临武县，宜章县仍辖原属地域。县名及地域沿用至今。

宜章地势南北两端向中部倾斜，西北部向中部、东部倾斜，由中山、低山、丘陵、岗地、平原等构成，呈明显的阶梯分布，周围山峦叠嶂，奇峰高耸。

宜章属中亚热带湿润季风气候，受季风交替影响，春早多变，夏热期长，秋短温凉，冬无严寒，热量丰富，雨水不匀。

宜章生物资源品种繁多，水稻有灿、粳两大类20多个品种，旱粮有红薯、玉米、大豆、小麦、大麦、高粱等30余个品种；经济作物有柑橘、茶叶、苎麻等180余个品种；已查明的树种有90多科5844种；畜禽有近10种；鱼类有29种。

一、宜章县特色菜点

1．芋荷鸭

芋荷鸭是宜章的一道特色名菜，嫩绿的芋荷和少许辣味与鲜美的鸭肉相融合，口感丰富、鲜辣可口、味道醇正、油重色浓而毫无油腻之感，令人垂涎欲滴。芋荷鸭选用本地麻鸭以及芋荷的杆茎，因其叶似荷而得名。芋荷鸭的做法是先用慢火煸炒鸭肉、芋头杆，然后加水焖煮回软，芋荷杆饱吸鸭肉的油汁，鲜辣之味掩盖了微麻的口感，使鸭肉多了一分鲜香之味。

2．桃环

桃环是宜章本地一种土特产，俗称绞耳。在农村，过年的时候几乎家家都会炸桃环。桃环形如桃花，一般为6个大圈6个小圈，寓意六六大顺、阖家团圆。桃环用糯米灰加糖加芝麻，经过一系列的揉搓搅拌、搓条、编花，最后油炸而成，形如一个个花环相套，看起来金黄亮泽，吃起来香甜脆爽，是宜章每到过年时家家都备有的待客送礼佳品。

3．猪脑壳饭

宜章猪脑壳饭的做法是猪脑壳要先炖烂，高压锅上汽半个小时以上，炖到肉可以一块一块撕下来，把撕下来的猪头肉切成小块，加入大蒜、干椒炒香。酱色发亮的猪头肉淌着汁水，配上娇艳嫩绿的青椒，肉香浓郁，口感香辣，肉质松软而细腻。

4．蕨根糍粑

蕨是野生植物，蕨芽如大蒜蕊，筷子大小，撕去皮毛，切成寸长，加调料煎炒，鲜甜嫩滑。野蕨含丰富的淀粉，挖根捶烂，经过滤沉淀，去清水留浆粉，晒干留用。制作时，以水开浆，调入白糖，蒸熟即成蕨糍，软滑可口，别具风味。

5．团子肉

宜章百姓每年的“团年”菜中，团子肉和酿豆腐、鸡、鱼一样是必不可少的。四四方方的大块团子肉制作相当讲究，团子肉选用的都是农家自家土猪五花肉，吃的时候再蘸点农村自制的辣椒酱，香、脆、肥但松软不腻，香味扑鼻，老少皆宜。

二、宜章特色原材料

1．莽山银翠茶

莽山银翠茶原种为土茶，据《宜章县志》记载：莽山“以崖子石之山茶、莽山思仁坳之横水茶为最佳，其性凉，能解热毒，可治痢疾。”采茶精挑细选，炒茶火候准确，揉茶轻搓细揉，烘焙竹笼木炭。莽山具有独特的产茶条件和悠久的生产历史，莽山银翠茶，条索紧结，肥硕，银毫满披，栗香浓郁，耐冲泡，为我国绿茶中的精品。

2. 宜章香柚

宜章香柚果形美观、皮薄光滑、果肉饱满、蜡黄色、晶莹透亮、柔嫩多汁、酸甜适口、香气浓郁、无核，并富含多种维生素与营养成分。香柚每年10月中下旬采收，果实耐贮存，用塑料袋包装不做其他处理便可存放半年，品质仍佳，素有天然罐头之美称。

3. 宜章脐橙

宜章县地处我国柑橘产业带的最适宜区，是脐橙国家级标准化示范基地。宜章的脐橙肉质脆嫩，风味独特，含有人体所必需的各类营养成分，经常食用具有降低胆固醇、分解脂肪、清火养颜、防癌抗癌、延年益寿之功效。

4. 蕨根粉

蕨根粉采用野生蕨菜为原料，经现代工艺取其根部淀粉做成的粉丝或粉末食品，因为蕨菜的根是紫色的，所以做出的粉丝也就成了“黑粉丝”。蕨根粉富含大量的胡萝卜素、维生素及多种人体所需的微量元素和营养物质，天然野生无污染，是宜章人民历来十分喜爱的山珍食品。

5. 鲜蕨

鲜蕨是选取生长在莽山高山上的鲜蕨苗，肉质细嫩，属纯天然粗纤维野菜，含有人体所需的多种营养元素。食用时用清水浸泡片刻，再用开水煮一两分钟后，加料清炒或配以其他菜享用，也可放入各种汤内，非常鲜嫩。

6. 苦笋

莽山苦笋又谓之“仙笋”，生长于海拔500～1600米林间、草丛、高寒山区肥沃原野，可炒食、汤食，入口微苦、苦后而甘、鲜美无比，风味独特，属纯天然粗纤维食品。

第六节　嘉禾县饮食文化

嘉禾位于湖南西南部，舂陵水的上游，南临粤港，西通永桂，交通发达，信息便捷。嘉禾是湖南省面积最小的县。西北方、西方、西南方分别与永州新田、宁远、蓝山接壤，东北方、东方与桂阳接壤，东南方与临武接壤。

嘉禾县古称禾仓堡，禾仓即谷仓，是天下粮仓。明属桂阳、临武县地。明崇祯十二年（1639年）始置嘉禾县，县治设禾仓堡。明崇祯十六年（1643年），张献忠占领长沙、衡州，其部属胡尚月、胡圣华、朱衣点进驻桂阳、临武、蓝山。嘉禾为刘新宇起义军余部占领。清顺治四年（1647年）平南王尚可喜占领桂阳州，献忠领兵转移，嘉禾入清版图。次年，南明永明王袭取嘉禾。清顺治九年，明兵败走，嘉禾复归清，属衡州府。清雍正十年（1732年），嘉禾属桂阳直隶州。1912年，嘉禾直属衡永郴桂道。1938年属第八行政督察区。1940年，属第三区。

嘉禾属亚热带湿润季风气候，光照资源充足，雨量丰沛，年均温高，无霜期长。

嘉禾饮食文化独具特色，有“全国吃在广州，湖南吃在嘉禾”的美誉。2008年7月28至31日召开的首届湖南省国际湘菜文化高峰论坛暨湖南美食文化展上，嘉禾县、衡东县、武冈县等9个县（市、区）被省文化厅、卫生厅、工商局、质监局、旅游局和湘菜文化研究所等60家单位联合授予“湖南湘菜十大产业县”。子姜血鸭、血灌肠、油炸肉、水煮肉、红烧狗肉、全猪宴享誉省内外，湘嘉鱼、三味辣椒、倒缸酒初具品牌。

一、嘉禾特色菜点

1．荷香粥

荷香粥多食能下火。粳米、鲜荷叶为原料，粳米淘净，加水适量煮粥，再放入洗净的莲子和枸杞，荷叶洗净，待粥将熟时盖于其上，稍煮片刻，去叶食粥。荷香粥中荷叶的选择很重要，嫩荷叶无荷的清香味，老荷叶味苦，故必须用适中的荷叶。用新鲜的荷叶煮粥，除了要清洗之外，一定要用开水焯烫，因为荷叶的正面有一层薄薄的毛绒，只有焯烫一下，才能更有效的去除杂质。

2．子姜血鸭

子姜血鸭是嘉禾人餐桌上最常见的佳肴，嘉禾血鸭口感爽滑、香辣，具有不粘锅、不粘碗碟的特点。子姜血鸭的做法是选用本地放养的土鸭，宰杀时保留鸭血，鸭子去毛洗净后切块，放入锅中炒干水分后加入茶油炒至粘锅，再放入精盐、八角、桂皮、子姜、红椒后加水焖煮，起锅前和入鸭血即可。做血鸭须选用刚刚出栏的仔鸭，肉方才腴嫩肥美，若不肥则同于嚼蜡。据说原来是一道懒人菜，现在成为当地宴席中不可或缺的一道特色菜。当地有“子姜炒血鸭，呷了还想呷”的俗语。

3．红烧狗肉

红烧狗肉是嘉禾的一道名菜。嘉禾红烧狗肉以其香浓、味纯、滋补等特点而深受人们的青睐。红烧出来的狗肉，香气四溢，叫人垂涎欲滴。夹块狗肉放进嘴里尝一尝，不腥不膻，肥嫩不腻，香辣可口，回味无穷。嘉禾红烧狗肉烹调技艺十分讲究。过去，狗肉不上宴席是个不成文的规矩。随着改革开放的深入，人们生活水平的提高，思想观念也不断更新。现在，已打破狗肉不上席的禁忌。

4．嘉禾血灌肠

血灌肠又称“凉扣”，富有浓厚的地方特色。相传，南宋皇帝赵昀特赐名嘉禾血灌肠并作为贡品，是嘉禾的一道地方传统名菜，在当地男女老少都爱吃。血灌肠的制作程序是先将兑水调好的猪血灌入翻卷洗净的猪大肠，然后用稻草扎成一尺左右一节，用文火煮熟即可。血灌肠的吃法，可像吃火腿肠一样，一根根吃，也可切成2～3厘米的小段，油煎、焖煮、烧汤均可，既是美味佳肴，又是保健食品。

5. 嘉禾水煮肉

嘉禾人的特色水煮肉（又称“洗澡肉”），最大限度地保留前腿肉的特殊风味。做法是将高汤加白萝卜薄片、生姜片和极少量盐置旺火上；前腿瘦肉去皮，横着纹理切成薄片，投入到刚开的高汤里煮一个滚，肉刚熟便端锅离火，连汤盛入大碗中。另用香葱、生姜、蒜米、酱油、芫荽、辣椒、香麻油和盐等配料制成浇头，每一食客面前一小碗。从大碗里夹一片瘦肉，蘸浇头（俗称“洗个澡”）趁热及时放进口中，先是佐料刺激味蕾，紧接着高汤的浓郁、猪肉的鲜美一层层释放，嫩而不生、入口即化的质感，让人流连忘返。

二、嘉禾特色原材料

1. 三味椒

三味椒是嘉禾辣椒的别称，属当地传统农业产品。辣椒身体部分辣味强烈，椒蒂部分辣而带水果香，椒嘴部分味甘甜，因其具有辣、香、甜三味而得名。三味椒久负盛名，受到人们追捧。

2. 酥油茶

在嘉禾有着良好的油茶文化，每逢村民家中来了客人必先以油茶相待，这种由冻米、花生、芝麻、生姜茶构成的酥油茶甘醇爽口。将蒸熟晒干的糯米用油进行翻炒，再将本地茶叶与老姜一同用油炒至三者味道融为一体，最后用开水一泡，香气宜人。

3. 倒缸酒

倒缸酒是用糯米、灿米酿制而成，后劲足，但喝了不上头。竹香酒具有浓郁的竹香味道，采用竹筒为外包装，是送礼佳品。嘉禾民间酿酒历史悠久，属半干型黄酒。嘉禾倒缸酒色泽棕黄、清澈透明、陈香浓郁、醇香味正、甜酸适口，当地民谚说：“嘉禾倒缸酒，醉脚不醉头”。

4. 凌云豆腐

凌云豆腐是郴州市嘉禾县田心乡凌云村的特产，采用优质黄豆，手工磨制而成，由于凌云村特有的优质水源，凌云豆腐具有外焦内嫩的特点，无论煎煮，口感极佳，现已远销至广州、长沙等城市。

第七节　安仁县饮食文化

安仁位于湖南东南部，郴州北部。东临茶陵、炎陵，南邻资兴、永兴，西连耒阳、衡阳，北接衡东、攸县，素有“八县通衢”之称。古邑安仁，建镇于唐武德五年（622年），置县于宋乾德三年（965年），取“安抚仁义”之意。

安仁地势自东南向西北倾斜，溪河纵横，水系发达，永乐江顺地势由东南向西北流贯全境。土地肥沃，气候温和，雨量充足，四季分明。土壤类型繁多，适应性强。属亚热带季风性湿润气候。

安仁物产丰富，水稻和灯芯草生产历代享有盛名，明、清时代已著称衡湘，安仁是湖南主要漕粮县之一，列为全省商品粮基地，建立了粮食、生猪、烟叶、茶叶、林木、水果、特种养殖、种苗工程等十大高效农业基地。

农历五月初五端午节，节前要给长辈亲戚送端午节礼，节日家家门窗插艾叶，挂菖蒲，中午举行午宴，兴吃十子：粽子、桃子、李子、鸡子（蛋）、豆子、粑子、蒜子、包子等，并必饮雄黄酒。室内外遍洒雄黄拌大蒜苗水，沿墙脚撒石灰，除虫消毒。各家各户普遍用艾叶、蒜皮、菖蒲、水杨柳、七叶黄荆等熬水洗澡，祛毒强身。春节过后的正月，安仁民间流传着吃鸡婆糕的习俗。随着岁月的推移，吃鸡婆糕的传统便趋向艺术化、商品化、市场化，每逢正月，各家各户便围坐在一起，和米粉，捏鸡婆，其乐无穷。许多民间高手便做出形状各异，美观可口的鸡婆糕，有金鸡鹤立闹新春的大屏盘，鸡、狗、猪、鸭等交相辉映的大聚会，还有小汽车、小飞机等，用锅或蒸或炸，蘸着白糖、蜂糖吃，有的则用火炉烤着吃，别有一番风味。

一、安仁特色菜点

1．抖辣椒

安仁抖辣椒是将辣椒或清蔬或油爆或煨熟后用器皿捣碎，调上各种佐料，非常有特色。传统的做法是把新鲜的辣椒洗净放到锅里蒸，蒸得刚好熟，看上去有点生，放到一个特制的碗里，碗外面很光滑，里面有密密的竖条纹，用木制的锤子把辣椒抖碎，放点盐、油、味精，再加点安仁豆油即可，此菜辣中带香，香中又带辣。

2．草药炖猪脚

草药炖猪脚是安仁一道特色菜，草药猪脚汤被当地人称为天下第一汤。安仁本地人有在春分节后家家户户熬草药汤喝的习俗。当地百姓将增骨风、搜骨风、月风藤、黄花倒水莲、黄皮杜仲、龙骨神筋等十多种草药与猪脚、黑豆等熬成黑黑的浓汤，不但滋补身体，且滋味美不可言。

3. 安仁豆腐乳

安仁豆腐乳是一道传统的风味食品。豆腐乳的加工制作工艺简单，水豆腐加工好后，将它沥干水分，切成半寸见方的小块，用能沥水的盛具盛好，挂在比较温暖的地方让它起霉。大约十天半个月后，白色的霉也有半寸长了，这时将它盛入陶瓷盛具，拌上盐、辣椒面和匀，并放适量茶油装入能盛水密封的陶瓷坛子或玻璃坛子里。再过三至五天，就可以开坛食用了，且收藏时间越长香味越浓。

二、安仁特色原材料

豪峰贡品茶

豪峰贡品茶产于湘东南罗霄山脉——安仁豪山，海拔800～1400米，史传炎帝神农尝百草遇毒，到此得茶而解之，豪峰茶从此传于世。后人取神农结庐野炊之地为香火堂，九侍卫栖憩处为九龙庵，县城建神农殿供奉朝拜，宋时曾产“豪峰”贡茶，今为湖南名茶，誉满三湘。

第八节　永兴县饮食文化

永兴位于湖南东南部、郴州市北陲，东邻资兴，南连苏仙，西靠桂阳，北接安（安仁）耒（耒阳）。永兴地扼五岭，雄联衡麓，秀接潇湘，是一个历史悠久古邑。汉高祖五年，始置便县，治设便江右岸。南北朝宋永初元年（420年），撤便县并入郴县。陈永定三年（559年），复置便县。隋开皇九年（589年），便县再度并入郴县。唐开元十三年（725年），析郴县北四乡置安陵县。唐天宝元年（742年），更名高亭县。宋熙宁六年（1073年），定名永兴县，以“永世兴旺”之意定名，沿袭至今。

永兴的特产有冰糖橙、四黄鸡、马田腐竹、马田豆腐、七甲腊肉、黄泥乡豆豉油等。春节年货地方小吃多，踩的禾米糖（爆米花糖），油煎的豆糍粑、花片、兰花根、汤皮、排哈。二十七二十八，杀鸡杀鸭，下旬便宰杀牲畜，把一部分猪肉、鱼肉油炸，俗称走油锅。

一、永兴特色菜点

1. 油茶粥

吃油茶粥，正月十五称出节，即过完了新年大节，除了吃元宵外，也有吃油茶粥的，油茶由干炒大米磨成的粉与晒干的青菜和新鲜的豆芽、油豆腐、粉条等食材齐入锅下水煮，加入适量油盐与葱蒜。平常过生日也有以油茶粥做幺伙（正餐前的小餐）待客。

2．永兴嗦螺

永兴属于高山丘陵地带，盛产嗦螺，清水浸养几日，吐沙钳尾，干锅翻炒片刻，一瓢清水加紫苏沸煮些许时间，清水变白汤，汤鲜味美，清香脆嫩，清火开胃，爽口宜人。一螺一吻，让人念念不忘。

3．竹筒粉蒸肉

竹筒粉蒸肉是一款地道的永兴名菜，竹筒粉蒸排骨是在竹筒粉蒸肉的基础上改良的。粉蒸肉大多选用的是五花肉，偏油腻，不太适合那些肠胃不好的人，将其改用嫩排骨，以新鲜的楠竹筒，锯留成节篼，通小孔，灌上菜料，再加香佐，开大火蒸，熟后有种竹香的独特。上桌时，当着食客的面剖开竹筒，原汁原味，乡野清气伴着竹香而入口，糯而不腻、清新鲜香。

二、永兴特色原材料

1．四黄鸡

永兴县特有的珍禽就是永兴四黄鸡。永兴四黄鸡之所以用“四黄”命名，主要是因为鸡的外观具有黄羽、黄啄、黄脚、黄皮等外貌特征。四黄鸡羽毛细小柔软、光彩艳丽、体小紧凑，外观秀丽，肉嫩味美，是家家户户餐桌上的佳肴，在当地也流传着这样一句话：家有喜事，就吃四黄鸡，而且四黄鸡的药用和经济价值极高，享誉海内外。

2．马田豆腐

马田豆腐制作十分讲究。它主要是用豆子和石膏做成的，加入辣椒油之后，使得整道菜颜色鲜亮，味道香辣，颇受当地百姓的喜爱。马田豆腐以白、嫩、细、鲜、韧见长，富有弹性。马田豆腐的制作工艺薪火相传，至今已有上百年的历史。

第九节　临武县饮食文化

临武位于湖南最南部，南岭山脉东段北麓，是湘南置县历史最悠久县之一。北界桂阳，东连北湖、宜章，南邻广东连州，西靠蓝山，西北毗嘉禾。

临武古属楚地，战国时期设临武邑，汉高祖五年置县，是郴州最早建县的三县之一。故有“楚南郡邑之最古者，莫如临武”。新始建国元年，改名大武。东汉建武元年，复称临武。隋开皇九年（589年），南平并入临武。唐咸亨二年（671年），南平从临武析出。武则天如意元年（692年），更名隆武。唐中宗神龙元年（705年），复名临武。五代后晋天福四年（939年），临武并入桂阳监，南宋绍兴十一年（1141年），复置临武县。明崇祯十二年（1639年），划临武及桂阳各一部分，新设嘉禾县。1961年7月，临武县恢复建制，隶属郴州至今。

临武地形西北高，东南低，以东山、西山、桃竹山为骨架，如箕状向东南倾斜。地貌类型主要有山地、丘陵、平原三类。属季风性湿润气候区，气候温暖，四季分明，热量充足，雨水集中，春暖多变、夏秋多旱，严寒期短、暑热期长。临武是全国八大名鸭临武鸭的特产地，有临武蜜柚、大冲辣椒、香芋、红心桃、乌梅等农产品。

一、临武特色菜点

1．沙田牛巴

沙田牛巴是临武金沙江镇特产，采用农家高山野外放养的优质黄牛肉为主要原料，采用传统山木炭工艺烤制而成，肉质细而有嚼劲，口感纯正，香味自然，嚼之弹牙，满口清香，堪称地方一绝。

2．山茶油临武鸭

土生土长的临武人，小时候吃上鸭肉也并不是一件日常的事。只有逢年过节，家里来了客人时，美味的鸭肉才有可能成为盘中餐，山茶油临武鸭是最具代表的食材，选用武水溪野外放养的纯种临武鸭为原料，用物理压榨法精榨而成的山茶油为烹调油，加入临武特产大冲辣椒，采用传统烹饪技术制作而成。

二、临武特色原材料

1．临武鸭

临武鸭又称为“勾嘴鸭”，是中国的八大名鸭之一，也是湖南省著名的肉蛋兼用型地方鸭种，具有生长发育快，肉质好，产蛋较多和饲料报酬高等特点，是中华人民共和国地理标志保护产品。“无鸭不成宴”乃临武旧俗，尖椒炒临武鸭、老鸭汤、米粉蒸鸭、香辣鸭肠、板鸭火锅、临武烤鸭、临武血鸭、爆炒临武鸭等都是有名菜肴。

2．临武香芋

临武香芋是久负盛名的地方土特产品，因个大美观、粉多细腻、香味浓郁、外观锤形、内外乳白紫点斑纹，含淀粉率高而闻名，同时它还集多种维生素于一体，富含活性钙和多种微量元素。

3．临武油茶

临武油茶呈褐黄色，比普通茶叶泡的茶水颜色深。泡油茶讲究选料，油茶用料中的茶叶不用嫩叶，摘后用鸡血藤烘干，临武人对油茶情有独钟，有的人一日三餐，几乎每餐必有，若有来客，也以油茶盛情款待，往往一喝就是三大碗，谓“一碗疏、二碗亲、三碗见真情”。

4．西山米酒

西山霁雪为临武八大景之一，临武人好喝西山产的米酒，因西山的水特好，没有受过污染，用其水酿制的米酒，称为西山米酒。

5．大冲辣椒

大冲辣椒是郴州市临武县大冲乡的特产。湖南临武县大冲乡境内平均海拔800米，空气湿度相对较大，终年云雾缭绕，土质疏松，土壤多呈弱酸性，从而使大冲辣椒具有质优味醇、颜色鲜红、皮薄肉脆、辛辣味香等特点。

第十节　桂阳县饮食文化

桂阳位于湖南东南部，郴州西部，南岭北麓，舂陵江中上流。毗邻广东，与永州、衡阳、郴州的九个县、市、区接壤。桂阳是郴州面积最大、人口最多的一个县。

桂阳历史悠久，素有“楚南名区、汉初古郡”之称。汉初设郡至今，历经郡、国、监、军、路、府、州、直隶州、县九种行政区划而桂阳之名不变、治所之城不移。汉朝属桂阳郡郴县地。东晋建武元年（317年），陶侃析郴西地置平阳县、平阳郡，县隶属郡，桂阳县建置始此。隋开皇九年（589年），平阳郡、平阳县俱废，并入郴县。隋大业十三年（617年），萧铣复置平阳县，隶属桂阳郡。唐武德七年（624年），平阳县并入郴县，翌年复置，隶桂阳郡。唐至德二年（757年），桂阳郡易名郴州，州治移平阳县城。唐贞元二十年（804年），置桂阳监于平阳城。唐元和十五年（820年），州治返郴。唐天佑元年（904年）撤平阳县并入桂阳监。

桂阳以丘岗地为主，南北高中间低，属丘陵地带，资源丰富、物产富饶，是全国生猪调出大县、全国粮食生产大县，全国油茶大县。

桂阳特色菜点

1．坛子肉

桂阳坛子肉是郴州的特色美食，又名辣酱肉，有瘦肉和五花肉型坛子肉。相传起源于三国，它是利用新鲜的猪肉为主要的原料，再加入五爪辣椒，经过特制而成的一道鲜辣味美的菜肴，其原料十分丰富，味道浓厚，柔嫩汁香，是一道不可多得的好菜肴，具有开胃、增强食欲之功效。

2．韭菜粑粑

韭菜粑粑是桂阳特色小吃，大街上到处都是卖这种小吃的。韭菜粑粑用面粉拌猪油做皮，以猪腿肉、虾仁、鳊鱼、荸荠、韭菜、香菇做馅，包成一个个像小盒子一样的饼，边沿捏成波浪形放进油锅炸熟，食之馅鲜美，皮香脆。

3．桂阳血鸭

桂阳血鸭褐黑程亮，黑里透红，味香辣，肉鲜嫩，油重包芡，咸鲜适口，佐酒下饭均宜。炒鸭肉时会出汤，先滗出装碗，爆干水分，然后放油，用旺火炒至肉色发黄，鸭血用滗出的汁调匀再下锅，改用中火，结块即成。

4．桂阳饺粑

饺粑是桂阳的特产，也是桂阳人特有的叫法。吃饺粑方法多样，有水煮、清蒸、油炸等。过去，人们一般只在元宵节、清明节、立夏、中秋或孩子满月等特殊节日才可以吃饺粑。

第十一章　潇湘美味　文化永州

永州古称零陵，位于湖南西南部潇湘二水汇合处，湘江经西向东穿越零祁盆地（永祁盆地），潇水由南至北纵贯全境，雅称潇湘，别称竹城。东接郴州，东南抵广东连州，西南达广西贺州，西连广西桂林，西北挨邵阳，东北靠衡阳。永州地区共有48个民族，永州是中国瑶族文化和楚文化的发祥地之一，素有“南山通衢”之称。

永州市西南东三面环山，西南高，东北及中部低，地表切割强烈，地貌复杂多样，以丘岗山地为主，奇峰秀岭逶迤蜿蜒，河川溪涧纵横交错，山岗盆地相间分布，“七山半水分半田，一分道路和庄园”。

永州野生动物有1000余种，其中有大量的珍稀动物，国家保护动物有31种，水产动物有186种，其中鱼类有153种。主要经济鱼类有草鱼、青鱼、鲢鱼、鳙鱼、鲤鱼等20余种；稀有珍贵鱼类有中华鲟、竹鱼等；水产两栖动物有大鲵等16种；水产爬行动物主要有鳖、乌龟等；珍贵水产兽类有华东水獭。有维管束植物232科、1003属、2712种，有乔木树种127科、429属、1542种。其中有栽培价值的58科、253种，有实用推广价值的180种。

永州地区特产有永州血鸭、东安鸡、永州喝螺、油茶、永州水晶巷酱板鸭、江永三香（香米、香柚、香芋）、江华苦茶、道县红瓜子、道州灰鹅、新田红薯火酒、蓝山黑糊酒、金橘等。

永州人热情好客，礼貌待客，递水送茶，问寒问暖，使客人吃得高兴，住得舒服，过得愉快，在坐位、喝酒、用菜等各地颇多讲究。永州各地农村绝大多数人家都有自己酿酒的习惯，用家酿米酒招待客人，永州人钟爱杯中物，喜庆佳节聚众开怀畅饮，工余闲暇独自悠然小酌。

瑶家饮食主要有泡茶、瓜箪酒、油茶、瑶家腊肉、荷叶米粉肉、圣水豆腐丸、瑶家十八酿、水酒等。瑶族一日三餐，一般为两饭一粥或两粥一饭，农忙季节三餐干饭。过去，瑶族的饮食主要以杂粮为主食，常将玉米、红薯等杂粮掺点大米做成三夹饭、四夹饭，或米饭里加玉米、小米、红薯、木薯、芋头、豆角等。有时用煨或烤的方法来加工食品，如煨红薯等各种薯类，煨苦竹笋、烤嫩玉米、烤粑粑等。居住山区的瑶族有冷食习惯，食品的制作都考虑便于携带和储存，主食、副食兼备的粽粑、竹筒饭是他们喜爱制作的食品。劳动时瑶族均就地野餐，大家凑在一块，拿出带来的菜肴共同食用，主食却各自食用自己所携带的食品。常吃的蔬菜有各种瓜类、豆类、青菜、萝卜、辣椒，还有竹笋、香菇、木耳、蕨菜、香椿、黄花等。瑶族地区盛产各种水果。蔬菜常要制成干菜或腌菜。瑶族人喜欢利用山区特色自己加工制作蔗糖、红薯糖、蜂糖等。瑶族人喜欢喝酒，一般家中用大米、玉米、红薯等自酿，每天常喝两三次。

第一节　永州市区饮食文化

一、永州市区特色菜点

1．醋生鱼片

醋生鱼片味道鲜美，别具风味，冷水滩区潮水乡与祁阳大忠桥镇一带常以醋生鱼片招待来宾。选用1.5千克以上的鲜活草鱼，刮除鳞片，开破鱼腹掏出内脏，切除头尾、鱼鳍部另用，剔除鱼刺鱼骨，将鱼肉切成薄片，用泉水多次漂洗使之洁白如玉，拌以米醋、姜丝、蒜泥、精盐、辣椒面等佐料，然后将炒香的黄豆粉掺和拌匀，即可食用。

2．永州牛扣

永州牛扣负有盛名，尤其以水口山牛扣为精品。零陵水口山镇山地宽广，草场资源丰富，素有“菜牛之乡”的美称。远近闻名的水口山牛扣是代表性菜肴，具有酥而不粉，细而不腻，滑而不油的特点。制作牛扣的烹调关键是食材要好，须选用水口山本地放养的黄牛，牛肉带皮色泽浅红，肌肉有光泽，弹性好，先将牛肉清洗干净，与冷水同时下锅焯水，除去血水和腥膻味，捞出冷却后再随冷水下锅加多种香辛调料煮至五成熟，捞出冷却改切成扣肉片，加调料拌匀，皮朝底扣入盘中入笼蒸烂，反扣钵中即可上桌。

3．豉椒肉丝

豉椒肉丝色泽红亮，香辣味浓。将猪肉切丝，加酱油、料酒、鸡蛋液、水淀粉上浆。冬笋、柿子椒切丝，干辣椒切末，豆豉洗净。起锅放油烧至四成熟滑散、控油。冬笋丝用沸水焯好，锅留底油，下入豆豉、辣椒末、葱粒炒香，投入冬笋丝、肉丝、辣椒丝，调味勾芡，翻拌均匀淋明油出锅即可。

4．零陵板鸭

零陵板鸭源于清朝末年，素以香肥脆嫩闻名，选1.5千克重的肥嫩鸭子，宰后去毛，取出内脏，然后按照每只鸭子75克盐、50克烧酒、25克酱油和适量的五香粉混合在一起并拌匀，遍涂鸭体内外，放在缸内腌一天、翻缸后再腌一天，使佐料全部渗进鸭肉后，拿出麻绳拴住鸭鼻，用竹皮撑开腹部，加力压平，日晒一到两天，挂在通风处吹20天左右即成，每年冬至节前后制作的板鸭既耐藏，又香脆。

5．永州喝螺

永州喝螺清香脆嫩、汤鲜味美，选用本地所产铁螺加工烹调而成，有浓厚的地方风味。喝螺的制作特别讲究，选用大小相等的活铁螺，放入水中并滴几滴茶油；过一到两天，使之吐出污泥杂质。再用清水洗净，把剁成泥的瘦肉掺入水拌匀，倒入盆内，使螺饱食。然后剁掉螺尾，搓洗干净，放到烧红的铁锅内，稍炒干水气后，加适量茶油，再加食盐和少量米酒复炒，继后将生姜、大葱、蒜泥、辣椒、紫苏、酱油等佐料，均匀撒在铁螺表面，倒入肉汤，加盖煮滚几分钟即可，出锅时淋以生茶油，久煮则不甜不香，不嫩不脆。

6．零陵莲蓬肉

零陵莲蓬肉历史久远，是当地名菜，以猪肉、泥鳅、鸡蛋为主要原料，选用的猪肉，必须是皮薄肉厚的纯肥肉，切成1千克左右一块的四方肉块，用火煮到筷子轻插即进的程度，拿出来冷却；选用的泥鳅必须是活的，大小相近，先在盛器中投入小块生姜，使之吐出污泥杂物，洗净后不留水，再把生鸡蛋搅烂倒入，使泥鳅饱食，然后把肉块、泥鳅随同适量的冷水放入锅内盖煮，随着锅内水温的升高，泥鳅纷纷钻入肉块里，再加大火煮后，放入酱油、生姜、胡椒粉、辣椒粉、味精、葱花等佐料，盛到大碗里即成。

二、永州市区特色原材料

1．山苍子油

山苍子油是一种经济价值很高的天然植物油，它是医药、香料、化妆品等工业的主要原料。永州市九县二区都有种植山苍子树的习惯，自然野生面积达20万亩，种植面积达15万亩，年平均采摘加工山苍子油千吨左右。

2．芙蓉珍珠椒

芙蓉珍珠椒保持其天然风味，集甜、酸、咸、辣于一体。可食，或佐餐，或作水果，具有生津健胃、增进食欲、醒脑减肥、强身抗衰老之功能。含有多种维生素、矿物质和糖类等营养成分。

3．竹鱼

竹鱼只生活在湘江之滨的黄阳司一带江面，这里以古渔镇著称，盛产竹鱼，以肉嫩、鲜美、无刺而深受人们喜爱，舟楫往来，渔歌唱和，古渔镇名声远播，到黄阳司品尝竹鱼成为人们的佳话。

4．舜皇山土猪

舜皇山土猪产地范围为冷水滩区、零陵区、东安县、双牌县、祁阳县等行政区域。毛色为两头乌，即头和尾部毛色为黑色，肉色泽深红色，大理石纹明显，肉质细嫩，脂肪洁白，含水量低，煮沸烹饪后肉汤澄清透明，香味浓郁。

5. 零陵红衣葱

零陵红衣葱又名洋葱、大葱、玉葱，属百合科，根弦线状，叶圆筒形，中空，浓绿色，表面有腊质，伞形花序，花小，白色。葱头有十层，外衣粉红色，肉白嫩，含蛋白质、维生素等各种元素，味甘辛、脆甜，可作蔬菜、炒猪肉、牛肉，味甜可口；又可作水果吃，水分多，有解凉祛毒的作用。

6. 永州薄荷

永州薄荷也称永叶薄荷，是永州市著名的土特产，种植历史悠久。薄荷属唇形科草本植物，产于长江以南广大地区，省内以永州市为生产区，是暑季药品的主要原料，用薄荷作饮料，芬芳四溢，清凉可口，醒脑提神，可制成薄荷油，薄荷脑，是清凉油、祛风油、鼻通等清凉剂的主要原料。

7. 栝蒌子

栝蒌子产于永州芝山区，是永州特产之一，含有丰富的蛋白质、17种氨基酸和多种维生素，以及人体所需的钙、铁等多种微量元素。炒熟加工后，肉满、质脆、香气浓厚，属于休闲食品，食后不上火，是瓜子中的上品。

第二节　江华瑶族自治县饮食文化

江华位于湖南南端，毗邻两广，地处五岭北麓，潇水源头，自古是通楚达粤的交通要冲，素有“湘南门户、三省通衢”之称，是镶嵌在湘、粤、桂金三角上的一颗璀璨明珠。东北接蓝山，东南邻广东省连州、连南、连山，西南接广西贺州、富川、钟山，西抵江永，北枕道县、宁远。自古至今，人杰地灵，是全国瑶族人口最多、面积最大的瑶族自治县，被誉为“神州第一瑶城”。

江华以山地为主，山、丘、岗、平地地貌类型齐全，地势由东向西倾斜，五岭山脉萌渚岭山系所盘亘，其支脉贯穿全县，地形南、北、东三面较高，西面较低，自南向北以八仙界、勾挂岭、天子岭、蕨背岭、八石弓等峰为界，分为东西两部，东部通称岭东，即林区，区内群山密集，山峦重叠，森林及水资源极为丰富，西部通称岭西，即农区，丘岗地带。

江华山清水秀，风光旖旎，物产富饶，冬无严寒，夏无酷暑，森林资源丰富、水能资源充沛、农产资源富庶，林海茫茫，林产丰茂。气候调节能力强，素有“华南之肺”的美誉。粮食作物以玉米、红薯、旱禾、小米、荞麦、山芋为主，间种油桐、棕片、茶叶、药材等。

一、江华特色菜点

1. 江华茶油腐乳

江华茶油腐乳品质纯正、色鲜味美、香浓柔嫩可口，是当地的特产。江华位于湘江源头萌渚岭的瑶山中，古木参天，气候温和，土质肥沃，无污染，适宜种植大豆、辣椒等作物。江华茶油腐乳精选上等大豆为主要原料，采用瑶家传统秘方，添加香浓茶油，结合现代科技工艺精制而成。

2. 江华荷叶米粉肉

江华荷叶米粉肉是江华人宴席中的名菜，米粉肉的制作和配料考究，原料以腿子肉和五花肉最宜。蒸制时挑选大小完整合适的鲜荷叶包裹，蒸制过程中荷叶的清香渗入菜品内部，成品具有香气扑鼻，肉质软糯，唇齿留香的特点。

3. 炕猪肉

炕猪肉也称烤火肉，是瑶家最常见的菜色。其用料除猪肉外，还有牛肉、山羊肉等。把肉切成长条形用盐腌两三天，用温水洗过，再用竹篾或藤串起一端，挂在烧过水做过饭的余炭烘热的灶腔内，将铁锅反盖在灶上，烘烤肉质变得干爽，而后挂在火炉塘上方的烟棚熏烟，又称熏肉，肥肉爽而不腻，瘦肉则越嚼越鲜，甜香可口。

4. 江华十八酿

江华十八酿是指以圣水豆腐丸为主料制作而成的系列菜品。有圣水豆腐酿、辣椒酿、苦瓜酿、螺蛳酿、米豆腐酿、油炸豆腐酿、香菇酿、蒜头酿、魔芋豆腐酿、竹笋酿、茄子酿、丝瓜酿、莲藕酿、冬瓜酿、南瓜花酿、牛耳菜酿、萝卜酿、蛋酿。十八酿中的另外十七酿的选料、制作、食用方法与圣水豆腐酿基本相同，花样繁多、秀色可餐，各具风味，味美独特，令人回味无穷。

5. 圣水豆腐

圣水豆腐丸是江华瑶族自治县的一大名菜，瑶家十八酿之一。豆腐丸又称豆腐酿、豆腐圆，选料精良，制作精细，色鲜味美，清嫩可口。其制作方法是将精肉剁碎，以香葱、香油、精盐、味精等拌合，先做成馅，然后放入挖有空洞的鲜豆腐中间，再贴锅黄焖至熟即成。以沱江镇竹园寨得仙岩中的“圣水”磨制的豆腐为最佳。

6. 大苋焖豆腐

大苋焖豆腐芳香清爽，大苋别称大韭菜，瑶家人把它种在山溪水坑旁，略加草木灰，便生长茂盛，割之再生，一茬又一茬，是山区特别的一种蔬菜。将大苋用油爆炒片刻起锅备用，然后再煎水豆腐，待豆腐两面煎成金黄色，即把大苋铺在豆腐面上，加水煮滚，大苋吸入了豆腐的清鲜，豆腐渗入了大苋的香味。

7. 野蕨糍

野蕨糍软滑可口，别具风味，蕨为野生植物，蕨芽如大蒜蕊，筷子大小，撕去皮毛，切成寸长，加调料煎炒，鲜甜嫩滑。野蕨含丰富的淀粉，挖根捶烂，经过滤沉淀，去清水留浆粉，晒干留用。制作时，以水开浆，调入白糖，蒸熟即成蕨糍。

8．瑶家竹筒饭

瑶家竹筒饭饭软清香，略带新竹的芬芳，是瑶家人在野外耕作或伐木时的午饭。用刚砍来的新竹截成一端留节作底的竹筒，用水洗净，把充分浸泡的大米和咸菜、烤肉等放入竹筒内，以竹叶或树叶相隔，湿泥封口，放进明火堆煨饭至熟，取出竹筒，劈开即吃。

二、江华特色原材料

1．江华苦茶

江华苦茶叶片肥大质软，芽头肥硕，单宁、咖啡碱等有效成分比一般茶叶高，是制作红砖茶的优质原料。江华一带盛产苦茶，因其苦中带香而著称，既是饮料，又是良药，可以医治积热、腹泻和心脾不舒等病症，民间流传用它来治疗感冒。

2．盘王腊肉

盘王腊肉又称瑶山腊肉，是当地的特产，肉质金黄透亮，口感极佳，骨肉喷香皮脆，大块头肥而不腻，留下冬至腊肉香喷喷的口碑。盘王腊肉一般采用清蒸的方式食用，或是用豆豉、干辣椒炒食，闻名遐迩。

3．江华毛尖

江华毛尖条索紧结卷曲，翠绿秀丽，白毫显露，晶莹如珠。内质香气清高芬芳，滋味浓醇甘爽。生产区集中在顺牛牯岭、岭东的大圩开源冲、两岔河一带的云雾山腰和溪谷之傍。

第三节　江永县饮食文化

江永位于湘南边陲，南岭山脉的山地丘陵区，都庞岭和萌渚岭环绕四周，中部地势平坦，山间盆地相连，属喀斯特地貌，大体为“七山半水二分半田”。东与江华，南与广西富川，西与广西恭城、灌阳，北与道县接壤。属亚热带季风性湿润气候，四季分明，气候温和，光照充足，雨量充沛，无霜期长，自然条件优越。

江永自然资源丰富，有国家一级保护植物水杉、银杏等50多种珍贵树种，有娃娃鱼、短尾猴、金钱龟、猴面鹰等珍稀动物。名特优新农产品丰富，由于土壤富含硒等多种稀土微量元素，农产品气味芳香，品质优良。香柚、香芋、香姜、香米、香菇被称为江永五香，久负盛名，相继被国家农业部命名为“中国香柚之乡”和“中国香芋之乡”。

一、江永特色菜点

1．江永香芋扣肉

江永香芋扣肉是江永名菜，用带皮五花猪肉和江永香芋创制而成。制作时先将五花猪肉走油，待肉皮炸成红色起锅，再切成片状，肉皮朝下整齐的排列钵中，肉片之间夹一片油炸好的江永香芋片，调盐、酱油、味精、辣椒粉等，然后上笼蒸至软烂，吃时覆扣盘中，颜色红亮，香味浓醇，皮皱肉烂，肥而不腻。

2．瑶寨高山小鱼干

瑶寨高山小鱼生长在山沟里，个头虽小，鱼肉香甜无半点腥味。山里人捕捞后风干成为鱼干，大小还不到手指头粗，做法莫过于浸泡后进行拉油，放上几抹姜丝、淋上酱油就可以上菜，鱼肉可口，鱼骨细软。

3．苦瓜酿肉

苦瓜酿肉原料有鲜苦瓜、去皮猪肉、金钩虾、酱油、水发香菇、面粉、鸡蛋、湿淀粉、蒜瓣、胡椒粉等。豆腐去皮切成两寸长，半寸宽方条；冬笋切成片，苦瓜切4厘米段去瓤，冷水煮熟去苦味后攥干水；猪肉剁碎，香菇、虾切碎放入碗中，加鸡蛋、面粉、湿淀粉、精盐调匀成馅，塞入苦瓜段，用湿淀粉封两端；熟猪油烧至六成热，放蒜瓣炸一下捞出，苦瓜入锅，待苦瓜表面炸至淡黄色捞出，竖放碗内，撒上蒜瓣，加酱油入笼蒸熟；熟猪油烧至七成熟，将蒸苦瓜的原汁入锅中烧开，加味精、湿淀粉勾芡，苦瓜翻扣盘中浇汁，撒胡椒粉，淋香油即可。

4．柚皮蒸排骨

柚皮蒸排骨是江永特色菜，选用未成熟的江永香柚皮，柚皮更厚、香气更浓。用水果刀在柚子皮上打竖刻划成五瓣船形，把皮向四面剥，从中取出柚子瓤，别将柚子皮弄碎，以保持完整。削去青黄的表皮，用滚水将柚子皮煮10分钟，捞起用清水浸泡一晚，第二天捞起挤干水分，再用清水浸泡几个来回，把柚子皮中的青涩味去掉后切成块状。

5．柚皮红烧肉

柚皮红烧肉清香开胃，风味独特。柚皮水挤干，切成黄瓜条状备用；起油锅，用油比平时炒青菜稍多一点；用大火先将蒜片或青蒜煸香，然后放入柚皮条翻炒一会，加入配好的调味汁、清水，盖上锅盖，用中火煮至入味；揭开锅盖收汁，最后浇上少许熟油起锅装盘。柚皮与红烧肉一起焖，滋味互补，不淡不腻，口感适中。用柚皮做的菜还有柚皮鸭子煲、柚皮火腩煲、柚皮腊肉煲等。

6．老鸭笋尖

老鸭笋尖选用老土鸭和来自乡间的六月笋尖为原料，放入土陶罐中用慢火煨上几个小时。老鸭笋尖在调味时不放入过多的调味料，煨出来汤汁的鲜美完全是原汁原味的，鸭肉的清爽与笋尖的鲜嫩相辅相成，非常鲜美。

7．桃川板鸭

桃川板鸭外形美观，皮色油黄发亮，无骨板鸭制作讲究，先将鸭毛拔净，晾干皮面水分，然后在食囊处竖直剪开两寸长的皮层，取出食囊，将颈骨两端剪断取出，将连着锁骨、颈椎骨的肌肉划开，皮肉翻转，沿着骨架依次剔开连着翅膀骨、背脊骨、胸骨、肋骨、大腿骨的肌肉，一边剔开，一边翻转已经分离的皮层肌肉，最后将整个骨架和内脏全部取出。

二、江永特色原材料

1．香柚

香柚是沙田柚的变种，原产广西容县沙田村，来江永安家落户已有百多年历史。由于江永这块土地含有丰富的稀土等微量元素，成为香味特浓，独具风味的江永香柚。成熟后果底中部有一铜钱大小的突出印环，人称金钱花。果肉晶莹似玉，肉厚多汁，嫩脆清香，酸甜适度，且可久贮。经常食用对人体正常生理活动有良好的促进作用，具有消食、化痰、润肺、止咳和醒酒等功能。柚皮可制柚皮糖、柚皮菜，柚核可做中药和提炼工业用油。

2．香米

香米是一种具有浓烈芳香的软稻米，冠于江永三香之首。仅产于源口乡富源村的48丘田内，是一种江永传统特产，从唐朝开始种植，至今已有1000多年的历史。这种香米稻，禾杆细长，稻谷呈象牙色，煮熟后，清香四溢，经久不散。香米饭柔软甘香，营养丰富。

3．江永香菇

江永香菇色泽自然，香气浓郁，盖头硕大。味道鲜美，营养丰富，含高蛋白，经常食之，有滋补强身，延年益寿的效用，是名副其实的山珍。盛产于源口、井边、大远、粗石江等地的深山峻岭之中。

4．桃川香芋

桃川香芋主要产于桃川、上洞、粗石江等乡镇。因桃川镇是江永香芋的主要集散地，每年收芋季节，芋满集市，加之中国销往国际市场的香芋是以中国桃川香芋命名的，故江永所产香芋，统称为桃川香芋。香芋又称槟榔芋，在江永种植的历史已有1000多年，具有个大、肉嫩、味美等特点。

第四节　道县饮食文化

道县位于永州市南部，潇水中游，紧邻广东、广西，素有“襟带两广，屏蔽三湘”之称，是湖南通往广东、广西、海南及西南地区的交通要塞，是珠三角产业转移的承接基地。东与宁远，南与江华，西与江永、广西全州，北与双牌接壤，历来为湘南桂北物质集散地和兵家必争之地。

道县属南岭地区，四周高山环绕，群峰耸峙，中部岗丘起伏，平川交错。整个地势从四周向中间倾斜，呈盆状结构。土壤有水稻土、红壤、黄壤、黄棕壤、黑色石灰土、紫色土等，还有山地草甸土、潮土、红色石灰土。

道县特产丰富，柑橘有“金橘出营道者，为天下冠”之称，道州红瓜子畅销东南亚，道州灰鹅是湖南省17个地方名优品种之一，成为全国商品粮基地县、全国生猪调出大县、厚朴生活基地县、秸秆养牛基地县、天然草原恢复建设基地示范县、国家湘南脐橙优势产业带和湖南省蔬菜生产重点基地县、油茶生产基地县。

一、道县特色菜点

1．道县鱼肉丸

道县鱼肉丸肉嫩味美，清香爽口，制作独特，吃法多样，别具风味。将活草鱼或青鱼剥皮开膛，除去刺、鱼骨和内脏，把鱼肉和少许肥猪肉切碎，放入洗净的小石堆里用木棍舂成肉泥，撒进适量胡椒粉和精盐，加少许蛋清拌匀，做成一个个小丸团，或汤煮，或油炸，或作油泡豆腐和大青椒的馅心等。

2．尖椒爆田鸡

田鸡指青蛙，尖椒爆田鸡原料有田鸡、青尖椒、葱、姜、蒜等，田鸡清理干净，加黄酒、生抽、少量胡椒粉拌匀腌制片刻，青椒洗净切环备用，起油锅下田鸡煸炒，九成熟起锅备用，放入姜片、蒜片、尖椒片煸炒，热后加佐料和田鸡肉合炒成熟即可起锅装盘。

3．道州喝螺

道州喝螺哺香脆嫩、汤鲜味美，选用本地所产铁螺加工烹调而成，带有浓厚的地方风味。选用大小相等的活铁螺，放入水中滴几滴茶油，过两天后使之吐出污泥杂质再用清水洗净，把剁成泥的瘦肉掺入水拌匀，倒入盆内，使螺饱食。剁掉螺尾，加少许食盐搓洗干净，放到烧红的铁锅里，稍炒干水气后，加适量茶油再炒，将生姜、大葱、辣椒、酱油等佐料均匀撒在铁螺表面，倒入肉末，加盖煮滚身即可。久煮不甜不香，不嫩不脆。食喝螺嘴要紧贴螺头，喝气要适当，用力过大会呛住，用力不足则喝不出肉来。

4．道州扎肉

道州扎肉色鲜、味香、质脆，是道县传统风味菜，选料考究精良，口味独特纯正。目前，道州扎肉已形成扎肉、扎鱼、扎牛肉等多品味、多品种系列菜品。道州扎肉色泽鲜、香、脆、辣，有浓郁的地方风味。

二、道县特色原材料

1．道县脐橙

道县种植柑橘已有1300多年历史，唐朝就有“金橘出营道者，为天下冠”之说。20世纪70年代被列为国家100个、湖南省12个柑橘生产基地县之一。在潇水河、永明河、濂溪河、伏水河、泡水河、宁远河流域规划了8个“万字号”脐橙基地。

2．红瓜子

红瓜子籽粒饱满，颜色鲜红，味道香美，在道县已有200余年的栽培历史。从20世纪80年代开始，道县种植面积均稳定在两万亩左右，主要集中在清塘、蚣坝、审章塘等地。一般四月下旬播种，七月下旬收获，常与红薯、玉米、大豆套种。

3．道州灰鹅

道州灰鹅原产于道县，道县古名道州，又因其背毛为灰色故称道州灰鹅。道县饲养道州灰鹅有400多年的历史，清雍正五年《道州志》土产羽毛属已有鹅的记载。所产灰鹅具有肥育快，肉质鲜美，肥肝好，觅食力强，抗病力强，抗病耐粗饲，生长迅速的特点，是湖南省重点保护的17个优质地方畜禽品种之一。

4．桐子李

桐子李俗称李子，果大核小，肉质肥厚，味甜可口，品质较好，是妇女和小孩爱吃的一种水果。不仅可供鲜食，还是加工蜜饯和罐头的上等原料。桐子李树适应性强，既耐寒又耐热，分株、嫁接均可，最宜种植在深厚的沙壤和黄壤土上。道县种李的历史长、面积大，年收鲜果达500吨。

第五节　宁远县饮食文化

宁远位于湖南永州南部，东与新田、蓝山、郴州嘉禾，南与江华，西与道县，北与祁阳接壤。属中亚热带季风湿润气候区，日照充足、热量丰富、雨量充沛、无霜期长、四季分明，素有“天然温室”之称。国家脐橙优势产业生产基地县，杂交水稻之父袁隆平认定的水稻制种和高粱两系杂交制种最适区，湖南省第一养兔大县。

宁远人主食以大米为主。20世纪50年代以前，贫苦农民主粮不足，多以红薯杂粮度日，有“红薯半年粮”之说。早餐吃蒸红薯，称之圆猪圆羊；中餐吃薯丝掺米饭，称之芝麻裹糖；晚餐吃煨红薯，称之吹吹打打。20世纪80年代后，稻谷产量剧增，大米真正成为主食。饮食爱好，四乡大同小异，西乡人爱吃打粑粑，北乡人爱吃粽粑。城镇居民早餐多食米粉或面条菜肴。

宁远菜肴有四大特色，一是辣椒，城乡家家都制有剁辣椒，餐餐桌上有辣椒。俗话说“进了宁远界，没有辣椒不成菜”；二是油炸品，有油炸豆腐片、排散、油炸鱼等；三是酸咸菜，习惯把季节蔬菜制成干湿咸酸菜，尤以东乡为重；四是腊味，进入冬季，家家都要熏制腊肉。除猪肉外，还有鸡、鸭、鱼、狗肉等，山区尤甚。炒血鸭、焖狗肉、馅豆腐为宁远三大传统名菜；色、香、味俱佳，为喜庆节日筵席必备佳肴。宁远特色菜有血兔、血鸭、酿豆腐、扣肉等，其他美食有粽子、粑粑、禾亭水粉、果子、地瓜干、红瓜子等。

一、宁远特色菜点

1．酿豆腐

酿豆腐选料十分讲究，从黄豆的挑选、豆腐的炸制、猪肉的选用等各个环节都比较讲究。油豆腐中心空，饱满富有光泽，呈圆球形，匀称，色黄，有韧性，皮薄；猪前腿肉带肥肉，不要皮，半肥半瘦。把肉都切成碎丁，加适量盐、味精、辣椒粉，韭菜切碎，跟肉丁拌匀，剁成烂泥形的馅，把馅酿入油豆泡。根据个人喜好，蒸、炸、烧都可以，蒸酿豆腐的味道绵密。油炸先用少量油热锅之后小火，放入酿好的豆腐，再倒一些油，盖好锅盖之后焖煮，留意不要烧锅，中途可轻翻，片刻即成。

2．宁远血鸭

麻鸭也称水鸭或田鸭。白灰色的鸭毛上，带有褐色麻点，因此得名。宁远盛产吃谷子长大的麻鸭，肉质紧实，麻鸭养到100天左右，做血鸭最好，1千克左右的公鸭为最佳。杀鸭时，要在碗里放少许白醋来接鸭血，这是宁远血鸭的特点之一。这样保证鸭血呈鲜红色的同时，也保证了口感更为细滑。此外，筷子要不停搅动鸭血，把血里的纤维蛋白搅出来。宁远血鸭的做法是先将鸭肉入锅，加入配料，旺火爆炒，经过高温后的鸭油渐渐被逼出，香味四溢。等鸭肉水分彻底被蒸发后，再倒入啤酒，毛豆，然后盖上锅盖焖煮，数分钟后鸭肉就变成了金黄色。准备出锅前，将之前备好的鸭血搅拌均匀，放入少许盐，再倒入锅中。在盐的作用下，血能形成胶冻状，从而可以更好更牢固地附着在鸭肉上，味道更均匀更香。

二、宁远特色原材料

1．红薯酒

红薯酒是宁远男人的最爱，一到过年，女人们收拾屋里屋外，男人们畅饮红薯酒庆祝一年中最隆重的传统节日。宁远人喜欢喝自己家酿的酒，以红薯酒较为普遍，有“宁远红薯酒，农民家家有”之说。县北一带喜用糯米酿酒，再掺烧酒浸泡，谓之拖缸酒，香甜可口，有“西路粑粑北路酒”之说。

2．九嶷山兔

九嶷山兔原产于宁远县九嶷山，因此而得名，是经过长期人工选择而形成的小型地方兔种，有一定的群体规模和结构。具有适应性好、抗病性强、繁殖能力强、肉质优良的特点。九嶷山兔为国家级优质兔种，主要分布于宁远县境内及周边的蓝山、嘉禾、新田、双牌、道县、江华一带，可适用于红烧、清炖、爆炒等多种烹调方法。常见的菜肴有爆炒兔肉、红烧九嶷山兔等。

3．石珠坝白苦瓜

石珠坝白苦瓜外表白气有光泽，肉厚质细嫩，味微苦且有清香，是宁远本地优良苦瓜品种，主产宁远县中和镇石珠坝村、上街村、下街村一带，常年种植300余亩，亩产苦瓜1000～1500千克。

4．九嶷黄豆

九嶷黄豆蛋白含量高，适宜豆腐加工，是宁远传统旱粮作物，长时期以来种植面积基本稳定在两万亩左右，近几年由于人们对植物蛋白的重视，豆腐、豆奶等豆制品的消费迅速增长，大豆的市场需求扩大，农民种植大豆的积极性提高，大豆种植面积迅速增加。

第六节　蓝山县饮食文化

蓝山位于湖南南部边陲，楚尾粤头，南岭山脉中段北侧，九嶷山东麓，是湘西南通往广东沿海地区的重要门户，素有“湘南门户”美誉，东与郴州临武，南与广东连州、江华，西与宁远，北与郴州嘉禾接壤。

蓝山地势由西南向东北倾斜，境内山、丘、岗、平区相互交错，以山地为主，是典型的山区县，南部山岭连绵，中北部耕地宽广，土地肥沃，是全县粮食、油茶、茶叶、烤烟等农作物的主要产地。蓝山黄花梨、柰李进入千家万户。

一、蓝山特色菜点

1．粑粑油茶

粑粑油茶是蓝山特有的传统名点，以辣、香、甜、脆、味美著名。粑粑用本地产的优质糯米制作，油炸成鸽蛋大小，每碗盛十至十二个，配以炒熟的花生米、黄豆、冻米等，面上稍撒点葱花，泡进滚开的油茶姜汤，汤中放生姜、少许红糖和茶叶，香气四溢，辣甜松脆，十分可口，油茶落肚，发汗驱寒，促进血液循环，有益于健身防病。

2．腊八豆鱼头

腊八豆鱼头是当地的特色菜，腌后的腊八豆很鲜香，用来蒸水库鳙鱼头，会使鱼头更加鲜嫩，并在菜品风味中添加独特的腊八豆口味，味型馥郁，可以与洞庭鱼头王平分秋色。

3．蓝山瑶山苦笋酿

蓝山瑶山苦笋酿是蓝山县当地特色菜，做法是将新鲜的猪肉切成细条，然后剁成细末，对于猪肉的选择，当地更喜欢用五花肉，半肥半瘦为最好。苦笋酿更讲究细心。在苦笋上撕开一条口子，挤入肉馅，利用苦笋的弹性合拢，做得恰到好处，笋香和肉香融合在一起，油而不腻，软绵可口。

二、蓝山特色原材料

1．牛屎酒

牛屎酒是蓝山县的一大特产，其名称黑糊酒。选用当地优质糯米为原料，用特制的大木桶蒸熟以后，掺和酵母，用缸盛起来，半月后倒入甘甜可口的井水，配以多种名贵药材酿造；酒酿好后倒入口子较窄的陶瓷缸里，用干净布封住缸口，盖上盖子，再用水泥或石灰涂上，以防漏气；在牛圈中牛粪较多的地方挖一个洞，置缸于洞中，用牛粪垒好，经过半年或者更长时间把酒取出来，酒液已变成像牛粪一样的深褐色，放置的时间越长，酒液越稠，味道越芬芳、越绵甜。牛屎酒富含维生素、蛋白质等多种营养成分，具有舒筋活血、醒脑提神、消寒祛湿等药用价值。

2．大白苦瓜

大白苦瓜是蓝山本地特产，推广已达20多年，瓜条长、外观白、产量高、品质优，单重1.5千克，最大重达4千克，全县种植面积达2600亩，主要分布在总市、毛俊、火市等乡镇。

3．蓝山金柑

蓝山金柑又名蓝山金弹，为大果型良种，生长快，结果早，产量高；金柑果实有特殊芳香，营养丰富，既可生食，又宜加工成金钱橘饼、金钱花或金钱罐头等；食后顺气润肺、化痰止咳、促进消化、强壮身体。蓝山县栽培金柑已有140多年的历史，面积达2000多亩，为湖南省重要的金柑生产基地。

第七节　祁阳县饮食文化

祁阳位于湘江中游，南通粤桂，北抵衡岳，东连浙赣，西接川黔。有瑶族、蒙古族、回族、藏族、苗族、壮族、满族、白族、傣族、黎族、水族、布依族、侗族、土家族、哈尼族、拉祜族、仫佬族、布朗族、彝族等少数民族分布。祁阳历史悠久，人杰地灵，文化底蕴深厚，因地处祁山之南而得名，因有浯溪而闻名，是一个古老的邑县，始建于三国时期。

祁阳人喜庆及节假日、春节走亲戚，主人要做十甲碗招待客人。上菜讲究现做现吃，故上菜是一碗碗上，吃完一道再上一道，直到十道菜吃完为止。上菜的顺序是约定俗成的：第一道菜必是大杂烩，第二是头牲（鸡），第四道是甜食，最后是青菜。因此，在祁阳人眼里，十甲碗就是宴席的代名词，祁阳还有墨鱼豆腐丝、鱼鲊、红釉鱼等特色美食。

一、祁阳特色菜点

1．文明米粉

文明米粉是祁阳的传统风味，原料选用、粉丝制作和粉汤配制等方面均有独特的技巧和讲究。用来榨粉的原料必须是优质稻米，以新谷新米为佳。粉丝制成后，用猪骨头和豆豉炖汤作粉汤；用四分之二的精肉、四分之一的肥肉和四分之一的新猪油滓一并剁碎泡入滚开的豆豉汤里，一滚即起遂成臊子。将粉丝泡进盛沸水的大锅中，随即用长筷夹入捞箕中，并尽量使渍在粉里的杂水滤出，盛入碗里，加上葱花、红辣椒酱、新煎的猪油、带汤的臊子，注入配好的热汤，就成了热乎乎、鲜艳艳、香喷喷、味津津的文明粉。

2．鱼鲊

鱼鲊是祁阳的特色美食，与一般鱼肴不一样，祁阳鱼鲊必须生吃，在吃法上有些独特。制作鱼鲊需选用1.5千克以上的活草鱼，宰杀时必须在草鱼尾部先剁一刀，再把草鱼放入水中，使其自行排净血水，方可使用，否则制作出来的鱼鲊有土腥味。

3．墨鱼豆腐丝

墨鱼豆腐丝原料为墨鱼、豆腐、肉丝，是祁阳潘家埠、进宝塘一带流传的一道名菜。将涨发好的墨鱼和瘦肉均切成丝，用茶油小炒，不加盐，铲出后用小碗盛置一旁；选择洁白质嫩的豆腐块，将其切成狭长细片，用茶油温火微炒，再放入炒好的墨鱼丝、肉丝，配以猪油、葱、蒜、芹菜、辣椒、味精、酱油等佐料，加少量水，旺火炒焖；有的还加以冬笋或红萝卜丝，更加味美色鲜。

4．祁阳釉鱼

祁阳釉鱼又称曲米鱼，历史悠久，属祁阳汉族传统名菜，源于祁阳县白水、肖家镇一带。祁阳釉鱼世代相传、纯秘方腌制、色泽鲜红、肉质松软、口感柔嫩、味道独特、回味无穷。釉鱼是将鲜鱼切块加盐待水干了以后，再放入红曲米、香辛料、辣椒粉、山茶油、料酒等蒸熟后即成。宋朝宣和年间，宋徽宗将祁阳䲕鱼定为朝廷贡品，也是当地人逢年过节，走亲访友，招待客人的必备礼品，还是办酒席的压轴菜，远近闻名的品牌菜。

二、祁阳特色原材料

1．笔鱼

笔鱼学名铜鱼，是祁阳县浯溪的著名特产。相传宋朝文豪苏东坡路过祁阳时，笔落溪水中，比作此鱼。其形似毛笔状，肉质细嫩，营养丰富，有“席上珍品”之称。用笔鱼和辣椒煸烧，成菜肉质细嫩，油而不腻，香味浓郁，鲜甘可口。

2．乌梅

乌梅已有400年的历史，种植在睦关头、云盘甸、太白山、赤塘等乡的低矮丘陵山地上。五月中旬果实未成熟时，将青梅采摘回家，用杉木炭灰拌匀后，炭火烤干即成乌梅。有止渴、解热、镇吐、止咳、生津、驱虫等功能。祁阳乌梅有青梅和红梅两大类，青梅类分桃梅和药梅，果实未成熟时幸免为青色，完全成熟时仍为青黄色。

第八节　东安县饮食文化

东安地处湖南西南部，素有“湘南门户”之称，是全国商品粮、瘦肉型猪和柑橘、楠竹、银杏生产基地县。东安汉属洮阳县，西晋永熙元年（290年）置应阳县，因县城位于应水之北而得名，是为东安建县之始。隋朝，应阳并入零陵县。宋雍熙元年（984年）复置，取东方安宁之意，定县名为东安，县名沿用至今。

在东安，不管是在县城，还是在乡镇，无论是在装潢考究的门店，还是街边的小摊，到处都能看到“东安鸡”的招牌。吃东安鸡，不仅仅是品尝美味佳肴，更多的是品尝当地的一种美食文化。东安是东安鸡的故乡。东安鸡的历史故事源远流长，相传在唐朝开元年间，东安人开始烹制东安鸡——“醋鸡”。清末民初时，此菜被引入长沙，经湘军将领席宝田（东安人）、民国将领唐生智（东安人）等官宦食客的宣传，逐渐成为酒宴名肴，湖湘各地菜馆纷纷效法烹制。

一、东安县特色菜点

1．东安鸡

东安鸡是湖南一道传统名菜，它源自湖南东安，是一道家家户户都会制作的菜肴，也是往来游客“下馆子”的必点菜品，造型美观，色泽鲜艳，营养丰富，香甜酸辣嫩脆六味兼具。东安鸡烹饪时，米醋、花椒、葱、姜、辣椒等佐料必不可少。在旺火热锅后，下油烧开，略炒一会，加盐、料酒、米醋焖制，直到肉酥嫩软，才可出锅，上桌时淋上明油，确保醋香鲜可口。

2．紫云腊肉

东安人有隔年熏腊肉的习惯，紫云腊肉颇有名气，每年临近年关，杀了年猪，将猪肉切成1.5～2.5千克一块，擦上盐和各种香料后腌三至五天，待盐及香料浸进肉内，再用竹条或藤条穿串挂到火炕上，以烟火慢慢熏干。熏制得比较好的腊肉一般可保存半年以上。

3．山口铺油豆腐

山口铺油豆腐是东安古镇山口铺百年名产，是远近驰名的美食。当地特殊的井水和自产的黄豆制成的豆腐，然后再用当地产的茶油炸成，故山口铺油豆腐确实与众不同。

二、东安特色原材料

1．红芽芋

红芽芋又称红眼芋，种植时切尾抹火灰再种植普称为灰芋，红芽芋种植历史悠久，多在田边、地边、厢边作边际栽培，整丘及连片作商品栽培是近年的事。红芽芋茎白绿、芽红色，仔芋长圆形，表皮黄褐色，芽口粉红色，母子共生，三月初种，十月初收，一般母芋作饲料，仔芋才有商品价值。

2．东安斗酒

东安斗酒素有“东安茅台”的美誉，具有醇、甜、香三大特点。它的制作方法是将糯米烧酒兑入甜酒中，然后滤去甜酒糟方成，其为低度酒。此酒具有进口绵甜、精醇香甜、入口顺畅等特点。

第九节　双牌县饮食文化

双牌位于湖南南部，潇水中游，永州中腹，故名泷泊。北接零陵区，东北接祁阳，东南靠宁远，西南连道县，西侧紧邻广西全州。

双牌呈“九山半水半分田”的格局，东部阳明山自古为天下名山，中部潇水湖于崇山峻岭间曲折奔涌，西部的紫金山朝夕阳光照耀。气候宜人，四季如春，自然景观和人文景观奇特，相映生辉。

一、双牌特色菜点

双牌酒糟肉

酒糟肉是双牌传统名菜，当地村民用野草蔬菜瓜果之类作饲料，家家户户都喂养一种浑身带着黑斑的土猪，一养便是一年。年终杀猪时，猪肉变成了有序的食材，猪蹄和猪臀肉、五花肉是用来“跑锅”做红烧的，排骨被分割成条状，用来熏制腊肉，肠子则会被做成腊肠或香肠，只有比较难弄的猪头会被留下来进行腌渍成酒糟肉。将整理干净的猪头砍成两半，剔下脸面肉，再剁成两指宽大小的肉块，放入大木盆里用盐、味精、料酒腌渍脱水，沥干水分后，用红辣椒粉和自家酿制的糯米酒糟与猪脸肉搅拌均匀。然后放入早就消毒好的坛中，密封腌渍五至十天，可开坛食用。取出用大火蒸烂上桌，此菜色泽红亮，芳香诱人，口感醇厚，香辣脆嫩，引人入胜，妙不可言，回味无穷。

二、双牌特色原材料

双牌虎爪生姜

双牌虎爪生姜外观近似福建金姜，形如虎爪、肥圆金亮。虎爪姜肉质脆嫩、无渣多汁、气味芬香，除富含蛋白质、氨基酸等常见营养素外，还含有抗氧化的姜辣素、抑制胆固醇吸收的挥发油等特殊成分，药食两用。利用山坡地表，虎爪姜间作于林隙，且20年一轮回生产模式，是双牌姜农独创杰作。

第十节　新田县饮食文化

新田位于湖南南部，永州市东部，阳明山南麓，东接桂阳，直达郴州。南临嘉禾，是能源协作区。西接宁远，为土特产集散通渠。北毗祁阳，通常宁，自古商贾交往频繁。新田南北长，东西窄，呈向南开口的狭长盆地。四面环山，西北地势较高，东南地势较低。大致是五分山丘、三分岗地、两分平原和水面。

新田山野菜有龙源笋丝、苦菜公、奶参、黄精菜、水麻菜、野芝麻菜、凤爪蕨、绞股蓝茶、玉丝茶、百草腊肉等。

一、新田特色菜点

1. 石羊醋水豆腐

石羊镇是醋水豆腐的发源地。当地用醋水作为凝固剂，方法非常独特，以醋水为凝固剂做出来的醋水豆腐虽然制作工艺与普通豆腐基本相似，但口感却截然不同。其优点在于没有酸涩异味，且比传统豆腐更加结实，抛起一尺落手不碎。如今，醋水豆腐不仅仅是石羊人招待客人的一道美味，也成为了餐桌上一道别样的风景。

2. 新田富硒扎肉

富硒扎肉是新田县村民为长期保存鲜肉而独创的肉类腌制方法，延续至今，成为新田县独具特色的招牌菜。扎肉取材于农家土长、草食喂养、大小适中的家猪猪肉。当地土壤草料富硒，所以猪肉也富含硒元素，营养口味更佳。

3. 血灌肠

血灌肠是盛行于新田等地的一道地方名菜，逢年过节谁家宰了猪，主人总要炒几大碗血灌肠来吃，送客时，还要割一段血灌肠给客人带回家。血灌肠是将猪的大肠小肠翻转后清理干净，然后将加水搅匀的鲜猪血或加米粉、姜丝、辣椒粉调成的血浆灌入洗净的肠内，扎成一节节，用文火煮熟，形状像藕，表面光滑，香味浓郁。

二、新田特色原材料

1. 新田板栗

新田板栗产于新田秀峰山崇山峻岭之中，空气新鲜，环境无污染，土壤含硒量高，规模种植起源于20世纪90年代。新田板栗颗粒大、颜色鲜艳、营养丰富、口味极佳、含糖低、含蛋白高，是无公害绿色食品。

2. 水桎花生

水桎花生颗粒饱满，色泽鲜艳，是传统经济作物，新田的土壤和气候适宜种植花生，故种植花生历史悠久，水桎花生采用传统工艺，手工制作。把刚从旱地挖出来的鲜花生，洗净泥土，晾干水珠备用，在大铁锅内加适量茶油，用旺火爆炒，待河卵石炒红，再将鲜花生倒入大铁锅，与炒红的河卵石混炒，直至花生炒脆出锅。

3. 长亭筋面

长亭位于新田县石羊镇，长亭筋面有“新田六宝”之称。把清水放入锅中，准备好面条；待锅中水沸腾，放入面条，用筷子轻轻搅拌，放盐调味，待面在水中煮熟，然后将面倒入刚准备好的盆中，搅拌均匀，多倒入一些开水，以免糊面；另起一锅，放水烧开，小火放入土鸡蛋加热至八成熟出锅，放上葱段滴上几滴油装盘，汤鲜，滑嫩，有筋道，非常美味。

第十二章　五溪之地　怀化味道

怀化市位于湖南西部，南接广西桂林、柳州，西连贵州铜仁、黔东南，与湖南邵阳、娄底、益阳、常德、张家界等市和湘西州接壤，自古有“黔滇门户、全楚咽喉”之称，今有湖南“西大门”的美誉。怀化是东中部地区通向大西南的桥头堡和国内重要交通枢纽城市，是湘桂川渝黔五省（市、区）毗邻地区的中心区位优势城市，处于武陵山脉和雪峰山脉之间，沅水自南向北贯穿全境，地形复杂、山水相间，处处是景。

怀化境内有酉水、辰水、溆水、潕水、渠水，古称五溪，为五溪蛮地，侗族、苗族等46个少数民族以其独具艺术魅力的多民族文化和民族习俗风情吸引着芸芸众生。

怀化四季分明，冬无严寒，夏无酷暑，光热资源丰富，雨量充沛，雨热同步，对农作物生长有利。自然资源丰富，开发潜力巨大，国家重点中药材资源有175种，茯苓、天麻等产量居全国第一；水果种植面积569平方千米，年产水果59万吨。

第一节　怀化市区饮食文化

怀化的饮食极具地方色彩，以各种鸭为主要特色，尤以侗族饮食最具特色，以辛香酸辣和腌制、熏制及腊食闻名，吃饭的仪式和规矩也很正式。特色美食系列有酸菜系列、麻辣系列和山野系列。酸菜系列有酸辣椒、酸藠头、青菜酸、胡葱酸、萝卜酸、豆角酸、酸鱼、酸肉、糯米大辣子、苞谷辣王、黏米酸辣王等；麻辣系列有麻辣牛肉、麻辣鸡丁、麻辣鱼片、麻辣豆腐、麻辣萝卜、麻辣酱籽、麻辣腐乳等；山野系列有蕨菜、山竹笋、鱼腥草、鸭脚板、魔芋、金香芋、香椿、黄葛汁饮料等。特色美食有洪江血粑鸭、通道侗家腌肉、芷江鸭、新晃老蔡牛肉、穿丝篮、溆浦片片橘、低庄红枣、麻阳椪柑、芷江虫白蜡、紫秋葡萄、藕心香糖、黔阳大红甜橙、冰糖橙、雪峰乌骨鸡、雪峰山野生甜茶、清江干鱼、安江金秋梨、安江香柚、会同干竹笋、中方湘珍珠葡萄、辰州香柚、通道蜜饯茶、靖州雕花蜜饯、血橙、杨梅酒、杨梅蜜饯、侗家苦酒等。

侗族从事山坝农业，兼营林业和渔猎，手工业发达，出产香禾糯、稻花鲤、油茶。

侗族饮食文化自成一体，可用杂（膳食结构）、酸（口味嗜好）、欢（筵宴氛围）三个字来概括。侗族日食四餐，两饭两茶。饭以米饭为主体，平坝多吃粳米，山区多吃糯米，糯米种类很多，有红糯、黑糯、白糯、秃壳糯、旱地糯等，将各种米制成白米饭、花米饭、光粥、花粥、粽子、糍粑等，吃时不用筷子，用手将饭捏成团食用，称为吃抟饭，习惯清晨做好一天的饭菜带上山去食用。喝的茶专指油茶，用茶叶、米花、炒花生、酥黄豆、糯米饭、肉、猪下水、盐、葱花、茶油等混合制成的稠浓汤羹，既能解渴，又可充饥。与饭、茶配套的，还有蔬菜、鱼鲜、肉品、瓜果、菌耳和饮料，食源广博而异杂。蔬菜大多制成酸菜，鱼鲜包括鲤鱼、鲫鱼、草鱼、鳝鱼、泥鳅、小虾、螃蟹、螺蛳、蚌之类，可制成火烤稻花鲤、草鱼羹、鲜炒鲫鱼、吮棱螺、酸小虾、酸螃蟹等风味名肴；肉品主要是猪、牛、鸡、鸭肉，吃法与汉族差别不大；瓜果有刺梅、猕猴桃、乌柿、野杨梅、野梨、藤梨；菌耳有松菌和鲜美的鸡丝冻菌，可制粑粑与粉丝的藤根、葛根，水田生长的细微苔丝，随处可见的竹笋；饮料是家酿的米酒和苦酒以及茶叶、果汁。侗族嗜好酸味，在侗家菜中带酸味的占半数以上，用料范围广，猪、牛、鸡、鸭、鱼虾、螺蚌、白菜、黄瓜、竹笋、萝卜、蒜苗、木姜、葱头、芋头皆可入坛腌醅，腌制方法巧，先制浆水，加盐煮沸，下原料续煮，装泡菜坛，拌上酒精和芝麻、黄豆粉，密封深埋；保存时间长。

此外还有黔阳大红甜橙、沅陵酥糖、雪峰乌骨鸡、红薯果脯、溆浦朱红橘、麻阳冰糖橙、麻阳椪柑、靖州木洞杨梅、靖州血橙等特产和小吃。

一、怀化市区特色菜点

1. 血粑鸭子

血粑鸭子是洪江特色菜，制作时先将预先浸泡好的上等糍糯米装入瓷盆里待用，宰杀鸭子时将鸭血溶入糯米浸泡均匀，血凝固后上锅蒸熟，粑冷后将血粑切成小方块，然后用茶油煎熟，肉和肥猪肉、花椒、植物油一起炒煸，炒干水分，再加入盐、酱油拌匀，加入清水，大火煮十几分钟，有香气溢出，再加大红椒切片。鸭肉煮熟时再将血粑放入小火煮，煮至软糯即可食用，既有鸭肉的鲜美味浓，又有血粑的清香糯柔，吃起来满口香浓，让人食欲大增。

2. 怀化炒仔鸭

怀化炒仔鸭是地方特色菜，以怀化麻鸭为主料，配子姜、红椒，用卤料和甜酱调味炒制而成，鸭肉酥烂、红润、香鲜，略带五香味。把鸭宰杀去毛和内脏后清洗干净，鸭肉砍成4厘米长，2厘米宽的条块。鸭胗和鸭肝同样切成块，鸭肠切成段。子姜和红椒都切成片。锅内入油下鸭肉炒干水分成本色，下卤料姜片翻炒几下加入甜酱继续翻炒呈酱红色，加水盖锅焖至汁浓肉烂，放入红椒片调味，等红椒断生即可。

3．曾氏鸭子粉

怀化鸭子粉的米粉比较粗，汤底用的是卤鸭子的汤汁，码子十分有特色，一整个的鸭翅。鸭子粉的重点是它的盖码，有鸭头、鸭块、鸭肠、鸭腿、鸭翅、鸭脖子、鸭掌等等，顾客可以各取所需来点米粉盖码。鸭子粉的佐料少不了辣椒和怀化地区的酸萝卜、酸刀豆等，酸爽解腻。

4．阳荷

刚挖出土的阳荷最好吃不过，洗净切好后，切成细丝，配辣椒、细盐，放到油锅里，大火翻炒几分钟，一股香气直冲鼻孔，装到盘子里，外红内白，油光水滑。在怀化农村，常常把阳荷与韭菜、红辣椒一起腌到菜坛子里。

5．张氏婆婆鹅

将麻阳白鹅洗净初加工，鹅肉、鹅腿斩块冲水，锅上火，放菜籽油烧至六成热，先将鹅头、鹅脚、鹅肫、鹅肝放入锅中用火煸炒，放生姜、桂皮一起煸出香味；放入鹅肉加盐、干椒节煸炒出香味；烹料酒、淋香油、加少许酱油和十三香，入高压锅上汽压6分钟；炒锅倒入鹅肉，加原汤、放蒜子、红椒圈、辣椒王，烧开后加蚝油、鸡精、味精、盐焗粉适量，收浓汁倒入特色木盆中。汤鲜味浓，鲜辣爽口。

二、怀化市区特色原材料

1．冰糖甜橙

冰糖甜橙树势较强，树冠开张，多呈自然圆头形，枝梢细长，具明显下垂性，春梢、秋梢刺少而短小，每梢刺长短不一。叶色浓绿，叶背叶脉凸超。果近球圆形，果皮光滑橙红，质地脆。果肉橙黄至橙红，汁囊脆嫩化渣，少核或无核。味浓甜略酸，具清香风味，品质上等，为最佳鲜食甜橙品种。

2．雪峰山野生甜茶

雪峰山野生甜茶清甜可口，性平味甘，清热利湿，护肝养肾，药食同功，主要成分为黄酮类，具有三抗和三降的作用。野生甜茶是一种珍稀的野生资源，无毒无副作用，当地村民常采摘该茶饮用，人体抵抗力增强，平均寿命高。

3．五加皮酒

五加皮酒是湖南药酒，祛风湿效果好，炮制五加皮酒选用五加皮、当归、地榆、党参、山柰、砂仁等20余味名贵中药材，经特酿白酒浸泡后，添加糯米蜜酒、冰糖、蜂蜜精心酿制而成。

第二节　洪江市饮食文化

洪江位于湖南西部，是个多民族聚居的地区，现有侗族、苗族、瑶族、回族、土家族等20个少数民族，山川秀丽，风光旖旎，环境优美，名胜古迹、自然景观甚多。

洪江东起洗马乡土岭界，西止托口镇鲤鱼湾，长102千米；南起龙船塘乡雪峰界，北至岔头乡大沅，宽55千米。受雪峰山脉影响，东南高，西北低；山地夹丘陵与河谷平原相连。东南部多山地，中部安洪江谷盆地，地势低凹平坦。境内溪河纵横，沅水纵贯全境，渠水、潕水分别于托口、黔城注入沅水。层峰叠嶂之中，地势甚高，气候温和，四季分明，日照充足，雨量充沛。物产资源颇丰，有木本植物91科584种。

一、洪江特色菜点

1．洪江米粉

洪江米粉油码多样，味鲜可口，是一种闻名的地方风味小吃。洪江人不论男女老幼都喜欢食用米粉，外地来客也以能品尝洪江米粉为一大乐事。米粉洁白，圆而细长，形如龙须，象征吉祥。米粉食用方便，用开水烫热，加上佐料，即可食用。

2．洪江血粑鸭

洪江血粑鸭是怀化的特色美食之一，发源于洪江，“北有全聚德，南有血粑鸭”这句话在湘西一带盛传已久。烹饪时，把鸭肉及干红椒、生姜、樟脑、糯米粑用旺火在沸腾的油里炸熟，然后放清水，倒入鸭血等，小火煨煮，成品以其浓香、味足、色金黄，质酥肥而著称。

3．灯盏粑

灯盏粑是地方特色油炸小吃，主要原料为大米和黄豆，经过浸泡、磨浆、拌馅、油炸，炸出的油粑粑味道才会好，吃起来只觉得油香豆香四溢，酥脆的表层包裹着团团热气，轻轻一咬，暖香四溢，诱人的味道传遍全身。

4．龙标鸭

黔阳古名龙标，黔阳人历来爱吃鸭，鸭子是逢年过节必备的一道大菜。龙标鸭来源于王昌龄的《龙标野宴》：“沅溪夏晚足凉风，春酒相携就竹丛。莫道弦歌愁远谪，青山明月不曾空。”烹制龙标鸭，要用春天酿造的美酒来提香，配合黔阳本地的各种香料，出锅时香飘四邻。龙标鸭肉质鲜美，口感充满弹性，风味浓郁，香辣可口，老少咸宜，是四方游客来黔阳旅游必尝的一道经典风味特产。

5．雪峰山腐乳

雪峰付氏豆腐乳沿用付氏祖传手法和手工作坊，采用无污染的雪峰山天然矿泉水泡制，利用雪峰山脉野生茶籽油精制而成，是天然的无污染绿色食品，产品清香可口，被广大消费者誉为“农家美味乡土菜”。

二、洪江特色原材料

1．托口生姜

托口生姜有100多年的栽培历史，是湖南洪江市特产，其根茎肥厚，多分枝，姜肉具有芳香及辛辣味，脆嫩化渣等特点，民间有谚云：“托口一坛姜，满嘴辣又香”，堪称佐餐开胃之佳品。

2．沙湾贡柚

沙湾贡柚肉质柔嫩，香甜微酸，产于洪江市沙湾乡，品种优良，历史悠久。得益于沙壤和温湿气候，品味独特。果实呈梨状椭圆形，果面黄色，皮薄易剥，肉多核少，有清甜的晶状颗粒。维生素C含量高，有清脾去火之功效，乃柚中极品。

3．黔阳脐橙

黔阳脐橙果实个大，果形端庄，皮薄光亮，着色艳丽，果肉汁多无核，甜酸适度，细嫩化渣，风味纯正。洪江市黔阳脐橙是国家地理标志产品保护，保护区域为该市沙湾、大崇和硖洲等乡镇，种植面积3000亩，年产量达6000吨。

4．安江香柚

安江香柚又称贡柚，得益于当地特有沙壤和温湿气候，集纯自然有机肥培育，品味独特，历代被作为贡品。据说安江香柚已有2000多年的栽培历史，早在秦汉时开始种植，唐朝已小具规模，王昌龄贬谪龙标县尉时，送友人诗中曾有“醉别江楼橘柚香”的佳句，赞扬安江香柚迥异的品味。

5．黔阳冰糖橙

黔阳冰糖橙别名冰糖泡，是柑橘中的著名品种，口味浓甜、肉质脆嫩，果味甘甜如冰糖而得名。树形美观，可植于庭院观赏。挂果成熟期为十一月中旬，果实橙黄，锃亮芬芳，皮薄汁多无核，富含糖类、柠檬酸和多种维生素。果实质优和耐贮耐运。

第三节　通道侗族自治县饮食文化

通道位于湖南西南部，怀化市南端，东邻邵阳绥宁、城步，西界贵州黎平县，北靠靖州，南接广西龙胜、三江，处湘、黔、桂三省六县交界之地，湖南南下两广的咽喉要道。全境南北长68千米，东西宽53千米。现侗族占73%，是湖南最早成立以侗族为主体，侗族、汉族、苗族、瑶族等多民族和睦共处的自治县。

通道地处云贵高原东缘向南岭山脉过渡地带，雪峰山西南余脉延伸其境，形成东、南、西三面高耸，中、北部略低的地势。地貌以山地丘陵为主，其中山地占78%，以红壤和黄壤为主。

一、通道特色菜点

1．酸汤鱼

酸汤鱼是苗族较出名的风味名菜，使用苗家特制的酸汤、当地的鲜鲤鱼和木姜子煮制而成，味道香鲜酸辣，促进食欲。红酸汤主要风味来源是当地常用的调味酱——糟辣子。腌糟辣子的方法很简单，通常5千克红辣椒配0.5千克生姜，分别洗净晾干，混合剁碎加盐拌匀，装入坛中，在盖沿处加水密封，置于阴凉处发酵十天即可。做酸汤鱼另一种必不可少的天然调味料就是木姜子，这种长在山里的神奇野果，具有浓郁而又复杂的香气。

2．合龙饭

合龙饭在重大节日或办各种喜事时摆设，餐桌、椅子、碗筷、菜肴均从村寨中每户家里收集，然后将餐桌合拢，摆成一长条，再将收集到的菜肴摆在长桌上，摆好碗筷，将椅子置于长桌两旁。菜肴以酸鱼、酸肉、酸菜为主，食糯米饭，每位客人一份，并以树叶为底置于长桌的两边，每份糯米饭上放有一串新鲜肉和豆腐。客人就座以后，在开餐以前还有一段集体酒令和一个仪式。

3．酸汤豆腐

酸汤豆腐以豆腐和折耳根为原料，将豆腐切成5厘米宽、7厘米长、3厘米厚的长方块，用碱水浸泡一下，拿出放在竹篮子里，用湿布盖起发酵12小时以上。再将折耳根、苦蒜切碎，装入碗中加酱油、味精、麻油、花椒粉、煳辣椒粉、姜术、葱花拌匀成佐料待用。将发酵好的豆腐排放在木炭渣铁灶上烘烤，烤至豆腐两面皮黄内嫩、松泡鼓胀后用竹片划破侧面成口，舀入拌好的佐料即成。其风味特色表面微黄，辣香嫩烫，开胃生津。

4．腌制香酸鱼

酸鱼是“侗家菜”中的珍品。酸鱼的腌制工艺分桶腌与坛腌。两种腌制方法相似，将鲜草鱼或鲤鱼洗净破开，去内脏，用盐腌三四天，使盐味浸入整条鱼体之中。浸盐之后，放进大木桶内。每放一层鱼，抹上糯米饭或甜酒糟，撒上炒黄豆粉，放上适量的辣椒粉。直到装满木桶，最后洒上些度数较高的白酒，上面盖上毛桐阔叶，再用重石头将其压紧，使其与空气隔绝，一年之后方可食用。

二、通道特色原材料

1．通道生姜

通道生姜以块大、纤维少、脆嫩和辛辣适度畅销省内外，是制作糖姜、五味姜、姜汁饮料以及药用的上等原料。侗乡人们用它制成剁辣子姜，成为宴席上一道极受欢迎的开胃菜。通道县是全国生姜的生产区之一。

2．蜜饯茶

蜜饯茶在通道有艺术茶之称，通道侗乡的汉族妇女有制作蜜饯的传统习俗，蜜饯的原料有柚子、冬瓜两种，妇女们会用特制的蜜饯刀把原料雕刻成花、鸟、虫、鱼等各种图案，然后需要与铜、明矾一道煮熟加糖、晒干。

3．侗家腌肉

侗家腌肉俗称接肉，有猪肉、鸭肉、牛肉、牛排等。制作时间以冬季最佳。用盆渍盐，略晾干，以木桶腌制，底层用糯饭或糊糯作糟，每铺一层加一层槽，然后用竹叶或粽片盖一层，再加木盖，封严，用大石压紧，数月即可食。可煎炒或烤炙。

4．臭菜根

侗乡餐桌上常常摆着的一碟碟似面条的银白色的龙须菜，即鱼腥草，臭菜不臭。吃臭菜根有两种方法，熟食法和生食法。熟食法又称炒食法，先放清油少许炒至八成熟，把备好的酸辣椒放入，半分钟后出锅即食。生食法又称腌食法，洗后的臭菜根切成段，用开水烫过消毒捞出，再撒入盐、倒入酱油拌匀，再倒入备好的食用醋或泡菜酸水适量，腌一小时后可食，吃时有酸、香、脆、辣四味，是下饭的一道好菜。

5．侗族油茶

侗族油茶清香甘甜，醒脑提神，焕发精神，有祛除湿热，防治感冒、腹泻之效。侗族人民喜爱这种饮料，一日三餐都少不了。在侗家，每天都要打三次油茶。

6．藤茶

藤茶又名山甜茶、龙须茶，其味甘淡性凉，具有清热解毒、抗菌消炎、祛风除湿、强筋骨、降血压、降血脂和保肝等功效，营养价值优于一般茶叶，尤其是黄酮类化合物和硒的含量远高于绿茶和花茶。

第四节　溆浦县饮食文化

溆浦位于湖南西部，怀化市的东北面，雪峰山北麓，有瑶族、苗族、土家族、侗族、回族等13个民族。溆浦是湘西的门户，省道1804线、1802线及湘黔铁路线穿境而过，交通便利。

溆浦高山耸峙，中间是溪河形成的河谷平原，属亚热带季风性湿润气候，无霜期长，四季分明，气候温和，物产充裕。山峦重叠，地形有山地、岗地、丘陵地、江河、溪谷平原等多种类型。土壤属于中亚热带红壤、黄壤地带范围。溆浦物华天宝，特产资源极其丰富，水果品种达380多种，年产量在36.2万吨以上，尤以朱红橘、脐橙、鸡蛋枣、脆蜜桃、龙潭李、腰带柿享誉全国，被誉为全国水果之乡，特别是十乡百里十万亩枣果基地享有成名，枣果年产量达5万吨以上，有着南方枣乡的美称。中药材面积4.5万亩，年产量达2000吨，主要产品有金银花、菊花、杜仲、厚朴、天麻等30多个品类，成为闻名的药乡。

一、溆浦特色菜点

1．桐叶糍粑

桐叶糍粑将米磨成浆，用白包袱包裹，然后将包袱压上石头，待水分干后，揉成团，包上豆粉、芝麻糖等做成的馅，用新鲜的桐叶包好，煮熟即可，糍粑里弥漫着桐叶的清香，香甜可口。

2．小江河鱼

小江河鱼肉细质纯，烹制独特，味道鲜美，闻名湘黔滇川，以溆水河鱼为主料，青辣椒、黄辣椒、蒜子、豆豉等为调辅料。将辣椒、蒜子切碎，热油锅爆香豆豉放入辣椒煸炒出香味，放入小干鱼调味翻炒均匀即可。

3．片子牛肉

片子牛肉先把整腿牛肉剁成大块，然后切成0.5厘米厚，约5厘米宽，7厘米长的长方片子，用滚油在锅里炸一会，放入大锅中，加入香料用木炭文火煨，煨好的牛肉外酥里嫩，色香味俱全。

4．牛肚炖魔芋

牛肚炖魔芋选黄牛的牛肚，用石灰水或碱水洗涤干净，切成丝，放进油锅里略炒一下，加水和魔芋及多种作料一起炖，牛肚要炖得烂，不扎牙齿，魔芋要炖得透，才能吸收汤中精华。炖好后加麻辣油和油发辣椒，即可食用。

5．猪肝炒大肠

外地人喜欢把猪肝、大肠分开炒制，而溆浦人喜欢放在一起炒，猪肝洗净切片，放锅里用水滚一下，捞起来放盘里备用。猪肠用热水洗里面的肠，用一点盐冲洗干净，切成2～3厘米长。锅洗干净，放油烧热，先放大肠，加盐和料酒爆炒。猪大肠先炒5分钟左右，再把姜片、猪肝放下去一起合炒，猪肝发出香味时，再加蒜叶，加一点酱油上色即可。

6．溆浦炒鹅

溆浦炒鹅是溆浦当地名菜，具有外酥内软，鲜香微辣的特点。溆浦鹅的吃法与其他地方有点差异，它以本地溆浦鹅为主要原料，辅以芋头、麻油、猪油、精盐、桂皮、红干椒、姜、葱等配料，先煸炒再焖煮，此菜刀工、火候讲究，颇具特色。

二、溆浦特色原材料

1．糍粑

用龙潭糯米做出的糍粑香软可口，白如雪，拉如丝，软如棉，曾是皇宫贡品。打糍粑是重要节日的一项民俗活动，特别是过年时候家家户户都要打糍粑。

2．溆浦物鹅

溆浦物鹅是我国生产特级肥肝的优良地方肝用鹅种。据清同治八年（1869年）《溆浦县志・卷八・物产》记载："鹅，畜者极众，八月中，每一鹅率易谷五斗，戚族相邀作打鹅会，往来馈遣多用之。"该县志中鹅被列为当地饲养家畜的首位，且当时百姓养鹅已非常普及，已有400年以上的历史。

3．葛面

葛面相传宋时饥荒，百姓为填饱肚子时去挖葛根，发现里面淀粉很多，于是做成葛面。粗圆滑亮，用开水烫煮后，加上葱、姜、香菜、酸萝卜和油发辣子，味道香辣，还有生津、发汗、解热等功能。

4．溆浦枣

溆浦枣生产历史悠久，早在唐朝就成片种植。现在溆浦县栽培的有鸡蛋枣、牛奶枣、蜜蜂枣、薄枣、滨朗枣等9个品种，种植面积有10万多亩，产量面积位居南方第一，开发出了风味枣、天然保健枣、金银花蜜枣、当归阿胶枣、香脆枣、粒粒枣、枣汁等产品。

第五节　新晃侗族自治县饮食文化

新晃位于湖南西部，云贵高原苗岭余脉延伸末端，沅水支流㵲水的中游，居湖南人头形版图的鼻尖上，东连芷江，南、西、北三面分别与贵州天柱、三穗、镇远、玉屏、万山毗邻。居住着侗族、汉族、苗族、回族等26个民族，其中侗族占80.13%。1956年经国务院批准成立侗族自治县。

新晃自然资源富饶，盛产天麻、杜仲、吴茱萸等名贵中药材，红豆杉、右旋龙脑樟等名贵树种呈群落分布。农畜产品丰富，特色鲜明，湘西黄牛等优良畜产品产量较大，享誉周边省市。

新晃属中亚热带季风湿润气候，四季分明，温暖湿润，严寒期短、无霜期较长，雨水充沛。盛产猪、牛、羊、玉米、稻谷、红薯、马铃薯、柑橘、刺梨、油桐、天麻、银杏、杜仲、龙脑樟等农副产品。

一、新晃特色菜点

1. 糯米酸鱼

糯米酸鱼在苗寨是最常见和盛行的一种名菜，俗称腌鱼，秋季禾熟放田水和冬季放塘水是捕鱼腌鱼的季节。制作方法是将鱼洗净破开，取出内脏，用盆渍盐，盐要搓遍，略晾干，以木桶腌制。糯米酸雨可煎可炒可炸，制作腌鱼以入冬后捕捞的草鱼为最佳。

2. 锅巴粉

锅巴粉主要由绿豆做成，成薄纸状。食用时配上佐料，味道鲜美不腻，主要原料有大米、绿豆、青菜等。制作过程是将大米、绿豆、青菜等打成浆，然后在锅里烙成饼，切成丝，因做法跟锅巴过程类似，故称锅巴粉。

3. 灰碱粑

在新晃，每逢喜事或过年过节，侗家人都要做灰碱粑。一是迎接新春的到来，二是作为馈赠亲友的礼品。灰碱粑制作与其他地方不同，灰碱粑的“碱”来自稻草灰。这些稻草灰研细、过滤后，按照大米和细灰各占一半的比例拌匀，然后用泉水浸泡24小时，等大米着碱变成暗黄色，再把泡好后的米用石磨磨成浆，倒入大锅中，烧火熬煮，边煮边搅拌，待水干煮熟，趁热揉成拳头大小的圆形，差不多0.5千克重一个，揉好的灰碱粑还要放入蒸笼里，用大火蒸40分钟，冷却后即可食用。

二、新晃特色原材料

1. 新晃黄牛肉

新晃黄牛肉是新晃特产，中国国家地理标志产品。新晃黄牛肉来源于中国南方最优良的黄牛品种之一新晃黄牛，牛肉肉质细嫩，香味浓郁，风味独特，营养价值高，目前已开发生产冷鲜牛肉、酒店牛肉、休闲牛肉、腊制牛肉等四大系列的80多个品种。

2. 新晃侗家苦茶

新晃侗家苦茶又称黑油茶，是侗族的美味，制作历史非常悠久，苦茶制作容易，先是用猪油、少量米饭、少量山泉水与黑茶叶一起放入侗家传统的灶锅中用柴火小火熬几分钟，然后加水至烧开，再放入米粑、土豆片、干萝卜、红薯块、干豆角、干笋子等五谷杂粮，然后加柴火至煮熟，盛于碗中，加上炒米、黄豆、酸辣子或油辣椒、葱姜蒜等，就成为一碗可口的美味佳肴。侗族形成了全寨一起吃苦茶的淳朴民风，只要是哪家煮了苦茶，就会邀请左邻右舍和寨上人一起吃，其乐融融。

第六节　芷江侗族自治县饮食文化

芷江位于湖南西部，武陵山南麓云贵高原东部余脉延伸地带，东邻中方、鹤城，南接洪江、会同及贵州天柱县，西连新晃及贵州万山，北界麻阳及贵州铜仁，素有“滇黔门户、黔楚咽喉”之称。

芷江以山地为主，丘陵次之，地势由西北向东南倾斜，中间形成凹陷的山间盆地，北部、西部和西南部为中山、中低山区，地势高峻，山峦叠嶂；东部和东南部为波状起伏的高丘；中部为低丘岗地，地势开阔平缓，土地肥沃，水源条件好，是粮食主产区。山清水秀，风光幽雅，人民勤劳朴实，自然资源齐全，物产丰富，主产稻谷、薯类、油菜籽，经济作物有柑橘、葡萄等26项400余种，形成优质稻、畜牧、柑橘、蔬菜、烤烟5大农业支柱产业，芷江米、芷江鸭、芷江冰糖橙、高山葡萄等一批特色品牌俏销全国各地。

芷江属亚热带季风湿润气候区，气候温和，四季分明，雨量充沛，无霜期较长，但受盆地周围高山影响，地域热量差异大，四季降水不均，垂直气候和小气候明显，旱、涝、冷、冻等灾害性天气频繁。日照时数的地域分布为山区偏少，平丘偏多；日照时数的年内分配不均，一年中以夏季最多，冬季最少，秋多于春。

一、芷江特色菜点

1．芷江鸭

芷江侗族自治县历来盛产水鸭，村民家家饲养。不仅产鸭，且在食鸭文化上独具匠心，妙趣横生。芷江黄焖鸭选择出生二月左右的仔鸭，这种鸭绒毛刚丰，体重1千克左右，具有肉嫩、骨脆、少脂肪的特点，芷江黄焖鸭之所以好吃，除烧酒、豆瓣酱外，主要用了花椒、大红椒、姜、大葱等多种香料融于鸭肉，芷江黄焖鸭肉味鲜艳，肥而不腻，酱香浓郁，回味悠长。

2．藕心香糖

藕心香糖因形似莲藕而得名，松酥香甜，落口消溶，解暑提神，原名薄荷酥，产于芷江。清朝末年开始生产，以上等白糖为主料，植物油、奶油等为辅料制成，其制作精细，工艺独特，造型精巧，呈长方形，内如藕心，每根有16个主孔、9个副孔，孔孔贯通，排列整齐，每千克约80根。

3．辣白菜

辣白菜造型美观，质地脆嫩，甜酸纯正，清凉爽口，做法是将白菜的外层老帮扒去，一切两半，斩去菜根，洗净后切成条。取容器一个，将白菜条铺在上面，铺一层撒一层盐，全部排放好后，找一重物压在上面。一小时后把它上下翻倒一下，使咸味均匀。

4．酸辣红烧羊肉

酸辣红烧羊肉以酸辣入味，汤汁稠浓，肉质软烂，鲜香可口。羊肉初加工，放入冷水锅中煮20分钟，捞出切成3厘米见方的块。锅中放油烧热下羊肉煸炒，烹入料酒，加酱油、精盐煸炒出香味。取大瓦钵1只，用竹子垫底，将煸炒过的羊肉块，皮朝下整齐排放在竹子上，再放入葱结、姜片、红干椒，加羊肉汤，大火烧开，改小火煨烂，翻扣在瓷盘中。起锅将酸泡菜、鲜红椒煸炒一下，再倒入大瓦钵里的原汤，烧开后，放入青蒜，调味，浇在羊肉块上面即成。

二、芷江特色原材料

1．芷江金秋梨

芷江金秋梨果实扁圆形，果皮薄，黄褐色，套袋果实金黄色，晶莹透亮；果肉纯白不变色，石细胞少，兼具白梨品质、果汁丰富、味甜。具有早果、丰产、晚熟、果大整齐、光亮美观，被誉为南方梨中之王。

2．高山葡萄

高山葡萄产于芷江本地高山地区，果粒结构紧凑、甜度大、产量高。在大树坳、杨公庙、木叶溪等乡，高山葡萄已形成一定规模，全县栽培面积达8000余亩，大树坳乡达3000亩，年产量125万千克。

3．马头羊

芷江马头羊因无角、头似马头，人们称马羊而得名，是优良的肉用山羊品种，该品种放牧性强，采食性强，繁殖性能强，肉质细嫩，脂肪分布均匀，品味好，膻味小，深受消费者好评，特别是在中东市场上有很高的声誉。全县每年饲养量达10万只。

4．绿壳鸡蛋

绿壳鸡蛋素有蛋中绿宝石之称，具有祛风、疗痛、增强记忆、补血强身之功效，含有丰富的铁、锌等矿物质。芷江自古有乌鸡国之称，大洪山乡高山放养的乌鸡产出的鸡蛋蛋壳呈绿色，蛋黄是金黄色。

第七节　靖州苗族侗族自治县饮食文化

靖州位于湖南西南，怀化南部，湘黔桂交界地区。北连会同，东接绥宁，南抵通道，西与贵州黎平、锦屏、天柱毗邻。地处雪峰山褶皱隆起带南端、云南省高原东部斜坡边缘，山地是主要地貌类型，有“八分半山一分田，半分水域加庄园”之称。东、西、南部高峻，北部低缓，中部有一条狭长的山间盆地，地势由南向北倾斜，呈波浪式降低。

靖州南起平茶镇小岔村，北至甘棠镇山门村，东抵文溪乡宝冲村，西达大堡子镇铜锣村。属亚热带季风湿润气候区，气候温和，雨量充沛，四季分明，无霜期长，严寒酷暑时间短。靖州是著名的果乡，猕猴桃、血橙、木洞杨梅等果类珍品闻名遐迩。核桃、板栗、五倍子、香菇、木耳、茯苓、天麻、玉兰片等林药产品，誉满省内外。特别是木洞杨梅和八龙油板栗更是闻名于世，因此获得杨梅之乡、板栗之乡的美誉。

靖州居住着苗族、侗族、回族、土家族、壮族、彝族、瑶族、蒙古族、满族、白族、水族、黎族、藏族、布依族、畲族、汉族16个民族的人民。以苗族、侗族居多，占全县总人口的61.45%。

一、靖州特色菜点

1．雕花蜜饯

靖州雕花蜜饯茶历史悠久，声名远播。在靖州作客，一定会吃到玲珑剔透、香甜可口的蜜饯茶。蜜饯，以柚子、冬瓜、黄瓜、西瓜、苦瓜、番茄、辣椒、茄子、扁豆、南瓜枝等瓜果蔬菜作原料，用刀精心雕刻而成，加明矾和铜放在一起煮。掺和白糖，然后晒干。蜜饯不仅好吃，而且更具观赏价值。

2．苗家糯米饭

苗家糯米饭是苗族主食之一，在苗族人民生活中占有重要地位，为男女老幼喜爱的食品，人们认为吃黏米饭不顶饿，味淡，不及糯米饭香，不用菜也能吃下，不用筷子，手捏着吃极为方便。县境苗族人民煮糯米是先用冷水泡发胀后，过滤放于木甑上蒸熟，再盛放于木盆内而食。黏稻或糯稻，多是舂一次吃一天，常年如此。

3．苗家油茶

苗家油茶是将蒸熟的糯米拌以特有树叶染红、绿、黑三色，晒干后用油炸好，即为“泡茶”，再用少许食油将黄豆、花生等炒香，然后将大米炒成糊米，加水、茶叶、食盐煮成浓茶，最后撒上“泡茶”，佐以黄豆、花生、辣椒、葱花等佐料便制作而成。苗家油茶有消暑解热、祛湿驱寒，生精健胃的功效，是苗家人早饭前的必用饮品。

二、靖州特色原材料

1．靖州杨梅

靖州杨梅色泽呈乌、酸甜适度、果大核小、品质优良、营养丰富。靖州栽培杨梅的历史悠久。果大色鲜、风味优良、营养丰富、天然性好。

2．茯苓

靖州盛产茯苓，靖州人民也爱吃茯苓。茯苓是一种药食同源的食材，是一种多孔菌科植物，大局部生长在赤、马尾松的根部，黑褐色，枯燥菌核入药，具有利水渗湿、健脾安神的功效。

3．靖州血橙

靖州血橙俗称血蜜柑，稀有晚熟地方良种，主产于靖州县，以果色橙红，并呈大块紫色红色血斑而得名。结果早、品质好，果实有长圆形、圆形、扁圆形三种。全县种植面积300余亩，年产量20吨。

4．腌酸菜

腌酸菜是靖州人的最爱，靖州山区群众素有“食不离酸”的习惯。《靖州乡土志》记载：“苗饮食有腌瓮，杂置鲑、菜，腌为一瓮，最为珍味。”酸菜多达20余种，大体可分为两大类：一类是素酸，如萝卜、白菜、生姜、豆角、竹笋、辣椒、藠头、野菜等；另一类是荤菜，如猪、牛肉及鱼类等。

第八节　沅陵县饮食文化

沅陵位于湖南西北部，沅水中游，东与桃源、安化为邻，南接溆浦、辰溪，西连古丈、泸溪，北与张家界交界，素称湘西门户，沅水由西南入境，向东注入洞庭湖，横贯县境中央，将全县分成南、北两部分，沅水以北属武陵山系，沅水以南属雪峰山系。地势由南、北山岭向沅江倾斜，南部凸起，东西稍低，中间陷落，构成沿河谷地。有汉族、苗族、土家族、回族、白族等25个民族。

沅陵主要经济作物有茶叶、板栗、桐油、晒烟、花生等。驰名中外的碣滩茶、官庄毛尖、辰杉久享盛名，誉满神州；板栗年产量5000吨左右，占全省总产量的30%，素有板栗之乡美称；蜂蜜、桐油、松脂年产量均在万担以上。

一、沅陵特色菜点

1．卤肉

沅陵人将卤肉称为烧腊肉，将卖卤菜的摊位称烧腊摊子。主要是猪头、猪脚、猪尾、猪肠等，将要卤制的部分用烧红的铁器烙至焦黄，刮干洗净，炒上糖色，放入秘制香料卤水中卤制而成，色泽酱红、鲜亮诱人、美味鲜香，是下酒的佳肴。

2．猪脚粉

猪脚粉是沅陵的名小吃，用当地特有的上好细米粉，配以调制好的熟猪脚做佐料而得名，香辣鲜爽，沅陵的粉有弹性，加工起来也非常简单，只要几分钟就能将粉烫熟，猪脚是红烧口味的。

3．米豆腐

米豆腐是沅陵的传统特产，堪称家常美食，长期以来深受人们喜爱。其制作加工技术主要有选料、浸泡、磨浆、煮浆等工序。米豆腐是用黏米粉加入石灰水煮成米糊，做成像豆腐一样的块称米豆腐，用漏瓢漏入凉水中成虾子样的称虾子汤圆。咸萝卜切细加上姜蒜泥，配上辣椒面，放入香醋，淋上芝麻香油，撒上葱花即可。

4．煨豆腐

在沅陵农村几乎家家户户都会做豆腐，以马底驿、渭溪水田等地豆腐最为出名，传说水田豆腐用篾片划开后放在一起，划开的豆腐能神奇地自行合拢成块。沅陵人烹饪豆腐除煎、炸、焖、烧之外，最爱用大锅瓦缸炖制，用大灶锅烧汤，放入新鲜猪筒子骨、桂皮、花椒、八角等香料，加入适量辣椒，豆腐切方块放入汤中，大火烧开慢炖，然后装入大瓦缸中，用炭火煨至第二天食用，这样做出的豆腐里空外嫩多汁，味道鲜美，润滑可口，营养丰富，是老少皆宜的美味佳肴。

二、沅陵特色原材料

1．晒兰

沅陵晒兰源于明清时代，最早由江西人传入辰州城里（今沅陵县城），曾盛极一时，成了湘西享有盛名、独具特色的传统名菜和席上珍品。晒兰并非晒制，以肉猪后腿部特好的鲜嫩瘦肉为原料，剔除盘杂后，开成如绵纸似的薄片，按比例和精盐、花椒、米酒等7种配料抹匀下缸腌制。固定时间出缸后，将肉片均匀摊在用无烟木炭烘烤的铁架上，将水分烤干，肉片能直立不弯折且呈棕红色为度，此为“生晒兰”。

2．碣滩茶

碣滩茶香气浓郁、甘醇爽口，历史悠久，在唐朝时被列为贡茶而盛极一时。产于沅陵沅水河畔的碣滩，因沅陵古属辰州府，故又名辰州碣滩茶，有毛尖和绿茶两种，形、色、香、味俱佳。

3．鸭脚板

鸭脚板是一种长在山里的野菜，因为它的叶片每一枝桠形状是三瓣状，有些像鸭子的脚掌，所以才有了这个称呼。每一年春天，都是吃鸭脚板最佳的季节，口感粉嫩爽脆。鸭脚板野菜除了可以当成菜肴炒吃之外，还可以作为清凉败火、消炎止血的食疗菜品。

第九节 会同县饮食文化

会同位于湖南西南部，东枕雪峰山脉，南倚云贵高原。属中亚热带季风湿润气候区，寒暑适度，四季分明。地处山林地区，山美水秀，风光旖旎。有侗族、苗族、瑶族、满族等17个少数民族。

会同传统土特产品主要有油桐、油茶、香菇、木耳、玉兰片、柑橘、脐橙、杨梅、猕猴桃等，柑橘面积7万亩，年产柑橘15万吨，是全省柑橘基础县；是茶叶之乡，朗江茶叶为清朝宫廷御用贡品，宝田绿茶是全省名茶。

一、会同特色菜点

1．花醮粑

花醮粑是侗家妇女用手捏制成的一种民间工艺食品，既能观赏，也可食用，是人们四时节日赠送亲朋好友的上选礼品和宴待佳宾的美食之一。选用优质糯米磨成细粉，加水拌和成大小不一的糯米坨后，妇女两只手在糯米坨上捏、捻、滚、压、打制作成各种造型后，放入锅内蒸熟，晾干，再经过绘色、贴金、点睛等工序而成。

2．黑米饭

黑米饭是会同地区杨姓侗族人家的一道餐桌美食，其中尤以高椅古村的杨家黑饭为最。做法是先将乌树叶洗净捣烂，放进盆里浸泡出深蓝色的水，过滤去渣，再把白米放进水中浸泡，然后倒入锅里煮熟即变成黑米饭。这样制作出来的米饭不仅味美爽口，而且色泽乌黑鲜亮，在餐桌上具有很好的观赏性。

3．会同竹酒

会同竹酒是会同的特色酒，竹酒不是简单地把酒装入竹筒，是将优质米酒注入正在生长的竹树里与竹汁有机混合，发生良性反应的产物。会同竹酒气味芬香，醇和甘爽，余味悠长。

二、会同特色原材料

1．会同脐橙

会同脐橙品质优良、无籽多汁、色泽鲜艳。成熟果实果皮的油胞和果肉的汁胞中含有高级醇、醛、酮、挥发性有机酸及萜烯类等，散发出诱人的香气，幽香满室，清香盈口，深受人们喜爱。

2．火塘腊肉

火塘腊肉肥而不腻，精而无渣，清香满口，回味无穷，是侗家人宴待宾客的一道上等菜。将猪肉切成长条小块，用酒、盐、姜和五香粉作配料，腌上五六天，取出挂在通风处晾晒，待水气晾干，悬挂于火塘上方，用火塘中柴火或茶子壳燃烧的烟雾熏烤。食用时切一块将皮用火烧脆，洗净后蒸、炒均可。

3．爆辣椒

爆辣椒又称油发辣椒，是会同侗家婚庆喜事筵席不可缺少的食物。以辣脆香等特色誉满侗乡。选用新鲜大号青辣椒，洗净放在开水中烫，使其变软，然后用小竹签轻轻将辣椒蒂揭去，开一道小口，弄出籽，再灌进洗净切碎的椿菜叶，用豆腐渣或蒸熟的糯米、五香粉和食盐作料填满后，将口吻合，晾干后贮存备用。食用时用茶油或菜籽油炸，呈黄色光亮即可。

4．竹荪

竹荪属于高档食用菌，以前都是野生为主，会同县作为产竹大县，加上森林覆盖率高、气候适宜，有竹荪生长的外部基础。竹荪脆嫩鲜美、别具风味，被誉为“菌中皇后”，除了含有多种维生素和钾、镁、铁、钙等矿物质，还有丰富的粗香味、粗脂肪和粗灰分，对人体的健康有着很多好处。

第十节　辰溪县饮食文化

辰溪位于湖南西部，怀化北部。东连溆浦，南邻怀化，西与麻阳、泸溪接壤，北与沅陵交界。素有“云贵门户”之称，历来为物资集散中心。有蒙古族、回族、藏族、维吾尔族、苗族、彝族、壮族、布依族、朝鲜族、满族、侗族、瑶族、白族、土家族、哈尼族、傣族、黎族、畲族、高山族、水族、纳西族、土族、撒拉族、仡佬族、锡伯族、阿昌族、羌族、塔吉克族、京族等民族分布。

辰溪地势东南高、西北低，属丘陵山区。属亚热带季风湿润气候，雨量充沛，热量丰富，无霜期长，四季分明，多为偏北风。名优特产有辰州香柚、优质脐橙、金毛乌肉鸡、辰溪酸萝卜、辰州麻鸭等。

一、辰溪特色菜点

1．粉糍粑

粉糍粑是湘西人八月十五送礼必备的礼物，也是湘西一味独特的吃食。首先将蒿菜剔去蒿梗，蒿叶择净用水洗过，倒进锅里用水煮，一直煮到蒿叶烂了，发黑，再同糯米粉一起拿去碓房舂，直到舂好为止。从碓房回来，用刀将舂好的糍泥砍成几大块，在面案上用力揉软，撕成一小坨一小坨，搓几下两只手掌重重一压，成了一块厚厚的皮子，然后交给旁边打下手的，舀一勺碎芝麻和红砂糖搀和成的馅放在里面，包好，再在外面抹一点香油，用桐叶包了，送到灶上锅里去，大火煮上一两个小时，直到满屋子都飘出粉糍粑浓浓的香味。煮熟的粉糍粑剥开桐叶只有小孩的拳头大，黑亮黑亮的，咬一口满嘴生香，又甜又软和。

2．火炕鱼

辰溪火炕鱼色香味俱全，制作考究，工序繁杂，选料严格。将鲜活鱼开膛，处理内脏后，撒上精盐，放到阴凉处风干。把拌有山椒、桂皮等佐料的香油往鱼身上两面抹匀，再放米筛里，架在铺满新谷米的铁锅中，着火烧热锅底，待锅内的谷米燃尽，香喷喷的火炕鱼就可以出锅了。

3．辰溪血鸭

辰溪血鸭也是源于瑶乡的一道特色美食，如今已经成为辰溪普通百姓的家常菜。用辰溪本地产的茶油倒入红锅里烧热后，先将鸭头、鸭脚、鸭腿、鸭尾和桂皮放到锅里爆炒，炒到呈金黄色；其次把内脏放到锅里爆炒，放少许食盐和米酒去腥；最后把鸭肉、鸭骨、干红辣子、生姜倒入锅里爆炒去水，这时鸭子香味、桂皮味都出来了，淋上血，炒熟后的血鸭，血色呈褐黑亮色，黑里透红，味香辣，肉鲜嫩，汤浓呈黄黑色，咸淡适口，下饭喝酒均宜。

二、辰溪特色原材料

金毛乌肉鸡

金毛乌肉鸡是辰溪选育出来的良种鸡，以身披金黄色羽毛，皮、肉、脚、喙均呈黑色而得名。金毛乌肉鸡遗传性能稳定，品质纯正，集药用、滋补、美食、观赏于一身，肉质乌黑细嫩，味鲜可口，营养丰富，是高级的营养滋补品。

第十一节　麻阳苗族自治县饮食文化

麻阳位于湖南西部，怀化西北部，湖南通往大西南的重要通道，素有“湘黔门户”之称。麻阳物产丰富，盛产大米、油菜籽、柑橘、晒红烟、小籽花生、茶油、无籽西瓜、黄豆、板栗、山羊、白鹅、大麻鸭、蔬菜等，被评为湖南省水果之乡、中国冰糖橙之乡、全国晒红烟生产基地县。全县形成了柑橘、无籽西瓜、养殖、蔬菜四大产值过亿元的支柱产业，先后创立冰糖橙、纽荷尔脐橙、无籽西瓜、麻阳大麻鸭、大白鹅、反季错季无公害蔬菜等一批名优农产品，柑橘多次获得部级省级金奖，无籽西瓜远销海外，蔬菜成为周边地级城市的生产基地。

一、麻阳特色菜点

1．飘香风味鹅

麻阳饲养白鹅历史悠久，苗乡风俗也有用“定亲鹅”送礼“以通佳期”，流传至今。炒鹅的方法简单，炒鹅一定要用柴火、大锅，这样才能保证每一块鹅肉都能炒制出鲜香，放入米酒去腥，米醋软化骨头，让鹅吃起来更富口感，鹅肉香味透骨。

2．麻阳印盒粑

麻阳苗乡，逢年过节做“印盒粑”的习俗沿袭至今，独具地方特色。这种粑与糍粑有着很大的区别。它主要是以粳米为主加一定的糯米淘洗干净后稍浸泡一下，用碓舂或打粉机器把米打成粉，然后加热水调成比较稠的米糊（当地称“芡”），再把芡与米粉进行搓揉（或放在石臼里反复舂）形成印盒粑坯子，根据需要切成一坨一坨的，放进雕有各种花纹的木印盒中填实整平，手握印盒把轻轻一敲，像龟背一样印有图案的“印盒粑”就掉出来了，最后放到大锅里蒸熟，取出置于干净木桌或箱盖上自然风干就成了苗乡独具风味的印盒粑。

3．麻阳露兜面

麻阳露兜面颇具特色，做法是将大米掺少许绿豆及姜、葱等香料用石磨磨成米浆，再加点红苕淀粉，然后倒入四方铁皮镀盘中，放进开水锅中蒸3分钟左右拿出，镀盘放到事先预备好的竹竿上，小心翼翼的将蒸熟的面皮揭下，摊平晾到竹竿上，凉透以后取下卷成筒，横着细切，然后再展开，就成为细根条的米面了。再用细棕叶捆住一头系到竹竿上，让其自然风干，等晾干了再收藏，这样可保存半年到一年，食用非常方便。

4．野藠腌菜

野藠在麻阳丘陵地带的荒坡野岭上或田头畲边随处可见。将新采野藠洗净、晾干、切细，放进腌菜坛子，坛口以稻草、桐叶或棕叶塞紧，再用水覆好即可。野藠腌菜色泽鲜黄，味香扑鼻，与青椒合炒是一道十分可口的下饭好菜。

二、麻阳特色原材料

1．猕猴桃

猕猴桃属野生藤本果树，俗称藤粒果，产于西晃山、雄山、八斗山、雷打坡等山地，西晃山周边产量最多，品质最好。品种多为野生本地种为主，分为软毛、硬毛、无毛三类，果形有圆柱形、椭圆形、腰子形、球形之别，果肉有绿、淡绿、淡黄、黄肉紫心、绿肉黄心之分，味浓甜或酸甜，汁多有籽，香气浓，肉质细嫩，无涩味，一般需贮藏软熟后食用。

2．无籽西瓜

麻阳的土壤大部分是由紫色页岩风化而成，加之气温比周边县市常年要高1～2摄氏度，是种植西瓜的最佳地区。麻阳西瓜比较独特，含有多种营养成分和化学物质。麻阳人种植无籽西瓜具有丰富的经验，采用地膜覆盖以及温床催芽、育秧，提早季节，解决了“梅雨”时节不能种植和不高产的问题。

3．小籽花生

小籽花生又名落花生，主产区在郭公坪、和平溪、黄双、锦和等乡镇，现常年栽培面积为两万亩左右，年产量为1200～1500吨。花生多在砂质壤土种植，果皮薄，子籽饱满，每类种子两粒，出仁率和含油量高，籽仁较小整齐如珍珠，种皮红色，既适于榨油、炒食，又适于加工。

4．冰糖橙

冰糖橙果实圆球形，果形端正，整齐，果面光滑，呈黄红色，艳丽。现麻阳栽种面积已达六万余亩，年产量四万余吨。果实色香味兼优，果汁丰富，风味优美，适于鲜食，除含多量糖分、有机酸、矿物质外，还富含维生素C，营养价值高。

5．刺葡萄

刺葡萄属东亚种群，分布在麻阳上山区，有100多年栽培史。麻阳刺葡萄枝梢均带刺，其名也因此而得，果实九月上中旬成熟，树势生长势强、抗病虫，适宜于阴凉山区栽培，以海拔500米左右为最宜。全县种植面积4000余亩。

6．麻阳白鹅

麻阳白鹅俗称锦江白鹅，是我国优良的肉用母系鹅种。以吃草为主，具有觅食强、生长快、耐粗饲等特点，躯体较长，颈细长呈弓形，肉瘤突出，喙、蹼及肉瘤为橘黄色。麻阳白鹅养殖历史悠久，距今已有300多年，根据清乾隆三十年（1765年）《辰州府志》记载：八月中秋，肥鹅遍野，戚友会饮，曰“打鹅会”，皆借此以相娱乐也。麻阳白鹅可整只加工，是加工烤鹅、腊鹅的上等原料；鹅肉加工成各种小件形态，适用于炒、炖、蒸、酱等多种烹调方法，代表菜肴如麻阳火锅炖鹅、麻阳炒鹅、兰里风味鹅等。

7．麻阳麻鸭

麻阳麻鸭又称麻阳杂交肉鸭，是通过杂交育成的良好肉用品种。生产速度快，繁殖性能好，抗病能力强，既适应游牧散养，又适宜规模化高密度舍饲圈养。在麻阳全县均有饲养，中心产区为县城周边乡镇，全县年饲养量达550万羽，常年存笼种鸭3万羽。

8．麻阳柑橘

麻阳柑橘属于芸香科植物，又名芦柑、白橘、勐版橘、梅柑。麻阳柑橘栽培悠久历史，果实于11月中下旬至12月成熟，较耐贮藏。麻阳因为地理环境，柑橘成为当地一种特产，皮脆，果粒大，味甘甜。

第十二节　中方县饮食文化

中方地处湖南西南部，怀化中部，雪峰山下，东接溆浦县、南邻洪江市、西界芷江县、北依辰溪县，属亚热带季风气候区，夏无酷暑，冬少严寒，四季分明，雨量充沛。

中方地理位置优越，交通便捷，是“八方大贾挟货来”的重要集散基地。由东南向西北倾斜，形成东南高，西北低，山地夹丘陵与河谷平原的地形。东南部多山地，中部安洪河谷盆地，地势低凹平坦，西北部主要是丘陵、岗地与河谷平原。资源丰富，有优质水果、优良畜禽、无公害蔬菜、中药材、花卉苗木等农产品基地，有茯苓、苦木、杜仲、山苦瓜等名贵中药材。

一、中方特色菜点

花桥豆腐

花桥豆腐产于花桥镇，是怀化著名特色美食产品，具有滑、嫩、实、香、爽口的特点，无论煎、炒、炸、煮都适合，尤其适合煎炸，不粘锅，外黄里白，外焦里嫩，香气扑鼻。

二、中方特色原材料

1. 湘珍珠葡萄

湘珍珠葡萄果形椭圆，果皮黑色，有果粉、灰白色，肉质细嫩，口感好，多汁浓香，风味独特。桐木镇地方特色品种，相传乾隆皇帝下江南时曾亲品此果，啧啧称羡并誉之为湘之珍珠，湘珍珠葡萄由此而得名。

2. 金秋梨

金秋梨产于洪江市、中方县、芷江县，年产量一万吨，果大，外观金黄、晶莹透亮，肉质白、脆、嫩、细、汁多味甜，耐贮藏，有“南方梨王”美称。具有生津止咳、润燥化痰、润肠通便的功效，对热病津伤、心烦口渴、肺燥干咳、咽干舌燥、噎嗝反胃、大便干结等症状有一定的调节作用。

第十三章　湘中明珠　娄底美味

娄底位于湖南省中部，是湖南的能源、矿产、化工重镇，是主要的战略腹地和南北通达、东西连贯的要衢，有世界锑都、百里煤海之称。娄底有山地、丘陵、岗地、平原四种地貌，形态呈山地成片，岗丘交错成串，岗地如波，平地绵展。地势西高东低，呈阶梯状倾斜。属中亚热带季风湿润气候区，既具季风性，又兼具大陆性，气候温暖，四季分明；夏季酷热，冬季寒冷，秋季凉爽；春末夏初多雨，盛夏秋初多旱；积温较多，生长期长；气候类型多样，立体变化明显。境内溪水奔流，河网密布，水系完整，水量充沛。

娄底原为少数民族杂居之地，先民们是盘古的后裔，属三苗、九黎，出自五帝中的颛顼。夏商周时为荆州一隅，战国时属楚范围。秦统一后，娄底列入中央集权制的封建的多民族国家秦的国土，隶属长沙郡。秦置湘南县，辖今双峰、涟源部分地域，属长沙郡。西汉属长沙国。汉高祖五年置连道，辖今双峰县测水以西至涟源市蓝田等地。西汉建平四年，析湘南县置湘乡县，连双峰、涟源大部分和娄底等县市，属长沙郡。三国时分属衡阳郡、昭陵郡。吴宝鼎元年（266年），析昭陵郡置高平县，今新化县西部属之。西晋、东晋、南朝（宋、齐、梁、陈）分属邵陵郡。隋属长沙郡。唐朝、五代、宋朝分属潭州、邵州。宋熙宁五年（1072年），建置新化县。元朝，分属天临路、宝庆路。明分属长沙府、宝庆府。清同明属。1977年9月建立涟源地区，1982年12月更名娄底地区，1999年1月改为地级娄底市，现辖娄星区、涟源市、冷水江市、新化县、双峰县。

娄底以汉族为主，少数民族有苗族、土家族、侗族、蒙古族、回族、藏族、维吾尔族、彝族、壮族、布依族、朝鲜族、满族、瑶族、白族、哈尼族、黎族、傈僳族、佤族、高山族、纳西族、土族、布朗族，少数民族最多的是苗族。

娄底饮食讲究味重好辣，喜好熏腌腊制食物，食具用砂锅窖碗，海碗砂锅遗风至今犹存。梅山饮食原料多样，禽兽类有鸡鸭鹅鸽、猪羊牛兔；水产类有鱼鳖虾蟹；蔬果类有萝卜白菜、辣椒茄子、南瓜冬瓜、黄花菜、豆角丝瓜、蘑菇青菜、南粉豆腐等；野菜类有地木耳、香椿、蕨菜、小笋子、野芹菜、野蘑菇等；调味品类有姜葱蒜，辣椒胡椒、老酒陈醋和甜酒等。原料加工多样，同时令季节采用晒、腌、熏等方法制作加工一些干菜和坛子菜，以备冬季或青黄不接时食用。干菜类有晒黄花菜、豆角、辣椒、萝卜丝、萝卜叶、茄子、刀豆、小笋和辣酱等；酸坛子菜有酸萝卜、黄瓜、生姜、刀豆、辣椒、藠头等；腌菜类有杂菜、刀豆、萝卜条、剁辣椒、白辣椒等。冬季主要以熏腊制品为主，如腊鸡、鸭、鱼，腊猪肉、牛肉、干鱼、小田鱼、猪血丸子和豆腐渣饼等；还有涟源南粉、山粉及双峰香干等。属于湘西菜的组成部分，突出鲜辣味重，菜肴出味而不抢味，清浓轻重，层次分明。刀工精细、形味兼美；注重一个鲜字，对鸡、鸭、鱼等原料，都要求现宰现做，大火大灶烹制；种类繁多，技艺多样，长于调味，酸辣味重。酒席菜肴由冷菜、大菜、炒菜、汤、甜品和主食组成，上菜程序为客人进屋需迎宾搬椅让座上茶，婚酒宴上喜糖，寿酒要先上寿果寿面，然后依次上凉菜、大菜、炒菜、汤、鱼、甜品（点心），蔬菜、主食、水果，乡间还有鱼到酒止的习俗，饭后要上送宾茶。

第一节　娄底市区饮食文化

一、娄底市区特色菜点

1．砂锅牛蹄

砂锅牛蹄口感肥而不厌，爽滑、味浓微辣。当地人特别喜欢吃牛肉，放养在山坡田野吃百草长大的牛，品质优良。砂锅牛蹄选用生长期3年以上的牛蹄，牛太嫩香味不足，配上十多种药材炖熟，制作过程比较复杂，因为牛蹄本身带有浓郁的异味，所以烹制的重点在于祛除异味、增加香味。

2．酸辣肘子

酸辣肘子酸香微辣，肥而不腻，口味醇和。娄底人偏重酸辣口味，酸辣肘子就是其中的一种。猪肘子烫毛煮八成熟；锅烧油至七、八成热，肘子入油锅炸至金黄色捞出沥油；卤水烧开，放肘子卤至酥烂，备用，锅下油烧热，加入调料及高汤烧开，加肘子一起焖至入味装盘；撒上芝麻、葱花即可。

3．金广源御制酱板鸭

金广源御制酱板鸭是湘中传统特产，始于清朝，是湘军首领曾国藩家厨传世秘方与现代食品工艺完美结合的低脂肪休闲食品。选用水母鸭为原料，经三十多种名贵中药材浸泡，十余种香料调味，经过风干、烤制等十五道工序，鲜香浓郁，其味无穷，辣而不燥，吃起来特别入味，从肉到骨头都有味，甜中散发辛辣，让人回味无穷。

二、娄底市区特色原材料

1．双江荞头

双江荞头是种含有糖和多种矿物质的蔬菜食品，具有杀菌、解腻、开胃、护肤、美容养颜等功能，深受人们喜爱。品质特点有色白、层多、肉脆、个头大而均。色白无污染，层多则耐腌制，肉脆则爽口，个大均匀则有利于深加工。

2．双江辣椒

双江辣椒产于双江乡，辣椒种植有着悠久的历史，色泽鲜艳、肉质富、食用口感纯正而远近闻名，全乡以坪底、小田、横石等村为主的辣椒基地种植面积5000余亩，亩产在300千克左右。

第二节　涟源市饮食文化

涟源地处湖南几何中心，是沟通经济走廊的咽喉之地，涟水源头。东毗娄底、双峰，南接邵东、新邵，西邻新化、冷水江，北连安化、宁乡。涟源文化底蕴深厚，属革命老区，有着光荣革命传统和革命精神。

涟源属山地丘陵区，大致分北部中低山区、中部丘岗平区、南部中山中低山区，群山林立、丘陵起伏之间，溪水奔流，河网密布，水系完整，水量充沛。涟源属中亚热带湿润季风气候区，具有气候温和，四季分明，雨水集中，无霜期长，严寒期短，冬季少严寒，夏季多酷热，秋季晴朗温暖，春末夏初多雨成涝，盛夏初秋少雨多旱的特点。雨水偏多，土壤湿重，多为红壤，其次黄壤、黄褐土等。土地资源优势在于海拔低，土质好，丘岗河谷平地分布比较集中，有利于发展农业和城镇建设；山地面积大，宜于林业发展，农业主产水稻、甘薯、柑橘、茶叶和猪、牛、羊畜禽等。

涟源现有蒙古族、回族、藏族、维吾尔族、苗族、彝族、壮族、布依族、朝鲜族、满族、侗族、瑶族、白族、土家族、哈尼族、傣族、黎族、畲族、高山族、水族、纳西族、土族、撒拉族、仡佬族、锡伯族、阿昌族、羌族、塔吉克族、京族等民族分布。

涟源著名原材料有珠梅土鸡、三甲干子豆腐、桥头河萝卜、玉笋春茶叶、金秋梨、景龙红薯粉丝、富田桥曾氏游浆豆腐、花蕊粉丝、安格斯牛、湘中黑牛等。

一、涟源特色菜点

1．塞海煨鱼

塞海煨鱼制作方法十分简单，湄江一带流行煨鱼的习俗，把煨鱼视为吉祥的菜品。现在制作塞海煨鱼，在鱼内擦上食盐，加姜、辣椒等调味品后，再用泥包裹煨熟。塞海煨鱼在湄江地区流传了几百年，在明朝还是贡品。这里的鱼很特别，小鱼没有骨头，大鱼鳞大，头小肉厚而细嫩。煨好的成品曲香浓郁，鲜嫩甜美，回味无穷。

2．麻辣煨兔

麻辣煨兔麻辣鲜甜，酥香可口，是湄江地区一道颇具名气的菜肴，将活兔宰杀剥皮洗净后，切成肉片，用猪油炒至六成熟，再拌和姜片、蒜头、胡椒、食盐等煮好的汤汁，放入竹筒内，在竹筒外糊上黄泥，放入柴火灰里煨烤。约20分钟后，把单独炒熟的新鲜红辣椒和竹筒里取出的兔肉在锅里拌和，再淋上芝麻油，就制作完毕。

3．红汤牛三珍

红汤牛三珍是涟源地方特色名菜，以牛鼻子、牛耳朵和牛鞭为主料，用干尖椒、葱、姜、蒜、桂皮、八角、山胡椒、高汤等为调辅料焖制而成，煮至软糯。牛耳朵和牛鼻子切成片状，牛鞭切成梳子形。锅内入油放干尖椒炸焦捞出，放入姜片和蒜煸香后下切好的牛三珍一起煸炒出香味，倒入鸡汤调味，小火焖煮20分钟，最后放山胡椒油出锅即可，其特点色泽红亮，质地软糯，香辣味浓。

4．南粉合菜

涟源盛产红薯粉，尤以甘溪一带享有盛名。由于盛产粉丝，便有了南粉合菜，主要做法是把红薯粉丝、干黄花、干笋尖用温水泡发，用农家熬制的猪油把所有炒香后放入鸡汤煮沸调味即可。南粉合菜具有色彩斑斓、鲜香糯软、合而不杂等特点，是涟源一道名菜。

5．伏口水膀

伏口镇有一道名菜称“水膀”（方言膀音为捧），充分体现了“梅山蛮”大块吃肉、大口喝酒的个性特点。猪的后大腿有严格的标准，必须有九斤九两重，寓意天长地久，后人便把其称为“九把水膀”。最原始的伏口“水膀”的制作比较简单，先把猪腿洗净去毛后放进锅里，用大火煮沸一个小时，随后放上盐用文火慢炖2个小时去腥出香，然后再把猪腿拿出来冷却1个小时，这样可以使猪皮紧缩，猪脚口感富有弹性，最后再用大火炖，炖到汤盖不住肉时为止，出锅时把已经炒好的辣椒淋在上面即可。这样炖出来的“水膀”一端上餐桌就会香气喷喷，肉皮很有筋力，有嚼味，且肉质酥软，只要用筷子轻轻一夹，就可以把它分开。

6．珠梅土鸡

珠梅是涟源的一个小地名，以出产三黄鸡出名。根据珠梅人自己的口味，创造了一种吃三黄鸡的方法，珠梅人将这种吃鸡的方法称做珠梅鸡。珠梅土鸡以色泽鲜艳、香浓气醇、肉嫩骨脆、辣而不涩出名，兼有卤鸡的清凉、烧鸡的嫩脆、纯鸡的鲜美等特点。咬在嘴里，糯性很浓也很黏，鸡肉却非常细腻，没有半点粗糙感。

二、涟源特色原材料

1. 蓝田面粉

蓝田面粉产于涟源蓝田，在20世纪30年代颇有名气。涟源面粉的制作主要采用当地特有的水土条件下培植的优质小麦与外省的特定小麦，按比例混合搭配，严格分级研磨筛理，精制而成。通常，每100千克小麦可研磨30多千克面粉，色泽洁白，面筋质高，柔软细腻，营养丰富，是制作各种食品和高级糕点的最佳原料。

2. 清水竹笋

清水竹笋既嫩又脆，笋味清香，涟源盛产竹笋，以龙山高岭区所产为冠。用该地竹笋制作的清水竹笋罐头，经去壳，蒸煮除衣、漂洗、整形，再行蒸煮，加入柠檬酸、白糖、清水，经消毒等流程后，色泽白净，白里渗黄，晶莹透亮，笋面光滑，切口平整，形态甚佳，炖汤则汤汁清晰、透亮、味醇，鲜而不生，香而不杂。

3. 湘中黑牛

湘中黑牛是涟源地区优良品种，以本地黄牛为母本，以纯种黑色安格斯公牛为父本的杂交改良牛，因皮毛全黑，故暂定为“湘中黑牛”。湘中黑牛无角，全身紧凑，肌肉丰满，日增重快，出肉率高，肉质好，耐粗饲，适应力强。

4. 富田桥游浆豆腐

富田桥豆腐在具备南方豆腐特质的同时，又有它的独特之处，在制作上采取游浆方法，无需石膏作添加剂，也能形成豆腐，这其实还得益于当地的一口水井，该井之水天然含卤，可替代传统的石膏点浆之功效，所制豆腐清香细嫩、味道鲜美，蛋白质、氨基酸、维生素含量极高，为其他豆腐所不及，富田桥游浆豆腐有着500多年的历史，始于明朝1515年，成为明朝正德皇帝和清朝乾隆皇帝下江南钦点的贡品豆腐。

5. 醉花猪

湘中醉花猪有几百年的饲养历史，种群是当地土猪和野猪杂交衍生而成，嘴长肚大，耳薄毛稀，毛色光亮，或黑白相间，或棕红如火。当地人酿酒的酒糟加入猪食中喂养，其品质与普通猪肉相比，肉质更加细嫩，肉味更加鲜美。烹饪后色泽鲜艳芳香四溢，没有任何异味。

第三节　冷水江市饮食文化

冷水江是湖南中部一座矿业和工业城市，有世界锑都、江南煤海、中国的鲁尔之称，地处资江中游、雪峰山东麓、沪昆铁路湘黔线上。因境内涟溪两岸多井，井水极冷而得名。东抵涟源市，南邻新邵县，西部和北部接新化县，为湖南几何中心。沪昆铁路湘黔线横贯市境东西，东靠南北大动脉洛湛铁路，娄新高速穿境而过。

冷水江地势南北高、中部低，呈不对称马鞍形，地形以丘陵为主。属亚热带大陆性季风气候，光照充足，四季分明，气候宜物宜人。

冷水江特色菜点

1．烤全羊

烤全羊是冷水江特色美食，用蔡九哥的秘方烧烤精制出来的烤全羊最具代表性，制作工序繁杂，用木炭暗火烤烧，加入10多种秘制佐料，外表嫩黄，肉汁清香，满屋飘香，色泽金黄。

2．禾青资氮嗦螺

禾青资氮嗦螺，味香辣，紫苏香味浓郁，不含泥腥味，嗦之肉出。资氮嗦螺工艺讲究，要用当天从江里捞出的新鲜田螺，大小要求一致，放在滴有香油的清水里养上三天，排出淤泥杂质，用盐水搓洗干净外壳。然后放入冷水锅中煮熟，用剪钳签掉螺丝尾尖。用葱、姜、蒜、红辣椒螺丝一起炒香。最后加入汤料一起煮沸。吃嗦螺时，用筷子一夹，双唇一吸，舌头一顶。嗦的一声，螺肉入口，鲜嫩香辣。

3．红汤大片牛肉

红汤大片牛肉是冷水江的代表菜，做法是将牛肉洗净，先切成3厘米宽的长段，下入冷水锅煮熟，捞出沥干水，再切成薄片，冬笋洗净，切成与牛肉片相同的薄片，香菇洗净沥干，大的改小待用，炒锅置旺火上，放入花生油烧至六成热，下入蒜米、姜米煸香，再放入红椒末炸成红油，加入肉浓汤烧开，下入牛肉、冬笋、香菇烧开，再放入盐、味精调好味，淋上香油，撒上胡椒粉，起锅即成。滋味丰富，香辣，酥软，开胃。

第四节　双峰县饮食文化

双峰县原属湘乡，古代分属连道、蒸阳两县。1951年8月，自湘乡析出设县，因县城南面双峰对峙而得名。地处湘中腹地，东邻湘潭、衡山，南接衡阳，西毗邵东、涟源，北界娄底、湘乡。

双峰物华天宝，资源丰富，群山逶迤，中部丘岗起伏，气候温和，四季宜农。粮、猪、茶、油为县内传统产业；商品粮和屯粮田开发、瘦肉型活大猪出口、油菜均为国家级生产基地；野生动物100多种；野生植物128科820余种；永丰辣酱驰名中外，三刀（菜刀、剪刀、镰刀）、三器（陶器、瓷器、砂器）、三锅（鼎锅、菜锅、汤锅）、三铸（铸钢、铸铁、铸铝）经久不衰。

粮食作物主以水稻、小麦、玉米、红苕为主；经济作物主产花生、药材、蔬菜、水果；养殖业以生猪、山羊、蚕茧为大宗，双峰人把粮、蚕、果、花生、畜禽五大项目作为农村经济发展的突破口。

一、双峰特色菜点

1. 竹篱飘香肉

竹篱飘香肉是双峰的名菜，色泽金黄，肉酥味香，鲜辣可口，略带竹子清香，油而不腻。主料有带皮五花肉、鸡蛋、面包糠。将五花肉洗净，煮至五分熟，切成薄片，放入盆内加盐、蛋黄、吉士粉、米酒、干淀粉拌匀，蘸上面包糠。在油锅中倒入植物油，旺火烧至六成热，倒入五花肉，炸至金黄色出锅沥干油。油锅内留底油，烧至五成热后，放入干辣椒段，煸炒出香味，再放入五花肉片，加盐、味精炒匀，淋上少许香油，撒上葱花，入竹篱即可。

2. 香辣牛肉汤

香辣牛肉汤是双峰传统菜，味鲜美浓厚、汁滚辛辣。主料为精选水牛牯的牛血、厚实牛肚和黄牛牯里脊肉。横切牛肉，不去牛肚黑皮，洗净，用大火热油翻炒牛肉、牛肚，加入米酒酿、生姜、红辣椒粉后出锅。将牛血稍炒即可，最后加入翻炒过的牛肉和牛肚，加沸水烹煮，倒入适量山胡椒、酱油等调味品即可出锅，具有祛寒除湿、活筋通脉之功效。

3. 烘糕

烘糕厚薄匀称，块大如牌，色橙黄，酥松燥脆，香甜可口，为双峰传统特产，已有400多年历史。因其具有独特的米制风味，香甜可口，故又名米制香糕。米制烘糕选双峰特产的优质大米，用清水浸泡，夏季5小时，冬季8小时，然后捞出烘干碾成粉末，入筛清选，再将粉末与白糖拌匀，按规格切成胚片，放入特制蒸箱内上甑，蒸熟后按原切片裂缝完全切开，并将胚片修整一致，每千克百片，最后将切好的烘糕烤成谷黄色，即可应市。

4. 全家福

全家福是双峰地道传统菜之一，由板栗、鸡、头参、猪肚、莲子、鹌鹑蛋、枸杞蒸制而成。此菜取名“全家福”，寓意十全十美，天长地久。这是一道老少皆宜的菜品，且营养价值高。板栗清甜、鸡肉嫩滑、猪肚软烂、莲子绵香，原汁原味。

5．落口溶乔饼

落口溶乔饼起源甚早，选用优质杂柑，经筛选、去皮、压水、除籽、漂浸、蒸煮、上衣后白绒厚薄匀称，用手一拈，能印出指印，味甜细腻，落口消溶，因而得名。此乔饼不只是味道诱人，还具有防泻、顺气、止咳益脾肺、治疗支气管炎、肺气肿等药用功效，适合老人食用。

6．淮山蒸仔排

淮山蒸仔排选用双峰名产青树坪淮山、精选猪仔排一同蒸制而成，淮山香润可口，软绵滑糯，仔排软烂鲜香，菜品既美味又滋补。在质感上，青树坪淮山有“软、黏、糯、粉、甜”等特点，格外的滑嫩、绵软、细腻，轻轻地掰开一截，断口处有着清透绵延的缕缕银丝。青树坪淮山的含钙量比普通山药高出一百多倍，其余微量元素与营养成分也明显高于同类产品，是不可多得的佳品。

二、双峰特色原材料

1．永丰辣酱

永丰辣酱以永丰灯笼椒为主要原料，搀拌一定分量的小麦、黄豆、糯米，依传统配方、科学办法晒制而成，至今已有300多年的历史，据说以蔡和森的祖辈经营的蔡广祥店最有名。咸丰年间，清朝大臣曾国藩将永丰辣酱带到京城进贡和款待宾客，受到皇帝的赞誉和大臣的称道，从此，永丰辣酱被列为贡品，是湘菜中重要的调味品，可用于凉拌菜肴，也可直接蘸着吃，热菜烹调中主要起到调色增香的作用，鲜香味美，刺激味蕾。

2．杏子铺五色米

双峰历来有小范围种植五色稻的传统，五色稻靠有机肥促苗，靠生物防治病虫害，经传统推子技术加工成五色米，名扬四海。2016年，“芙蓉心五色米”获湖南省著名商标。

3．西瓜

双峰产西瓜历史悠久，种植面积大，所产西瓜汁多、味甜、质细、性凉、食之爽口，在每年七月上市。全县现有西瓜种植面积三万亩，分布在甘棠镇、青树镇、永丰镇、锁石镇、印塘乡、花门镇等乡镇。

4．永丰灯笼椒

永丰灯笼椒味道鲜美，营养丰富。通常在正月初下种，经温床培育两月，三月移栽。需土质干湿得当，内含丰富的氯、磷、钾及腐殖质，酸碱度低。宜辣椒开始成熟季节引水藻溉，端午节便可食用。六月中旬微呈红色，月底即大熟。

第五节　新化县饮食文化

新化地处湖南中部，资水中游，雪峰山东南麓，钟灵毓秀，山川秀美，多山丘盆地，西部、北部雪峰山主脉耸峙，东部低山或深丘连绵，南部为天龙山、桐凤山环绕，气候温和，环境宜人，素有湘中宝地之称。

新化人喜欢吃麻辣，麻辣不像四川菜，花椒特别多。梅山麻辣在于辣，辣的食客心窝子痛，口腔长泡，一滴滴的辣椒红油，可以让人感觉温暖、冒汗。吃米粉，新化人也要用泡麻辣豆腐的辣椒水做汤，吃起来又香又辣又鲜，真是过瘾。到饭店吃饭，就是吃非常清淡的菜，也是辣味十足，如果说你是吃辣椒的，那么青辣椒、红辣椒、白辣椒一起上。

百年来，新化饮食独具特色，自成体系，有十荤、十素、十饮。十荤为三合汤、雪花丸、米粉肉、鸭子粑、柴火腊肉、回锅狗肉、泥鳅钻豆腐、水车鱼冻、稻花鱼、肘子肉。十素为杯子糕、糁子粑、糯米粑、酣荞粑、糍粑、蕨粑、擂米粑、淀粉粑、粽子、烧麦。十饮为擂茶、凉粉、水酒、蛇酒、米烧酒、甜糟酒、薏米酒、云雾茶、青红茶、金银花甘草茶。

一、新化特色菜点

1．水车糍粑

水车糍粑用熟糯米搅拌成泥制作而成，人们习惯在春节前制作，象征丰收、喜庆和团圆，是过年必备之品。人们在木板上刻上花纹，代表喜庆的文字，把糍粑放在刻好的木板上，刻印出美丽的图案，糍粑是拜年的首选。农历腊月末，家家都要打糯米糍粑。做糍粑讲究手粘蜂蜡或茶油，先搓坨，后用手或木板压，做得光滑，美观。

2．水车板鸭

水车板鸭鸭体扁平、外形桃园、肋骨八方形、尾部半圆形。始产于明朝，至今已500余年历史，原名泡腌，民间仍用此名。以肉质肥嫩的水车麻鸭做成，誉为腊中之王。尾油丰满不外露，肥瘦肉分明，具有狮子口、双龙珠、双挂钩、关刀形，枧槽能容一指、白边一指宽、皮色奶白、瘦肉酱色，皮酥、骨脆、肉嫩、咸淡适中，瘦肉酱色、肥肉不腻的特点。

3．雷打鸭（鸭子粑）

雷打鸭即米粉鸭。炒熟的米磨成粉，把鸭肉砍碎成细末，拌均匀，在坛子里腌一段时间，让其成味、成色。吃时，先炒熟，后加水，和呈灰黄色米粉糊糊炒去水分，颜色也亮丽，看上去非常有食欲。灰黄色米糊粑粑上桌，嫩鸭香飘溢。夹起来吃，才感觉到米粉糊带着一点微酸，又有糯性和软韧。

4．鱼冻豆腐

鱼冻豆腐是新化家常菜，色、香、味俱全，尤以鲜、香为著，鲜嫩的水豆腐开汤，拌以葱叶、生姜、鱼香叶等佐料，锅内温度升高后，鱼味进入豆腐。吃起来又鲜又甜，别有风味。鱼冻豆腐是白溪、圳上一带人家过年必备的佳肴，以新鲜鲤鱼拌豆腐、白辣椒煮熟，冷冻后再吃，到口即化。

5．雪花丸子

雪花丸子以肉馅外表包裹的糯米宛若白灿灿的雪花而得名。制作雪花丸子先选上等的好猪肉，瘦肉和肥肉的比例是7∶3，将肉剁成肉泥，放入味精、盐、鸡蛋、荸荠，然后搅匀，搅拌时只能往一个方向搅。精选的糯米浸泡成半透明，将肉馅成圆球，粘上糯米，然后置于锅中蒸熟即成。雪花丸子状如一个个绒绒的雪球，热腾腾的散发去香气，略带微甜，红嫩酥软。

6．杯子糕

杯子糕状如元宝，大如婴拳，味香甜，色透明，分黄白两种。黄以红糖、米糖调色，称金元宝；白以白糖或糖精拌和，称银元宝。其形有凹凸两样，凹形称肚脐糕，质密而嫩，嚼之如炖蹄筋，凸形称杯子糕，一口咬开，满是蜂巢气眼，既耐嚼又爽口。杯子糕以县城城关镇南门楼下所产最佳，与城关镇毕家巷的鼎灰粑、咸生巷的面条合称新化三绝。

7．年羹萝卜

年羹萝卜皮薄肉厚，块大如皂，摆上桌面白晃晃似肥肉，吃起来却清爽可口，油而不腻，具有消食、醒酒、化痰、顺气的功用，年夜煮上一大锅，吃到正月十五。年羹萝卜用肉骨头汤熬，置于文火慢慢煨，熟透后盛出，用一只大瓦钵装着，冻了后结层厚油，吃时装一碗，热一下，为新化人过年必不可少的一碗上桌菜。

8．穇子粑蒸鸡

穇子粑蒸鸡是新化传统美食，先把穇子糯米磨成粉做成粑粑，再油炸熟待用。然后选新化本地产的土鸡一只，将鸡褪毛，去除内脏，切成两指宽的鸡块，放油，大火炒去鸡块中的水分，放适量盐和姜片，小火炒至鸡皮带黄，放少许白胡椒粉，出锅。找一个广口紫砂碗，将鸡一半放碗中，再盖上穇子粑，把一半再放到穇子粑上面，香气袭人的穇子粑蒸鸡便制作完成，鸡块金黄细滑，肉质细嫩。

9．新化三合汤

新化三合汤是新化名菜，以新化横阳和洋溪两地最为正宗。此菜创始于明末清初，做法是选新鲜细嫩的水牛血与黄牛里脊肉和毛牛肚，佐以八角、桂皮、茴香、山胡椒和米醋。大火高温爆炒牛肉，几分钟后迅速倒出，再分别炒牛血和牛肚片，最后三者合成一起，出锅时撒上辣椒末和香葱。其色浓艳斑斓，味香酸辣俱全，食时头顶冒汗，口内生津，胃口大开。

二、新化特色原材料

1．蒙洱茶

蒙洱茶产于海拔1800米高的雪峰山脉深山区奉家山蒙洱冲与鋆字岩，茶芽头茁壮，长短大小均匀，茶芽内面呈金黄色，外层白毫显露完整，包裹坚实，茶芽外形很像一根根银针。全由芽头制成，茶身满布毫毛，色泽鲜亮；香气高爽，汤色橙黄，滋味甘醇，久置味不变，冲泡时茶汤明亮成杏黄色，根根银针直立向上，几番飞舞之后，团聚一起立于杯底。

2．白溪豆腐

白溪豆腐色泽洁白，质地细嫩，久煮不散，鲜美异常。享有“走遍天下路，白溪水豆腐”的美誉。白溪豆腐好与水质特佳有关。乾隆吃过白溪豆腐之后，赐名金殿井。白溪豆腐就取金殿井水制作而成。

3．柴火腊肉

柴火腊肉色泽红润，芳香四溢，食之油而不腻，是上等的美食佳肴。历史悠久，制作精细，是新化县最具地方风味的传统食品。以本地优质猪肉为原料，加入适当的盐、酱油、味精、香料等，经过多道工序精心腌制，利用柴炭火熏烤三四十天，然后洗净、风干、切割、包装。蒸熟切片即可食用，也可配以辣椒、蒜苗、姜丝等烹炒。

4．新化水酒

新化水酒历史悠久，由糟酒兑水稀释而成，不用蒸烤，以糯米为原料，煮熟后加上酒曲发酵即成。糟酒以陈酒为上品，陈糟酒嫩黄色泽，细流成丝，落杯满而不溢，入口醇香，浅尝辄醉。一般酒量大，嫌糟酒性烈者多兑水稀释成水酒，其味甘而不烈，醇浓而冽香。

5．紫鹊界贡米

紫鹊界贡米又称紫鹊界黑香米，也称黑贡米，有药米、长寿米、黑珍珠的美誉。由黑稻加工而成的黑糙米，谷粒呈短圆形，皮黑，闻之有清香。煮熟后饭呈紫黑色，香味浓郁，柔软不黏，有滋阴补肾、健脾暖胃、明目活血的功效。

第十四章　酸辣味道　魅力湘西

湘西土家族苗族自治州位于湖南西北部，云贵高原东侧的武陵山区，与湖北、贵州、重庆接壤，是湖南的西北门户，素为湘、鄂、渝、黔咽喉之地。辖吉首、泸溪、凤凰、花垣、保靖、古丈、永顺、龙山8个县（市）。首府吉首为湘鄂渝黔边区重要的物资集散地。

旧石器时代就有人类活动。唐虞之时，有蛮地之称，属三苗范围。夏为荆州之域。商朝属楚鬼方地域。西周至春秋，属楚黔中地。战国时属楚黔中郡。西汉属武陵郡。三国时初属蜀，后属吴。西晋、东晋属荆州武陵郡。隋唐五代时期属黔中道。宋为荆湖北路的辰州、澧州。元为湖广行省恩州军民安抚司、新添葛蛮安抚司和四川行省永顺司。明置永顺宣慰司、保靖州宣慰司，其余为岳、辰两州地。清置永顺府和凤凰、乾州、永绥直隶厅，东北部为澧州地。1952年8月，湘西苗族自治区成立，辖吉首、古丈、泸溪、凤凰、花垣、保靖6县，代管永顺、龙山、桑植、大庸4县。年底，4县也属直接管辖。1955年3月，更名为湘西苗族自治州。1957年9月，湘西土家族苗族自治州成立，辖原管10县。1982年和1985年，吉首、大庸先后改县为市。1988年，大庸市和桑植县划归大庸市，湘西州所辖为龙山、永顺、保靖、古丈、花垣、泸溪、凤凰7县和吉首市至今。

湘西土家族、苗族生性粗犷、豪放、热烈。酒是他们不可缺少的日常饮料。土家苗寨家家户户多有自己酿酒的习惯，酿制的多为甜酒、白酒。白酒中以苗家的苞谷烧、土家的高粱烧最好喝。湘西土家苗民夏天用凉水冲甜酒当水喝，生津解渴；冬天把甜酒加水煮开泡糖掺和阴米再加蜂蜜当茶饮，充饥暖身。平日劳动归来，没有下酒菜也要喝一两碗苞谷烧或高粱烧解乏。家中来了客人，甜酒、白酒也是必不可少的待客之物。每逢年节，接亲嫁女，红白喜事或重大祭祀活动，酒的作用便更显得重要了。

农作物主产稻谷、小麦、玉米、大豆、油菜籽等，土特产品以桐油、生漆、茶油、茶叶、柑橘、板栗、蜂蜜、药材等最为著名，古丈毛尖、保靖岚针、七叶参为全国名茶，泸溪浦市柑橘是湖南名橘之一，湘泉、酒鬼为酒中佳酿。

苗族主食烹饪简便，副食烹饪讲究，大米饭有甑子蒸和鼎罐煮两种，籼米一般将米置于锅内煮到七成熟后滤干，置于甑子用蒸汽蒸熟。糯米先泡八至十二个小时后滤干置于甑子内蒸熟就食。用鼎罐煮食时，一般将米淘好放于鼎罐内，悬于梁上，下烧大火煮到熟。玉米等杂粮一般舂烂去壳后与大米一起煮。薯类和洋芋等杂粮煮时，多切片杂以大米蒸熟食用。苗族菜谱较简单，有大众汤菜、炒菜和凉拌菜三大类。大众汤菜有清水汤菜、肉汤菜、酸汤菜、油汤菜四种类型。炒菜有爆炒和水炒两种，凉拌菜有素凉拌和油凉拌两类。家庭全部成员一起用土碗盛上米饭，全家共食。农闲时一天两餐，农忙时三餐。一般多吃汤菜，将煮好的大众汤菜用小锅盛装置于火塘嘎家多（火坑）的三脚上，锅上横架一块手掌大小的薄木板，称锅桥，锅桥上放拌有油、盐、酱、醋、辣椒等调味品的辣蘸调味。红白喜事时将肉放在大锅内煮熟后捞出切片，装进小锅，以每锅为一桌，众人围锅而吃。请客喜用长桌，摆在堂屋中间，桌上摆满用碗或碟盛装的各种汤菜和炒菜、肉鱼及酒杯、酒碗，客人坐在进门靠右面桌边，主人坐在靠里端横头，陪客坐在进门左面桌边。口味嗜酸喜辣，农忙时节上山做活，午餐以酸菜为开胃佐料，大众汤菜酌酸，既可调味，又可健胃生津。冬天冰冻时节，以酸菜开汤就食，暑天以生酸菜泡井水作饮料，炒菜酌上糟辣。大众汤菜以辣子调制的蘸水调味，炒菜以辣子为佐料，凉拌菜更是少不了辣子面。

酸辣是土家苗家日常生活中不可缺少的两味，有“辣椒当盐，酸菜当饭”的说法。在土寨苗乡家家种辣椒，户户备酸菜坛。按照制作原料不同酸食分三大类，蔬菜酸、肉食酸、粮食酸，蔬菜酸是酸食中的主体，随蔬菜品种的不同各具其名，如白菜酸、萝卜酸、辣椒酸、豆荚酸、野胡葱酸、大苋菜酸、青菜酸、茄子酸等；肉食酸是以动物、家禽或水产的肉为原料的酸食，如酸猪肉、酸牛肉、酸鸡肉、酸鸭肉、酸鱼等，酸鱼最有名气；粮食酸主要以苞谷和糯米为原料，碾磨成粉拌辣椒粉腌制而成，有苞谷酸、糯米酸等。日常菜肴方面，春天吃新鲜䏂笋炒肉、凉拌山笋、椿木尖、蕨菜炒腊肉、野葱炒蛋、鸭脚板；夏天有莴笋炒黄鳝、泥鳅钻豆腐、麻辣小山羊；秋天有罐罐菌炒肉、枞菌炖豆腐、板栗炖土鸡、野木耳炖土鸡；冬天有血粑鸭火锅、全牛火锅、腊猪脚火锅等。

第一节　吉首市饮食文化

吉首位于湖南西部，武陵山脉东麓，湘、鄂、渝、黔四省市边区中心，是贵阳—重庆—宜昌—长沙—柳州500千米半径内的城市网络中心点，东面是长株潭两型社会试验区，西面是重庆城乡一体化试验区，具有肩挑南北、承接东西的区位优势。自古商贾云集，贸易兴盛，被誉为武陵山区的一颗明珠。

吉首地势西北高，东南低，气候处亚热带季风湿润气候区。以紫色土为主，主要物产有稻谷、玉米、豆类、桐茶油、生姜、苎麻、柑橘、凉薯、药材等，主要名优特产有湘泉酒、酒鬼酒、乾州板鸭、河溪香醋等。

秦属黔中郡，宋置镇溪砦。于清康熙四十三年（1704年），县级建制始，清政府撤镇溪军民千户所，设乾州厅，治乾州，隶属辰沅永靖道。1912年废厅，设乾县。因与陕西省乾县同名，次年4月改名乾城县，属辰沅道，县治仍乾州。1935年7月在沅陵设湘西绥靖处，辖19县，划为5个行政督察区，乾城县属第五区。次年5月重新划分督察区，乾城县属第三区。1937年12月，第三区改为第四区。1940年4月，乾城县属第九区。1949年11月5日，乾城县和平解放，隶沅陵专区。1952年8月隶湘西苗族自治区。

吉首物产资源丰富，有猕猴桃、家酿酒、吉首米粉、茨冲鸡火锅、吉首醋萝卜、河溪香醋、吉首酸肉、酒鬼酒等。

一、吉首特色菜点

1. 吉首酸肉

吉首酸肉是湘西地区吉首市的民族传统风味。酸肉是在腌肉的基础上加入了玉米粉，并装坛密封半个月即成。此菜色黄香辣，略有酸味，肥而不腻，别有风味。制作流程是将肥猪肉烙毛后刮洗干净，滤去水切成大块，用精盐、花椒粉腌5小时；再加玉米粉、精盐与猪肉拌匀，将所有调料与猪肉拌匀后盛入密封的坛内，腌15天即成酸肉。

2. 吉首米粉

吉首米粉乃臊子粉（即盖码粉），根据不同的臊子而各自成为不同的粉，臊子以牛肉、猪肚、红烧肉、木耳肉丝等为主，以熬制臊子的汤汁作为米粉的味道来源，且汤汁较少，介于干腌粉（卤粉）和汤粉之间，因而味道偏浓郁又能充分拌开。

二、吉首特色原材料

1. 河溪香醋

河溪镇是“传统酿醋之乡”，湘西香醋传承至今，已近200年历史，据文献记载，清嘉庆五年（1800年），河溪驻军余森（号成泰）之妻开始制作香醋，起初供家庭食用，或作礼品，分赠亲友。在河溪镇，每年的农历五月至八月间，河溪古镇几乎家家户户都会开始蒸醋米制曲米，用传统的方式酿造河溪香醋。河溪香醋传统制作技艺十分独特，酿造选用本地优质大米为原料，兑以当地高山清泉，在纯天然条件下液态发酵，历经两年左右时间而成，与普通的固态发酵工艺相比，具有发酵充分，不易染杂菌的特点。

2. 酒鬼酒

酒鬼酒是湖南名酒，以优质糯高粱为原料，选取吉首市郊兽塘卡龙、凤、兽三眼泉水酿造而成。而且在中国白酒的12大香型中，馥郁香是酒鬼酒独有的，馥郁香就是指酒鬼酒兼有浓、清、酱三大白酒基本香型的特征，一口三香，前浓、中清、后酱。泉水水质优良，纯净甘甜。

3．枞菌

枞菌是湘西的特产，是非常珍贵的一种野生菌、食用菌。枞菌每年有三季，又称三月菌、六月菌和重阳菌，按颜色分的话，分乌枞菌和红枞菌；一般来说，三月菌、重阳菌是乌枞菌居多，而六月菌几乎都是红枞菌。红枞菌虽然颜色好看，但相比乌枞菌味淡一些，鲜味稍次，价格当然也要便宜些，乌枞菌则是鲜美清爽、香气扑鼻，是真正难得的上上品。每年的农历九月至十月生长的枞菌又称重阳菌或雁鹅菌，越是雨季、气候越潮湿，草丛中就长得越多，在湘西，枞菌的吃法主要是炖汤、炒肉，口感较其他菌类不同，有爽滑脆嫩、鲜香之口感，备受食客喜爱。

第二节　凤凰县饮食文化

凤凰东与泸溪县交界，南与麻阳县相连，西同贵州省铜仁市、松桃苗族自治县接壤，北和吉首市、花垣县毗邻，史称“西托云贵，东控辰沅，北制川鄂，南扼桂边”。曾被新西兰著名作家路易艾黎称赞为中国最美丽的小城，一代文学巨匠沈从文一曲《边城》，将他魂梦牵涉的故土描绘得如诗如画，如梦如歌，也将这座静默深沉的小城推向了全世界。

凤凰钟灵毓秀，自然资源丰富，山峦重叠，林谷深幽，沟壑纵横，溪河交错。地貌西北高，东南低，以山地和中山台地为主体，间有山中盆地。属中亚热带季风湿润气候，因地势差异，气候差异明显。土壤有水稻土、红壤土、黄壤土、黑色石灰土、红色石灰土、紫色土、菜园土7类。主要经济林有油桐、油茶、漆树、核桃、板栗、山苍子、柑橘等。药用植物有680种，如首乌、黄栀子、益母草、金银花、八角枫等。盛产江竹豆、玉米、茶叶、油桐茶、生漆、椪柑、板栗、猕猴桃、黄柏、杜仲、红晒烟以及系列山野。

凤凰土特产品有蕨菜、山竹笋、香椿、天然松菌油、鸡耳根等野菜，牛肝菌、干豆角、干茄子、干蕨菜、干竹笋、干香椿、干苦瓜、干辣椒等干货以及具有湘西特色的腊乳猪、苗家腊肉、苗家酸鱼、特色牛肉干、酸豆角、麻辣香椿等。

一、凤凰特色菜点

1．酸菜煮水豆腐

酸菜煮水豆腐是苗家的主菜。制作简便，很有特色。酸菜煮水豆腐制作时需要控制好酸咸度，烹煮时间稍长，味道更加鲜美，吃起来十分可口诱食。烹煮时间短，清爽可口。可以促爽提神，增强食欲，是凤凰苗家招待客人的家常美食。

2．酸汤菜

酸汤菜是凤凰古城的特色菜之一，不仅味道好，还可以调节口味。做法是将青菜、白菜、韭菜、豆芽菜、辣椒、黄瓜、萝卜煮到快熟时，取出冷却。放进酸坛内加进一些酸醋、香料和冷水，密封好放在阴凉处，七八天成酸汤菜。苗家的酸汤菜除了蔬菜以外，还有酸汤鱼、酸汤肉、酸汤鸭、酸汤鸡等独具特色酸汤食品系列。

3．糯米腌酸辣子丸

糯米腌酸辣子丸是凤凰人的家常菜，用来待客或招待贵宾。制作十分讲究，要选择最好上等糯米，碾成米后打成粉末，洗净切碎的红辣椒拌和均匀，加点清凉洁净的山泉水，制作成丸或片。吃法是油煎炒吃，可以水泡煮吃，以煎吃为最佳，外焦内嫩。

4．苗家菜豆腐

苗家菜豆腐是凤凰闻名遐迩的特色菜，做这道菜先倒适量冷水入锅，再将事先用石碓冲细的黄豆粉倒入并拿筷子搅匀，加入酸坛水促使豆浆凝固，小火煮开后即倒入青菜，稍加搅拌，小火煮至汤水变清，即可放入野葱、大蒜、辣椒粉等佐料，焖盖稍煮，便可食用。

5．小米粉蒸肉

小米粉蒸肉是凤凰县当地的名菜。凤凰县盛产一种带糯性的小米，产量低，家家珍藏用于过年或节假日打粑吃，在农家，每当逢年过节或者操办婚嫁喜事，要备加一盘小米粉蒸肉，这是宴席中不可缺少的，制作时选用较肥厚的细嫩猪肉，拌匀浸泡好的小米，加上可口的佐料，放在锅里蒸煮，待小米和肉熟透后即可。

6．凤凰腌萝卜

凤凰腌萝卜是地方特色风味小吃。在凤凰城乡，只要有人群来往的地方，就会有卖腌萝卜的摊子。凤凰人不管男女老幼，都喜欢蘸着鲜红的辣椒汁吃腌酸萝卜片、酸萝卜梗。腌萝卜泡制的方法很多，做的好的酸中带甜，甜中带香，再加上辣椒的辣味，吃起来独具风味。

7．湘西焖田螺

湘西焖田螺源自民间火烧螺蛳，小孩捡到螺蛳用火一烧，掏出里面的肉来吃。在凤凰天下第一螺的口味已传遍大江南北，凤凰的辣螺蛳肉早已不是以前的民间火烧螺而是焖田螺，用最原始的方法，焖熟螺蛳肉，将田螺洗干净、配料爆香后下田螺，田螺炒入味后倒入啤酒，放姜蒜、花椒、八角、桂皮、香叶酱等香料，焖五六分钟左右，口感鲜嫩，非常美味。

8．凤凰苗家酸鱼

酸鱼是凤凰苗乡的名菜。所谓“酸鱼”就是将捕捉到的新鲜小鱼，破肚洗净，裹上米粉（米粉中要放少许食盐，调匀）放入坛中腌制而成的。苗家人有稻田养鱼的好传统，每年清明后层层梯田都注满了水，放养了鱼，到秋收八月，稻谷熟了，鱼儿也肥了。于是主人就把田水放干捉鱼，除了拿部分到墟场上卖，大多数都洗净破肚、取出内脏，在盐、辣椒粉、五色大料为主料制成的料汤中浸泡两至三天，再用糯米粉或苞谷粉撒在上面，一层粉一层鱼，放入窖坛盖好，再把坛口水盘注满水，十五天左右即成。可直接食用，也可采用炒、煎、炸等烹调方法成菜，一般加工成条块状，苗族人利用酸鱼坛中的酸汤作为调辅料来煮鱼，味道鲜美无比，风味独特。

二、凤凰特色原材料

1. 凤凰红米酒

凤凰红米酒得益于祖传酿酒工艺和制作苗家腊味的秘方，采高山纯粮酿造，酒醇得劲绵，不上头、不干口。成熟的原汁米酒米散汤清，颜色碧绿，蜜香浓郁，入口甜美，浓而不沾，稀而不流，食后生津暖胃，回味深长。

2. 凤凰老腊肉

凤凰老腊肉与熏制的腊肉不同，灶头常年烧的是木柴。山区气候温凉，大多是木头房子，通风透气，腊肉可长期搁置，搁置时间越长，腊肉的味道越奇香无比。凤凰腊味有腊肠、腊牛肉、腊猪头皮、腊洋鸭、腊鸡等。

第三节　龙山县饮食文化

龙山位于湘西北边陲，地处武陵山脉腹地，连荆楚而挽巴蜀，史称“湘鄂川之孔道”，形如巨掌，南北长106千米，东西宽32.5千米，总面积3131平方千米。东连永顺，南接保靖，西近湖北来凤、重庆酉阳、秀山，北靠湖北宣恩。地势北高南低，东陡西缓，群山耸立，峰峦起伏，酉水、澧水及其支流纵横其间。属亚热带大陆性湿润季风气候区，四季分明，气候宜人，雨水充沛。在这片土地上繁衍生息着土家族、苗族、回族、壮族、瑶族等16个少数民族，其中以土家族、苗族为主。

龙山风光旖旎，山奇水秀，自然、人文景观交相辉映，民族风情浓郁迷人，自然资源丰富。桐、茶、漆等经济林木多达50余万亩。

湘西盛产稻谷、苞谷、高粱、红薯、荞、粟及各种豆类，坪坝上的土家人以大米为主食，大山界上的土家人就主杂掺半，也有以苞谷为主食的。土家人菜肴讲究酸、香、辣，俗话说：“三日不吃酸和辣，心里就像猫爪抓，走路脚软眼也花”，故特别看中辣椒、胡椒、花椒、大蒜、胡葱、韭菜、香椿等辛辣香味特浓的佐料食品。土家妇女多为酸香辣制作能手，将四季鲜菜、野菜或五禽六畜之肉通过干制、腌制、烘炕等制成干菜系列，腊菜系列，辣菜系列，酸菜系列等，把日子打发得有滋有味。逢年过节，土家人打糯米糍粑、做竹叶粑粑、做炒米、做团馓；春日做桐叶麦粑，秋日做苦荞粑等，都令人嘴馋不已。名菜有石耳炖鸡鸭、泥鳅钻豆腐、苦瓜炖鲜鱼、嫩北瓜炖干牛肉等，都是常人不敢配伍的佳肴；还有血豆腐、荷渣、沉古坪腊肉、梆梆肉、酢鱼酢肉、瓦缸菜、鱼儿辣子、火烧茄子、火烧辣椒及野菜系列等。土司王流传的土王全席，一席十八碗碟，共八道菜谱，二十四个系列。

一、龙山特色菜点

1．辣子菜

辣子菜是土家族人食不可少的家常菜。夏秋多食鲜辣椒。除作佐料外，单食的有将辣椒切细炒熟的炒辣，有裹食盐吃的生辣，有用火烤熟加盐擂红的烧辣，有用锅炒熟捣成糊的糊辣。有加工成粉末后用油酥成的油炸辣，有用鲜辣子灌糯米后腌酸的糯米辣等。土家族人喜吃辣子菜，是由于高山气候条件所形成的习惯。

2．石蛙焖汤

石蛙焖汤肉嫩骨红，香味若鸡，食后久存余香。石蛙俗称石梆、梆梆，产于山区溪沟岩穴，形若蟾蜍，叫声若狗，眼珠杏红，腹淡黄，背面呈黑色，长有肉疙塔，大者有斤余。剥皮去脏后，在锅中小炒后，加清水焖制汤浓入味，汤沸下蛙皮加佐料即可。

二、龙山特色原材料

龙山大头菜

龙山大头菜在当地称“大蔸菜”，大头菜的学名为“芥菜”“蔓茎”，是根菜类，属十字花科二年生草本植物，质地紧密，水分少，纤维多，有强烈地芥辣味，一般不宜生吃，外形像萝卜，可炒着吃，最主要的是用来制作酱菜。龙山大头菜是用大头菜加工精制而成的传统特产酱菜或腌菜，品种优良，制作精细。食用时，香气四溢，清脆可口，是食堂、餐馆的上乘佳肴。

第四节　泸溪县饮食文化

泸溪位于湖南省西部，湘西州东南部，东邻沅陵，南接辰溪、麻阳，西连吉首、凤凰，北靠古丈。地貌自东向西南排成“川”字形状，属中亚热带季风湿润气候，气候温和，雨量充沛，无霜期长。土壤有红、紫、潮、黄、黑色石灰土、红色石灰土和水稻土7

种。资源丰富，经济林木20余种，以油桐、油茶、椪柑、板栗为大宗，土壤肥沃，质地疏松，适宜柑橘、枣子、板栗、油桐、油菜、药材、蚕桑等开发，主要农作物有稻谷、油菜、辣椒、荸荠、莲藕、大蒜、椪柑等。泸溪逐步建成椪柑支柱产业，种植椪柑面积达13万亩，总产量2万吨，为全国之冠，被称为“中国椪柑之乡”。

泸溪作为县建制，始于梁鸣凤三年（619年），即唐武德二年，梁将董珍分沅陵县称卢溪县，武水出口一段名卢水及水北有卢山而得名，清顺治六年（1649年），改卢溪县为泸溪县。

一、泸溪特色菜点

1．血灌肠

血灌肠主要原料是猪血和糯米，把糯米灌于猪大肠内蒸熟而成，故称灌肠肥，简称灌粑，炒过的灌肠粑，形圆，红白相间，色暗黄，略有黏性，拌有辣椒末、大蒜段、生姜丝、酱油等调味，香气扑鼻，味道可口。苗家食用时，把它切成小圆块，入锅加少许油翻煎成两面黄，添些佐料，成上等佳肴，并当作礼品馈赠亲友。

2．酸辣子炒沙萝菇

当地春夏季雨后，山头岩石壁上生长的墨绿色地菇，本地名为沙萝菇，采集后用清水反复多冲洗几次，再用坛子腌的酸辣椒和大蒜一起炒熟，出锅后撒些许香葱即成一道色、香、味俱全的地方特色美食。

3．桐叶粑粑

桐叶粑粑用糯米加籼米打成粉末，拌香蒿加适量清水做成一个个圆圆的粑粑，内包红豆沙糖或黄豆粉，也可包酸辣椒豆腐丁或盐菜腊肉丁。外用洗净的桐树叶包好蒸熟，趁热吃，又糯又香，味道香美。

二、泸溪特色原材料

浦市铁骨猪

浦市铁骨猪属于湘西黑猪类群，原产泸溪县浦市镇，是湖南省地方猪优良品种，骨质紧密、坚硬如铁而得名，由于养殖户追求短期经济效益，引进外来品种进行经济杂交，导致铁骨猪濒临灭绝，2006年被列入《国家级遗传资源保护名录》，现仅存1200多头。浦市铁骨猪属肉脂兼用型，具有体格较大，繁殖力强，遗传性能稳定，耐粗食，抗逆性强，不易感染传染病等诸多特点。但是其生长发育非常缓慢，屠宰率比不上外国品种，其他方面都是相当不错的，尤其以骨质紧密，坚硬如铁而优于其他品种，故当地才称为“铁骨猪”。

第五节　花垣县饮食文化

花垣位于湘黔渝三省接壤处的湖南西部边陲，自古以来有西南门户之称。层峦叠翠，溪流纵横，风光迷人。地势东南西三面高，北部低，中部缓呈三级台阶状，近似一把围椅。东接保靖、吉首，南连凤凰，西邻贵州松桃、重庆秀山，北近保靖毛沟、清水、复兴、水田等地。花垣有蒙古族、回族、藏族、维吾尔族、苗族、彝族、壮族、布依族、朝鲜族、满族、侗族、瑶族、白族、土家族、哈尼族、傣族、黎族、畲族、高山族、水族、纳西族、土族、撒拉族、仡佬族、锡伯族、阿昌族、羌族、塔吉克族、京族等民族分布。

花垣土壤以水稻土、黑色灰土、红色灰土、红壤土、黄壤土等为主。山下平川种植稻谷、苞谷等粮食作物；山上坡地种植花生、辣子、草烟、猕猴桃等经济作物。猪、牛、羊、麻鸭等养殖业也很发达。

苗族食物分主食和副食，主食有稻米和杂粮，杂粮有玉米、粟子、黄豆、薯类、洋芋、高粱等。杂粮不单独食用，以稻米为主，稻米一般以石碓或水碾舂碾去壳，其壳作为猪饲料。副食中豆制品和菜制品以及调味品占一定比重，豆、菜制品有豆腐、豆豉、豆瓣酱、豆花、豆芽、酸菜、糟辣、酸汤、辣菜、干菜等。苗族人喜吃豆腐，过年过节前，将黄豆淘净泡软磨成豆浆，置于热锅中煮开，用明矾水或酸汤点出豆腐。豆豉一般将黄豆泡软煮烂后滤干，用豆豉草包好贮于密封桶内发酵后取出捣烂，捏成饼晒干即成。苗族菜肴除自产的新鲜蔬菜外，最具特色的是腌制的酸辣食品，有酸菜、酸汤、酸辣子、酱辣子等，均为苗族家常菜。苗家历来好客，来了客人总要以酒肉相待，酒有糯米酒、苞谷酒，肉有猪、牛、羊、鱼、鸡、鸭等。苗乡平时买鱼肉不方便，为避免客人到后临时张罗不周，一般人家均用特殊方法腌制酸鱼、酸肉、腊肉待贵客。苗族口味嗜酸喜辣，农忙时节上山做活，午餐以酸菜为开胃佐料，大众汤菜酌酸，既可调味，又可健胃生津。冬天冰冻时节以酸菜开汤就食，暑天以生酸菜泡井水作饮料，炒菜酌上糟辣，味道鲜美，日常生活离不开酸。花垣饮食发展至今，已经形成了多种富有特色的小吃，诸如酸萝卜、米豆腐、社饭、煎饺、麻辣烫之类的小吃受到人们的热烈追捧。

花垣特色菜点

1．摩天云雾茶叶

摩天云雾茶叶肉细嫩柔软、叶色碧绿，油润鲜活，产于花垣县排吾乡，汤色清翠明亮，滋味鲜醇、浓厚，有绿豆般的清香，山野般的韵味。排吾乡种茶有几千年之久，位于花垣东南中山原区，海拔700米，气候温和，雨量充沛，土壤肥沃，酸性适度，具有得天独厚的种植高档优质香茶的生态环境。

2．血粑鸭

血粑鸭是湘西最有名的特色菜。凤凰血粑鸭、花恒血粑鸭、洪江血粑鸭等，各地做法略有不同。血粑鸭既有鸭肉的鲜美味浓，又有血粑的清香柔糯，吃起来口齿香浓。血粑鸭制作前先将糯米浸泡一段时间，杀鸭时将鸭血倾入糯米中。鸭血凝固后即可蒸炒，肉嫩血鲜，入味浓厚，一起小煮表面硬脆，内部糯柔清香。

3．大锅盘鳝

大锅盘鳝香脆可口，在花垣的溪沟塘坝鳝鱼很常见。吃盘鳝是湘西人的喜好，无论鳝鱼大小不用洗不用剖，放油一炸，用盐与辣椒调味，是下酒佳肴。现在餐馆里的香辣盘鳝，是从湘西吊脚楼上的大锅盘鳝演变而来。

第六节　保靖县饮食文化

保靖位于云贵高原东侧，武陵山脉中段，湖南西部，湘西州中部，东依永顺、古丈，南连吉首、花垣，西接重庆秀山，北邻龙山。保靖群山起伏，岭谷相间，山、丘、岗、坪交错，地势西北和东南高、中间低，似马鞍形。属中亚热带季风湿润性气候，冬暖夏凉，四季分明。

保靖建县始于汉高祖五年，时称迁陵县，属武陵郡。新王莽建国元年改为迁陆县。东汉复为迁陵县。三国、两晋因之。南朝齐改为零陵县，梁时复为迁陵县。祯明三年（589年）并入大乡县，隋朝因之。唐贞观九年（635年），析大乡县部分地置三亭县，先属辰州，后属溪州。唐武后天授二年（691年），改为洛浦县，先属溪州，后属锦州。唐玄宗先天二年（713年），又复三亭县，属溪州。五代后梁开平元年改为保静州，宋建隆元年（960年）改为羁縻保靖州，属荆湖北路。元初改保靖州，属新添葛蛮安抚司。元至正二十六年（1366年），置保靖州军民安抚司。明洪武元年（1368年）改为宣慰司。洪武六年，升为保靖州军民宣慰使司，属湖广布政使司，后改属湖广都司，领五寨、竿子坪二长官司。清雍正五年（1727年），设同知。雍正七年（1729年），建立保靖县，隶永顺府。民国时期，先属辰沅道，后属第八行政督察区。

一、保靖特色菜点

1．土匪鸭

土匪鸭是保靖的特色菜，色泽鲜亮，香味浓郁，辣而不燥，回味悠长。湘西原产土匪，菜肴粗糙简便，味道纯正自然。老鸭炖3个多小时后，口感烂而不散，微辣。鸭选当地土养盛产的肥鸭为原料，佐以各种香料制成，堪称一绝。

2．秤砣粑

秤砣粑是保靖县各族人民爱吃的一种食品，用糯米和黏米磨成或舂成米浆，讲究用品红品绿在顶上点上红点绿点，显得大方雅致。吃起来细腻软和，粗且有香味。秤砣粑有空心和包馅的，空心的不包任何馅，只有下面做一空孔；讲究的秤砣粑包馅，花样很多，有的包绿豆拌糖，有的把黄豆炒香磨成粉包心，有的用芝麻拌糖包心，还有用腊肉、香肠包心的。包心不同，口味各异。

3．保靖米粉

保靖米粉外形比其他地方的米粉粗，弹性好，煮好后碗里通常少汤汁，味道鲜浓，吃在嘴里有嚼头。粉条煮好后装进已放有酱、油等佐料的碗中，根据食客口味在上面浇上臊子，撒上姜、葱、蒜等配料，一碗美味的米粉就成了，有青椒、红椒、酸菜、炒黄豆等数十种配菜供食客选择，还可以加金黄焦嫩的煎蛋或耳糕、饺子。

二、保靖特色原材料

1．黄金茶

“茶中茅台黄金叶，一两黄金一两茶”。保靖黄金茶产于湖南省湘西自治州保靖县，是经长期自然选择而形成的有性群体品种，属群体遗传，遗传基因复杂，有多种多样的基因型和表现型，有许多具有特异性的优良单株，是湘西保靖县古老、珍稀的地方茶树品种资源。据《保靖县志》记载，保靖县黄金茶在清嘉庆年间被钦定为贡茶。葫芦镇黄金村茶叶种植、制作历史已达300多年。长期以来，当地人民将黄金茶作为驱散疲劳、生津止渴的传统饮料。其氨基酸含量是其他绿茶两倍以上，水浸出物接近50%，口感兼具香、绿、爽、浓。

2．苗家窖酒

苗家窖酒采用传统古老工艺酿制的一种苗族小米窖酒，是酒中珍品。苗家用来招待贵宾的祖传家酿，采用当地高山生长的优质小米和自己配制的酒曲，经祖传的传统加工工艺酿制而成，并封坛在地下埋窖2年以上。每当开启时，老远都能闻到这酒的清香，酒水淡黄，挂杯带丝，其色、香、味俱佳，是苗家人的女儿红。

3．保靖酱油

保靖酱油至今已将近80年的酿造历史，保靖酱油以大豆、小麦为原料，经微生物发酵制成具有特殊色、香、味的液体调味品。保靖酱油酱香浓郁，醇厚悠长。在保靖当地，很多特色菜肴都离不开保靖酱油的调色增香，如传统手工杠子面、保靖土鸭、炒肉、烧肉等。2015年6月，保靖酱油传统酿造技艺被列入湘西自治州第二批非物质文化遗产保护名录体系。

4．土家族酸菜

在土家山寨，家家户户有做酸菜的习惯。土家族酸菜有很多，现在保存完整的有青菜酸、洋姜酸、萝卜酸、大蔸菜酸、豇豆酸、苞谷渣辣酸等，也有用野菜做酸菜的，如野伏葱酸、鱼腥草酸等。酸菜开胃助消化，深受土家族人喜食。

第七节　古丈县饮食文化

古丈位于湖南省西部，湘西中部偏东，酉水之南，峒河之北。东与沅陵接壤，南与吉首、泸溪相接，西抵保靖，北和永顺交界。古丈土家族、苗族占85%。素有林业之乡、名茶之乡、举重之乡、歌舞之乡的美称。

古丈县因治城设古丈坪（古阳镇）而得名，县建制始于清道光二年（1822年），建古丈坪厅，设抚民同知。辖6保、228寨。属辰沅永靖道永顺府。1912年，改厅为县，定名古丈县，设县知事公署，属辰沅道。1922年废道，县直属于省。1928年，县知事公署改为县政府。

一、古丈特色菜点

板栗炖鸡（鸭）

板栗炖鸡（鸭）是苗寨人的拿手菜，九月重阳是收摘板栗的时候，收回家的板栗选择颗粒大、无病虫害的板栗，将其放在通风透光的屋梁上晾干。将宰杀的母鸡（鸭）肉切块，再将板栗煮熟后，与炒好的鸡（鸭）肉小火炖制，其味无穷，满屋飘香。

二、古丈特色原材料

古丈毛尖

古丈毛尖产于武陵山脉中腹古丈县境内，县内森林密布，云雾缭绕；溪流纵横，雨量充沛；冬暖夏凉，气候温和；土壤有机质丰富，富含磷硒；无污染，生产环境得天独厚，奠定了古丈名茶无可比拟的品质基础。古丈毛尖是全国十大名茶之一，条索紧曲欣长，锋苗挺秀，匀整圆浑，白毫显露，色泽翠绿光润，肉质清秀芬芳，耐久冲泡，香气持久，汤色清澈，滋味醇爽。古丈毛尖茶在唐朝即为贡茶，今已成为国家地理标志保护产品。

第八节　永顺县饮食文化

永顺位于湖南湘西州北部，武陵山脉中段，东邻张家界永定区，西接龙山、保靖，北近桑植，南连古丈，东南与怀化沅陵相依。地势险峻，山峦起伏，溪河纵横，地貌呈山地、山原、丘陵、岗地及向斜谷地等多种类型。以山地、丘岗为主，属亚热带季风性湿润气候，热量充足，雨量充沛。

永顺置县始于清雍正七年（1729年），属辰沅永靖道永顺府。1912年2月，裁县留府，次年9月裁府留县，属辰沅道。1922年废道，县直属于省。1935年6月，湖南设湘西绥靖处，永顺属第三行政督察区。1938年属第八行政督察区。

永顺有蒙古族、回族、藏族、维吾尔族、苗族、彝族、壮族、布依族、朝鲜族、满族、侗族、瑶族、白族、土家族、哈尼族、傣族、黎族、畲族、高山族、水族、纳西族、土族、撒拉族、仡佬族、锡伯族、阿昌族、羌族、塔吉克族、京族等民族分布。

永顺物产资源丰富，野生动植物种类繁多，有植物209科2207种，其中国家重点保护植物43种；有脊椎动物64科201种，其中国家重点保护动物68种。

一、永顺特色菜点

1．米豆腐

米豆腐是土家族、苗族地区的一种传统风味小吃，以永顺所产的最为闻名。将米洗净，浸泡一天，和水磨成米浆。将米浆放入锅内烧热，一边加适量的食用碱一边用力搅拌，直至煮熟，再放于盆内，使之冷却，即成。食用时，用细线将成形的米豆腐划成小颗粒，泡入清水中，再备上辣椒末、香葱、姜末、味精、酱油、香油等佐料，用热水温烫，盛于碗中加佐料即可。

2．五味醋萝卜

五味醋萝卜在永顺一带的土家族和苗族村寨里家家户户都备有一坛。醋萝卜是人人喜食之品，特别是每逢年节，餐桌上更少不了醋萝卜。将红萝卜洗净切成片，放坛中加米汤和凉开水浸泡，坛子放在火坑旁边，使温度保持在25℃左右。坛子最好是泡茶坛，经过三五天后，坛内的醋萝卜便可以食用。食时蘸酱油、辣酱油、辣椒糊、食盐、白糖食用，色泽红艳，脆嫩可口，便成了酸、甜、香、咸、辣五味俱全的醋萝卜。如不佐调味汁，也酸香可口，别有一番风味，既可佐餐，又可调味直接食用。

3．永顺青菜酸

永顺青菜酸是湘西土家族传统名特美食，产于永顺县城南郊若西寨，历来民间每家都有制作的习惯。取当地蔸青菜，洗净晾干，推打存放数日，然后扎成小捆，切成丝状，分层盐腌于瓦罐内，用木棒筑紧后在太阳下晒至罐口菜面呈金黄色，用稻草密封，倒置于潮湿的草木灰中贮存，数日后即可食用。成品色泽金黄，脆嫩微酸，清香爽口，生津开胃，提神健脾，为佐餐下饭佳品。

二、永顺特色原材料

1. 湘西黄牛

湘西黄牛是我国地方优良品种之一，主要分布在湖南省湘西自治州的永顺县、凤凰县、花垣县、龙山县、吉首市、泸溪县、古丈县、保靖县等地，性情温驯，耐粗饲，耐热，体型中等，发育匀称，前躯略高，肌肉发达，骨骼结实，肩峰高，头短小，额宽阔，角形不一，颈细长，颈垂大，胸部发达，背腰平直，腰臀肌肉发达，尾长而细，四肢筋腱明显、强壮有力。毛色以黄色、褐色为主。

2. 溪洲莓茶

溪洲莓茶俗称溪洲藤茶、霉茶，是永顺特产，因永顺县属古溪州地而得名。由显齿蛇葡萄的藤条经加工制作成的饮品，富含可溶性糖、黄酮类物质和多种微量元素，是集营养、医疗、保健为一身的新型绿色饮品。野生莓茶在永顺县万坪等地大量分布，在毛坝、润雅、万坪、砂坝、官坝、塔卧、首车等十多个乡镇建有万亩莓茶基地。

3. 红柿

红柿是永顺的地方特产，主要品种有大磨盘柿、莲花柿、水柿、水晶柿等，形状有卵圆、扁球等，色泽有橙黄、鲜黄、朱红等。萼呈墨绿色缩存，个体大，肉质肥厚，浆多味甜，富含糖分、蛋白质、维生素等营养物质。可用以酿酒、制柿饼及提取柿霜。青果可制柿漆。脱涩后可以生吃。有降血压、解酒、治胃病等功效。王村红柿个大肉肥，味道鲜甜，生长快，产量高，树龄长。

4. 湘西板栗

板栗果大、色艳、质优、较耐储藏，永顺是板栗生产区，气候、土壤条件适合板栗生态习性。全县各乡镇均有板栗分布，以抚志、高坪、芙蓉等乡镇为多，以油板栗名气最大，产量最多，食之有甜糯细腻、清香爽口之感。

参考文献

1. 万里. 湖湘文化大辞典 [M]. 长沙：湖南人民出版社，2006.
2. 聂荣华，万里. 湖湘文化通论 [M]. 长沙：湖南大学出版社，2014.
3. 湖南省地方志编纂委员会. 湖南省志第八卷农林水利志水产业畜牧业乡镇企业农业机械 [M]. 长沙：湖南人民出版社，1989.
4. 祁承经. 湖南植物名录 [M]. 长沙：湖南科学技术出版社，1987.
5. 缪勉之，张仲卿，等. 湖南主要经济树种 [M]. 长沙：湖南科学技术出版社，1982.
6. 湖南省水产科学研究所. 湖南鱼类志 [M]. 长沙：湖南人民出版社，1977.
7. 长沙县志编纂委员会. 长沙县志（1988-2002）[M]. 北京：方志出版社，2007.
8. 新化县志编纂委员会. 新化县志 [M]. 长沙：湖南出版社，1996.
9. 安化县地方志编纂委员会. 安化县志 [M]. 北京：中国社会科学文献出版社，1993.
10. 朱先明. 湖南茶叶大观 [M]. 长沙：湖南科学技术出版社，2000.
11. 张翅翔，归秀文. 湖南风物志 [M]. 长沙：湖南人民出版社，1985.
12. 长沙县历史文化丛书编委会. 长沙县历史文化丛书民俗卷 [M]. 长沙：湖南人民出版社，2018.
13. 曾叔葵. 长沙市情 [M]. 长沙：湖南出版社，1993.
14. 尹承前. 茶陵诗词选辑：谭延闿诗稿 [M]. 长沙：湖南人民出版社，2014.
15. 罗莹，盛金朋. 湖湘饮食文化概论 [M]. 北京：中国轻工业出版社，2019.
16. 盛金朋，肖冰. 湖湘特色食材 [M]. 北京：中国轻工业出版社，2019.
17. 赵幸. 湖湘饮馔史话 [M]. 长沙：湖南科学技术出版社，2010.
18. 中共宁乡市委宣传部. 宁乡炭河里古方国的传说 [M]. 长沙：湖南师范大学出版社，2017.
19. 彭子诚. 中国湘菜大典 [M]. 北京：中国轻工业出版社，2008.
20. 湖南省质量技术监督局. 中国湘菜标准 [M]. 长沙：湖南科学技术出版社，2013.
21. 石荫祥. 湘菜集锦 [M]. 长沙：湖南科学技术出版社，2006.
22. 蒋祖烜. 辣椒湖南 [M]. 长沙：湖南师范大学出版社，2003.
23. 朱炳森. 宝庆特色美食 [M]. 北京：光明日报出版社，2016.
24. 邵阳市精神文明建设委员会. 宝庆览胜 [M]. 邵阳：邵阳市精神文明建设委员会，1985.
25. 蒋政平. 印象永州 [M]. 长沙：湖南人民出版社，2011.
26. 冯祥发. 永州美食 [M]. 长沙：湖南文化音像出版社，2013.
27. 东安县政协. 美食东安 [M]. 长沙：湖南科学技术出版社，2014.
28. 政协祁阳县委员会. 祁阳美食 [M]. 长沙：湖南大学出版社，2014.
29. 永州年鉴编委会. 永州年鉴2011 [M]. 长沙：湖南人民出版社，2011.
30. 永州年鉴编委会. 永州年鉴2012 [M]. 长沙：湖南人民出版社，2012.

31. 湖南省农业厅. 湖南省农作物品种志 [M]. 长沙：湖南科学技术出版社，1995.
32. 中国家畜家禽品种志编委会. 中国家禽品种志 [M]. 上海：上海科学技术出版社，1989.
33. 湖南省家畜家禽品种志和品种图谱编辑委员会. 湖南省家禽家畜品种志和品种图谱 [M]. 长沙：湖南科学技术出版社，1984.
34. 中国农业全书总编辑委员会. 中国农业全书湖南卷 [M]. 北京：中国农业出版社，2000.
35. 国家质量监督检验检疫总局. 中国地理标志产品大典湖南卷 [M]. 北京：中国质检出版社，2015.
39. 陈岳，何琦. 郴州味道[M]. 湖南：花城出版社，2016.